JN297655

統計ライブラリー

セミパラメトリック推測と経験過程

久保木久孝
鈴木　武
［著］

朝倉書店

まえがき

　通常の統計解析では，データのしたがう分布として有限次元のパラメータで規定されるモデル（パラメトリックモデル）を仮定し，そのパラメータに関する推測を行う．しかしながら，生物・医学，工学，経済学などの分野で現れる実際のデータを記述するには，このような簡単なモデルでは不十分で，より自由性のあるパラメータをもつ統計モデルを想定する必要がある．そのようなモデルのパラメータは，有限次元部分と無限次元部分からなる．これがセミパラメトリックモデルであり，どちらのパラメータも推測の対象となる．たとえば，線形回帰モデル $Y = \theta^T Z + e$ において，共変量 Z の分布は既知として，誤差 e の分布 F は正規分布 $N(0, \sigma^2)$ であると考えるのがパラメトリックモデルであり，そのパラメータ (θ, σ^2) の次元は有限である．これに対して，誤差分布 F そのものが未知であると考え，係数 θ と分布関数 F をパラメータとするのがセミパラメトリックモデルである．ここでパラメータ F は無限次元であることに注意する必要がある．このことが，θ の推測，さらには，F の推測を極めて難しい問題にしている．

　本書は，このようなセミパラメトリックモデルを分析するための数理的基礎と推測理論およびそれらの適用について，できるだけわかりやすく解説することを目的にしている．第 1 章では，以後の準備として正則なパラメトリックモデルに関する理論を簡単に説明する．セミパラメトリックモデルを分析するには，接空間の概念を通してモデルを幾何学的にとらえることが鍵となる．それについては第 2 章で述べる．第 3 章は経験過程の説明に充てられる．とくに弱収束と Donsker クラスの概念を詳しく調べる．この章で述べられる事項は確率統計分野において広範囲に適用できる結果であり，セミパラメトリック推測への応用に限らず，たとえば高次元小標本モデルの解析にも有効である．漸近的に有効な推定量を見つけるための理論は第 4 章で与える．最後の章では，線形回帰モデルと Cox 回帰モデルにおいて，実際に有効推定を実現する．

　この分野は近年発展が著しく理論の体系化が進んでいる．著者らはこの流れを早稲田大学理工学術院の統計カリキュラムに取り入れ，大学院のクラスでこの理

論を講義してきた．しかしながら，限られた時間でこの膨大な理論体系を説明することはほとんど不可能で，それを簡潔に俯瞰できるような参考書が必要であると感じた．本書はそれを形にしたものである．したがって，読者としては確率論や数理統計学の基礎知識をもつ大学院生を想定しているが，この分野に興味のある研究者にとっても十分に役に立つものと思っている．本書を読むには，位相と関数解析に関する多少の予備知識も必要となるが，この分野については良書が数多く出版されているので，それらの説明は割愛した．

本書では，理論はできるだけ数学的な厳密さを保って記述したが，ただそれらを羅列するだけでは退屈なものとなるので，そのような理論が必要となる背景や実例への適用の説明にも重点をおいたつもりである．しかし紙幅に限りがあるため，説明における計算過程はかなり省略した．その部分は演習のつもりで補いながら読まれることを期待する．著者らの知る限り，セミパラメトリックモデルの統計解析を主題とする和書はまだ無いようである．本書が，この分野を概観あるいは学習するときの参考書または自習書として，読者の役に立てば幸いである．

本書は，著者らが早稲田大学で行ってきたセミナーでのノートがもとになっている．このセミナーの当初のメンバーであった早稲田大学の草間時武教授（現名誉教授）には，この本の完成を心待ちにしていただいた．ここにその完成をご報告するとともに，励まし続けていただいたことに感謝申し上げたい．

2015 年 5 月

久保木久孝

鈴木　武

目　　次

1. パラメトリックモデル ·· 1
   1.1 正則なパラメトリックモデル ·· 1
   1.2 有限次元母数の正則推定量 ·· 5
   1.3 局外母数と情報量の幾何 ·· 8
   1.4 母数の道ごと微分と情報量限界 ··· 14

2. セミパラメトリックモデル ·· 18
   2.1 序 ·· 18
   2.2 接空間と情報量 ··· 20
   2.3 セミパラメトリック線形回帰モデル ····································· 25
     2.3.1 残差平均ゼロのモデル ··· 26
     2.3.2 残差中央値ゼロのモデル ··· 29
   2.4 スコア作用素と情報作用素 ··· 32
   2.5 Cox 回帰モデル ··· 35
   2.6 有効スコア方程式 ··· 40
   2.7 最尤推定 ··· 41
     2.7.1 近似的に最も不利なサブモデル ····································· 44
     2.7.2 尤度方程式 ··· 45

3. 経験過程 ·· 55
   3.1 距離空間における弱収束 ··· 55
     3.1.1 序 ··· 55
     3.1.2 外積分 ··· 57
     3.1.3 弱収束 ··· 61
     3.1.4 確率収束と概収束 ··· 72
   3.2 有界関数の空間 ··· 73

3.3　Glivenko–Cantelli クラスと Donsker クラス 85
　3.3.1　序 85
　3.3.2　最大不等式と被覆数 88
　3.3.3　劣 Gauss 過程 97
　3.3.4　対称化不等式と可測性 100
　3.3.5　ブラケットエントロピー 105
　3.3.6　Glivenko–Cantelli 型定理 108
　3.3.7　Donsker 型定理 112
　3.3.8　Glivenko–Cantelli クラスと Donsker クラスの保存性 ... 121
　3.3.9　エントロピー評価 124

4. 推測理論 129
4.1　関数デルタ法 129
　4.1.1　写像の微分 129
　4.1.2　主要結果 131
　4.1.3　Hadamard 微分 133
4.2　Z-推定量 142
4.3　有効性 148
　4.3.1　接触性 148
　4.3.2　正則性とたたみ込み定理 154
4.4　推定方程式の解の有効性 164
　4.4.1　有効スコア方程式の解：定理 2.3 の証明 164
　4.4.2　尤度方程式の解：定理 2.4 の証明 167
　4.4.3　Cadlag パラメータを含むモデルへの適用 169

5. 有効推定 173
5.1　セミパラメトリック線形回帰モデルにおける有効推定 173
　5.1.1　推定法 174
　5.1.2　$\check{\theta}_n$ の一致性 178
　5.1.3　$\check{\theta}_n$ の有効性 179
　5.1.4　$\check{\theta}_n$ の分散推定 181
　5.1.5　残差分布の推測 182
　5.1.6　残差の関数クラスの Donsker 性 183

5.2　Cox 回帰モデルにおける有効推定 ································187
　　5.2.1　計数過程回帰モデル ···188
　　5.2.2　Cox 回帰モデル ···191

参 考 文 献 ···196
索　　　引 ···197

1. パラメトリックモデル

　この章では，次章の準備として，実ベクトルをパラメータとするパラメトリックモデルに関する理論を要約する．モデルのパラメータに関する2次平均微分を使って，モデルの正則性，スコア関数と情報量，接空間の概念が導入される．また，推定量の正則性と漸近有効性の概念も導入される．モデルのパラメータの一部，より一般的に，モデルの汎関数の値を推定するときの情報量限界を，接空間の幾何的構造を使って与える．

1.1 正則なパラメトリックモデル

　可測空間 $(\mathcal{X}, \mathcal{B})$ 上の確率測度の族を $\mathcal{P}$ とする．われわれは，ある未知の $P \in \mathcal{P}$ にしたがう n 個の独立な変量 $X_1, \ldots, X_n$ を観測する．本書では，簡潔のため，可測関数 $f : \mathcal{X} \to \mathbb{R}^k$ の P に関する $\mathcal{X}$ 上での積分を Pf で表す：

$$Pf \equiv \int f\, dP.$$

これは，P にしたがう確率変数 X に関する期待値 $\mathrm{E}_P f(X)$ と同じものである．また，サンプル $X_1, \ldots, X_n$ 上の離散一様測度 $\mathbb{P}_n = n^{-1} \sum_{i=1}^n \delta_{X_i}$ を**経験測度** (empirical measure) とよぶ．ここで，δ_x は点 x における Dirac 測度（点 x に退化した確率測度）である．このとき，

$$\mathbb{P}_n f = \mathrm{E}_{\mathbb{P}_n} f(X) = \frac{1}{n} \sum_{i=1}^n f(X_i)$$

となる．記号の乱用ではあるが，これを $\mathbb{P}_n f(X)$ と表記することもある．

　いま，$\mathcal{P}$ はある集合 Θ から $\mathcal{P}$ 上への写像 $\iota : \Theta \to \mathcal{P}$ で，$P_\theta \equiv \iota(\theta) \in \mathcal{P}$ と表示されているとする．このような写像 ι を**パラメータ化** (parametrization) とよぶ．ただし，この表示が意味をもつためには，パラメータ化 ι が識別可能 (identifiable)，$\theta_1 \neq \theta_2 \Rightarrow P_{\theta_1} \neq P_{\theta_2}$ であることが要求される．とくに，Θ が $\mathbb{R}^k$ の部分集合のとき，$\mathcal{P} = \{P_\theta : \theta \in \Theta\}$ を（有限次元）**パラメトリックモデル**

(parametric model) とよぶ.

一方，パラメータ化と双対的な概念として，平均，分散といった分布の特性量 (母数，パラメータ) への写像 $\kappa = (\nu, \eta) : \mathcal{P} \to \Xi$ が考えられる．もし，われわれの関心が母数 $\nu(P)$ のみにあるとき，$\eta(P)$ を局外母数 (nuisance parameter) とよぶ．パラメトリックモデル $\mathcal{P} = \{P_\theta : \theta \in \Theta\}$ に対しては，もし $\tilde{\kappa}(\theta) \equiv \kappa(P_\theta)$ が $\mathbb{R}^k$ における Θ から Ξ への 1 対 1 対応であるならば，写像 $\iota \circ \tilde{\kappa}^{-1} : \Xi \to \mathcal{P}$ は $\iota : \Theta \to \mathcal{P}$ と同値なパラメータ化である．

パラメトリックモデル $\mathcal{P} = \{P_\theta : \theta \in \Theta\}$ において，Θ は $\mathbb{R}^k$ の開部分集合とし，各 P_θ は $(\mathcal{X}, \mathcal{B})$ 上のある σ-有限測度 μ に関して絶対連続であるとする．いま，
$$p_\theta(x) = \frac{dP_\theta}{d\mu}(x), \qquad \ell_\theta(x) = \log p_\theta(x)$$
とおく．これらはそれぞれ P_θ の尤度 (likelihood) と対数尤度 (log-likelihood) である．また，$s_\theta(x) \equiv \sqrt{p_\theta(x)}$ とおく．明らかに，P_θ を p_θ および s_θ と同一視すると，$\mathcal{P}$ を Banach 空間 $L_1(\mu)$ および Hilbert 空間 $L_2(\mu)$ の部分集合と見なすことができる．なお，どちらも $\mathcal{P}$ に同等な位相を与えることはつぎの不等式から明らかである：
$$\|s_{\theta_1} - s_{\theta_2}\|_{\mu,2}^2 \le \|p_{\theta_1} - p_{\theta_2}\|_{\mu,1} \le 2\|s_{\theta_1} - s_{\theta_2}\|_{\mu,2}. \tag{1.1}$$
ここで，$\|\cdot\|_{\mu,1}$ は $L_1(\mu)$-ノルム，$\|\cdot\|_{\mu,2}$ は $L_2(\mu)$-ノルムである．なお，$d_{\mathrm{H}}(P_{\theta_1}, P_{\theta_2}) \equiv \|s_{\theta_1} - s_{\theta_2}\|_{\mu,2}$ は P_{θ_1} と P_{θ_2} の **Hellinger 距離** (Hellinger distance) ともよばれている．

以下においては $\mathbb{R}^k$ の要素を列ベクトルで表し，Euclid ノルムを $\|\cdot\|$ で表す．

定義 1.1 もし，Θ の各点 θ において

(i) 写像 $\theta \mapsto s_\theta$ が **Fréchet** 微分可能，すなわち，$L_2(\mu)$ の要素からなるベクトル $\dot{s}_\theta = (\dot{s}_{\theta 1}, \ldots, \dot{s}_{\theta k})^T$ が存在して
$$\|s_{\theta+h} - s_\theta - h^T \dot{s}_\theta\|_{\mu,2} = o(\|h\|), \qquad h \to 0; \tag{1.2}$$

(ii) $k \times k$ 型行列 $\int \dot{s}_\theta \dot{s}_\theta^T \, d\mu$ は正則；

(iii) 写像 $\theta \mapsto \dot{s}_{\theta i}$, $i = 1, \ldots, k$ は $L_2(\mu)$ において連続

であるならば，パラメータ化 $\iota : \Theta \to \mathcal{P}$ は正則 (regular) であるとよばれる．また，条件 (i), (ii) を満たす点をパラメータ化 ι の正則点 (regular point) とよぶ．もし，$\mathcal{P}$ が正則なパラメータ化をもつならば，それは正則なパラメトリックモデル (regular parametric model) とよばれる．

式 (1.2) の意味の微分可能性を，**2 次平均微分可能性** (differentiability in quadratic mean) ということもある．また，このことから写像 $\theta \mapsto s_\theta$ の連続性が導かれ，したがって，不等式 (1.1) より，写像 $\theta \mapsto p_\theta$ も連続であることがわかる．条件 (iii) は $\int \|\dot{s}_{\theta+h} - \dot{s}_\theta\|^2 \, d\mu \to 0, \, h \to 0$ と同等である．

ここで，θ の **Fisher 情報量行列** (Fisher information matrix) を

$$I_\theta \equiv 4 \int \dot{s}_\theta \dot{s}_\theta^T \, d\mu \tag{1.3}$$

で定義する．通常，この量はスコア関数 $\dot{\ell}_\theta(x) = \partial \ell_\theta(x)/\partial \theta$ を使って

$$I_\theta \equiv P_\theta[\dot{\ell}_\theta \dot{\ell}_\theta^T] \tag{1.4}$$

と定義されるが，これを正確に示すため，改めて大きさ 1 の観測のスコア関数 (score function) $\dot{\ell}_\theta(x)$ を

$$\dot{\ell}_\theta(x) \equiv 2 \frac{\dot{s}_\theta(x)}{s_\theta(x)} 1_{\{s_\theta > 0\}}(x) = \frac{\dot{p}_\theta(x)}{p_\theta(x)} 1_{\{p_\theta > 0\}}(x) \tag{1.5}$$

で定義する．ここで，

$$\dot{p}_\theta(x) \equiv 2 s_\theta(x) \dot{s}_\theta(x) \tag{1.6}$$

で，$1_{\{s_\theta > 0\}}(x)$ は集合 $\{x : s_\theta(x) > 0\}$ の定義関数である．また，$s_\theta(x) = 0$ ならば，$\dot{s}_\theta(x)/s_\theta(x)$ は任意に定める．このとき，定義式 (1.3) と (1.4) が一致することは，つぎの補題を使って容易に示すことができる．

補題 1.1 モデル $\mathcal{P} = \{P_\theta : \theta \in \Theta\}$ は正則であるとする．このとき

$$\int_{\{s_\theta = 0\}} \|\dot{s}_\theta\|^2 \, d\mu = 0$$

が成り立つ．

証明 Fréchet 微分可能性から

$$\int_{\{s_\theta = 0\}} \{s_{\theta+h} - h^T \dot{s}_\theta\}^2 \, d\mu \leq \|s_{\theta+h} - s_\theta - h^T \dot{s}_\theta\|_{\mu,2}^2 = o(\|h\|^2)$$

が成り立つ．μ-a.e. x において $s_\theta(x) \geq 0$ であるから，任意の $h \in \mathbb{R}^k$ に対して

$$\int_{\{s_\theta = 0\}} \{h^T \dot{s}_\theta\}^2 \, d\mu \leq 2 \int_{\{s_\theta = 0\}} \{s_{\theta+h} - h^T \dot{s}_\theta\}^2 \, d\mu + 2 \int_{\{s_\theta = 0\}} \{s_{\theta+h}\}^2 \, d\mu$$

$$\leq 2 \int_{\{s_\theta = 0\}} \{s_{\theta+h} - h^T \dot{s}_\theta\}^2 \, d\mu$$

$$+ 2\int_{\{s_\theta=0\}} \{s_{\theta+h} + s_{\theta-h}\}^2 \, d\mu$$

$$\leq 6\int_{\{s_\theta=0\}} \{s_{\theta+h} - h^T \dot{s}_\theta\}^2 \, d\mu$$

$$+ 4\int_{\{s_\theta=0\}} \{s_{\theta-h} + h^T \dot{s}_\theta\}^2 \, d\mu$$

$$= o(\|h\|^2)$$

である.これは,$\int_{\{s_\theta=0\}}\{\dot{s}_{\theta i}\}^2 \, d\mu = 0$, $i=1,\ldots,k$ を意味する. □

式 (1.2) の意味の微分可能性は,すべての密度 p_θ が共通の台をもつことを要求してはいない.しかしながら,補題 1.1 の証明から

$$P_{\theta+h}(\{p_\theta=0\}) = \int_{\{p_\theta=0\}} p_{\theta+h} \, d\mu = o(\|h\|^2)$$

が成り立つことがわかる.すなわち,P_θ と直交する部分の $P_{\theta+h}$ 確率 $P_{\theta+h}(\{p_\theta=0\})$ は,$h\to 0$ のとき,$\|h\|^2$ より高位の速さで消滅していく.したがって,たとえば $[\theta,\infty)$ に台をもつ尺度母数 1 の指数分布族 $\mathcal{P} = \{E(\theta,1) : -\infty < \theta < \infty\}$ は正則でない.実際,$h < 0$ に対して,

$$P_{\theta+h}(\{p_\theta=0\}) = \int_{-\infty}^{\theta} e^{-(x-\theta-h)} 1_{[\theta+h,\infty)}(x) \, dx = 1 - e^h \neq o(|h|)$$

である.

つぎの補題は,パラメトリックモデル $\mathcal{P} = \{P_\theta : \theta \in \Theta\}$ が正則であるための十分条件を尤度関数の通常の微分可能性を使って表したものである.証明は Bickel, Klaassen, Ritov and Wellner[1] の 2.1 節でみることができる.

補題 1.2 Θ は開集合で,すべての $\theta \in \Theta$ に対してつぎが成り立つとする:
 (i) μ-a.e. x に対して,$p_\theta(x)$ は θ に関して微分可能で連続な勾配 $\dot{p}_\theta(x)$ をもつ;
 (ii) 式 (1.5) の右端の式で定義される $\dot{\ell}_\theta(x)$ は $\|\dot{\ell}_\theta\| \in L_2(P_\theta)$ である;
 (iii) 式 (1.4) で定義される I_θ は正則で θ に関して連続である.
このとき,もし $\dot{s}_\theta(x)$ を

$$\dot{s}_\theta(x) \equiv \frac{1}{2}\frac{\dot{p}_\theta(x)}{\sqrt{p_\theta(x)}} 1_{\{p_\theta>0\}}(x) = \frac{1}{2}\dot{\ell}_\theta(x) s_\theta(x)$$

と定義すると,$\mathcal{P}$ は正則で,$s_\theta(x)$ の Fréchet 導関数は $\dot{s}_\theta(x)$ で与えられる.

正則性は，Cramér-Rao 情報量下限を計算する際の基本式

$$P_\theta \dot{\ell}_\theta = 0 \tag{1.7}$$

あるいは，定義式 (1.5), (1.6) より，これと同等な

$$\langle \dot{s}_{\theta i}, s_\theta \rangle_\mu = 0, \qquad i = 1, \ldots, k$$

の成立を保証する．ここで，$\langle f, g \rangle_\mu \equiv \int fg \, d\mu$ は $L_2(\mu)$ における内積である．実際，これは，式 (1.2) と

$$\begin{aligned}
0 &= \langle s_{\theta+h}, s_{\theta+h} \rangle_\mu - \langle s_\theta, s_\theta \rangle_\mu \\
&= \langle s_{\theta+h} - s_\theta - h^T \dot{s}_\theta, s_{\theta+h} - s_\theta \rangle_\mu + \langle h^T \dot{s}_\theta, s_{\theta+h} - s_\theta \rangle_\mu \\
&\quad + 2\langle s_{\theta+h} - s_\theta - h^T \dot{s}_\theta, s_\theta \rangle_\mu + 2\langle h^T \dot{s}_\theta, s_\theta \rangle_\mu
\end{aligned}$$

より容易に示される．

1.2　有限次元母数の正則推定量

写像 $\psi : \mathcal{P} \to \mathbb{R}^m$ を有限次元母数とする．ψ の推定量とは，$(X_1, \ldots, X_n)$ のみに依存した任意の可測 m 次元ベクトル値関数 $T_n = T_n(X_1, \ldots, X_n)$ である．ここでは，推定量列 $\{T_n\}$ の漸近的な挙動に関心がある．正の発散列 $\{r_n\}$ に対して，分布 P のもと，$r_n(T_n - \psi(P))$ がある確率ベクトル Z に弱収束 (weak convergence) することを $r_n(T_n - \psi(P)) \overset{\Gamma}{\rightsquigarrow} Z$ と表す．もし，Z の分布が L ならば，$r_n(T_n - \psi(P)) \overset{P}{\rightsquigarrow} L$ とも表す．分布 P が固定されているときは，$\overset{P}{\rightsquigarrow}$ を単に $\rightsquigarrow$ と書く．

パラメトリックモデル $\mathcal{P} = \{P_\theta : \theta \in \Theta\}$ を考える．このとき，$\psi(P_\theta)$ を Θ から $\mathbb{R}^m$ への関数と見なし $\nu(\theta)$ と表す．もし，$\nu(\theta)$ が微分可能ならば，その $m \times k$ 型導関数行列を $\dot{\nu}(\theta)$ で表す．

定義 1.2　もし，$\sqrt{n}\|\theta_n - \theta\| = O(1)$ をみたす任意のパラメータ列 $\{\theta_n\}$ に対して，

$$\sqrt{n}(T_n - \nu(\theta_n)) \overset{P_{\theta_n}}{\rightsquigarrow} L_\theta$$

が成り立つならば，推定量列 $\{T_n\}$ は θ で局所正則 (locally regular)，あるいは単に正則 (regular) であるとよばれる．ここで，分布 L_θ は列 $\{\theta_n\}$ に無関係である．

もし，T_n の極限分布 L_θ が 0 の近くに最大限集中するなら，T_n は $\nu(\theta)$ の最良の推定量であると考えられる．これについては，つぎの結果が知られている．証明は 4.3.2 項（154 ページ）で与える．

定理 1.3 (たたみ込み定理) パラメトリックモデル $\mathcal{P} = \{P_\theta : \theta \in \Theta\}$ の正則点 θ において，$\nu(\theta)$ の推定量列 $\{T_n\}$ は正則で，極限分布 L_θ をもつとする．また，$\nu(\theta)$ は θ で微分可能であるとする．このとき，ある確率分布 M_θ が存在して
$$L_\theta = N\bigl(0, \dot\nu(\theta) I_\theta^{-1} \dot\nu(\theta)^T\bigr) * M_\theta$$
と表すことができる．とくに，L_θ が共分散行列 Σ_θ をもつならば，行列 $\Sigma_\theta - \dot\nu(\theta) I_\theta^{-1} \dot\nu(\theta)^T$ は半正値である．

定義 1.3 もし，推定量列 $\{T_n\}$ が正則で，その漸近共分散行列 Σ_θ が $\Sigma_\theta = \dot\nu(\theta) I_\theta^{-1} \dot\nu(\theta)^T$ をみたすならば，$\{T_n\}$ は**漸近有効** (asymptotically efficient)，あるいは単に**有効** (efficient) であるとよばれる．

例 1.1 (**Stein の縮小推定量**) $X_1, \ldots, X_n$ を k 変量正規分布 $N(\theta, I)$ からのサンプルとする（I は単位行列）．ただし，$k \geq 3$ である．平均ベクトル θ の漸近有効推定量は標本平均 $\bar X_n$ である．いま，$\bar X_n$ を原点方向に縮小した
$$T_n \equiv \bar X_n - \frac{k-2}{n\|\bar X_n\|^2} \bar X_n$$
を考える．これは，2 次損失 $\|d - \theta\|^2$ において，$\bar X_n$ より良い推定量であることが知られている．$\theta_n = \theta + O(n^{-1/2})$ をみたす P_{θ_n} のもと，$\bar X_n = n^{-1}\sum_{i=1}^n (X_i - \theta_n) + \theta_n \overset{P}{\to} \theta$ なので，もし $\theta \neq 0$ ならば，T_n の定義式の第 2 項は $O_P(n^{-1})$，したがって，$\sqrt{n}(T_n - \theta_n) \overset{P_{\theta_n}}{\rightsquigarrow} N(0, I)$ となる．よって，$\{T_n\}$ は任意の $\theta \neq 0$ において正則である．もし，$\theta = 0$ ならば，列 $\{\theta_n\} = \{n^{-1/2} h\}$，$h \in \mathbb{R}^k$ を考える．このとき，
$$\sqrt{n}(T_n - \theta_n) = \sqrt{n}(\bar X_n - \theta_n) - \frac{k-2}{\|\sqrt{n}(\bar X_n - \theta_n) + h\|^2}\{\sqrt{n}(\bar X_n - \theta_n) + h\}$$
なので，Z を $N(h, I)$ にしたがう確率ベクトルとすると，$\sqrt{n}(T_n - \theta_n)$ は P_{θ_n} のもとで $T(Z) - h$ と同じように分布する．ここで，
$$T(Z) = Z - \frac{k-2}{\|Z\|^2} Z$$
である．$T(Z) - h$ の分布は h に関係するので，$\{T_n\}$ は $\theta = 0$ において正則でない．

つぎの定義においては，$\mathcal{P}$ は（パラメトリックとは限らない）一般のモデルである．

定義 1.4 もし，すべての $P \in \mathcal{P}$ に対して，つぎをみたす関数 $\check{\psi}_P : \mathcal{X} \to \mathbb{R}^m$ が存在するならば，ψ の推定量列 $\{T_n\}$ は**漸近線形** (asymptotically linear) であるという：

$$\check{\psi}_P \in L_2^0(P) \equiv \{f : P\|f\|^2 < \infty,\ Pf = 0\},$$
$$T_n = \psi(P) + \mathbb{P}_n \check{\psi}_P + o_P(n^{-1/2}).$$

このとき，$\sqrt{n}(T_n - \psi(P)) \rightsquigarrow N(0, P[\check{\psi}_P \check{\psi}_P^T])$ が成り立つ．関数 $\check{\psi}_P$ は $\{T_n\}$ の**影響関数** (influence function) とよばれる．推定誤差 $T_n - \psi(P)$ に対する観測 $X_i = x$ の影響は，第 1 近似として，$n^{-1}\check{\psi}_P(x)$ で与えられる．

例 1.2 正規モデル $\mathcal{P} = \{N(\mu, \sigma^2) : \theta = (\mu, \sigma^2)^T \in \mathbb{R} \times \mathbb{R}^+\}$ を考える．スコア関数は

$$\dot{\ell}_\theta(x) = \left(\dot{\ell}_{\theta 1}(x),\ \dot{\ell}_{\theta 2}(x)\right)^T = \left(\frac{x - \mu}{\sigma^2},\ \frac{(x-\mu)^2}{2\sigma^4} - \frac{1}{2\sigma^2}\right)^T$$

で，Fisher 情報量行列は

$$I_\theta = \begin{pmatrix} 1/\sigma^2 & 0 \\ 0 & 1/(2\sigma^4) \end{pmatrix}$$

で与えられる．いま，$\tilde{\ell}_\theta(x) \equiv I_\theta^{-1} \dot{\ell}_\theta(x) = \left(\tilde{\ell}_{\theta 1}(x),\ \tilde{\ell}_{\theta 2}(x)\right)^T$ と定義すると，

$$\tilde{\ell}_{\theta 1}(x) = x - \mu, \qquad \tilde{\ell}_{\theta 2}(x) = (x - \mu)^2 - \sigma^2$$

を得る．このとき，サンプル $X_1, \ldots, X_n$ にもとづく μ, σ^2 の最尤推定量は，それぞれ

$$\hat{\mu}_n = \bar{X}_n = \mu + \mathbb{P}_n \tilde{\ell}_{\theta 1},$$
$$\hat{\sigma}_n^2 = \frac{1}{n}\sum_{i=1}^n (X_i - \bar{X}_n)^2 = \sigma^2 + \mathbb{P}_n \tilde{\ell}_{\theta 2} + o_P(n^{-1/2})$$

となり，ともに漸近線形である．

パラメトリックモデル $\mathcal{P} = \{P_\theta : \theta \in \Theta\}$ において，推定量列が漸近有効であるための必要十分条件は，つぎの定理で与えられる影響関数 $\tilde{\ell}_{\theta|\nu,\mathcal{P}}$ に関して漸近線形であることである．定理の証明は，たとえば Bickel, Klaassen, Ritov and Wellner[1] の 2.3 節または van der Vaart[6] の 8.9 節でみることができる．

定理 1.4 パラメトリックモデル $\mathcal{P} = \{P_\theta : \theta \in \Theta\}$ の正則点 θ において, $\nu(\theta)$ は θ で微分可能であるとする. $\nu(\theta)$ の推定量列 $\{T_n\}$ は

$$T_n = \nu(\theta) + \mathbb{P}_n \tilde{\ell}_{\theta|\nu,\mathcal{P}} + o_P(n^{-1/2}) \tag{1.8}$$

と展開されるとする. ここで

$$\tilde{\ell}_{\theta|\nu,\mathcal{P}}(x) \equiv \dot{\nu}(\theta) I_\theta^{-1} \dot{\ell}_\theta(x) \tag{1.9}$$

である. このとき, $\{T_n\}$ は θ において $\nu(\theta)$ の漸近有効推定量列であり, その漸近分散は

$$I_{\theta|\nu,\mathcal{P}}^{-1} \equiv \dot{\nu}(\theta) I_\theta^{-1} \dot{\nu}(\theta)^T \tag{1.10}$$

である. 逆に, あらゆる漸近有効推定量列は展開 (1.8) をみたす.

式 (1.9) で定義される関数 $\tilde{\ell}_{\theta|\nu,\mathcal{P}} : \mathcal{X} \to \mathbb{R}^m$ を, $\mathcal{P}$ における ν に対する**有効影響関数** (efficient influence function) とよぶ. $\nu(\theta) = \theta$ のときは, これを $\tilde{\ell}_\theta$ と表す. また, 式 (1.10) で定義される $I_{\theta|\nu,\mathcal{P}}^{-1}$ とその逆行列 $I_{\theta|\nu,\mathcal{P}}$ を, それぞれ, $\mathcal{P}$ における ν に対する**情報量限界** (information bound) および**有効情報量** (efficient information) とよぶ.

1.3 局外母数と情報量の幾何

パラメトリックモデル $\mathcal{P} = \{P_\theta : \theta^T = (\nu^T, \eta^T) \in \Theta = N \times H\}$ を考える. ここで, $\nu(\theta) = \nu \in \mathbb{R}^m$ は興味のある母数, $\eta(\theta) = \eta \in \mathbb{R}^{k-m}$ は局外母数とする. 固定された $\theta_0^T = (\nu_0^T, \eta_0^T) \in \Theta$ に対して,

$$\mathcal{P}_{\eta_0} \equiv \{P_\theta : \nu \in N, \eta = \eta_0\}$$

と定義する. これは, 局外母数 η の値が η_0 と判明しているモデルである. 当然, このモデルにおける ν の推定は $\mathcal{P}$ における場合より有利である. 以下では, 情報量を使ってこれを議論する.

モデル $\mathcal{P}$ は正則であるとし, θ_0 におけるスコア関数 $\dot{\ell}_{\theta_0}$ を $\dot{\ell}$, Fisher 情報量行列 I_{θ_0} を I, θ に対する有効影響関数 $\tilde{\ell}_{\theta_0} = I_{\theta_0}^{-1} \dot{\ell}_{\theta_0}$ を $\tilde{\ell}$ と表す. さらに, θ の分割 $\theta^T = (\nu^T, \eta^T)$ に対応して, これらを

$$\dot{\ell} = \begin{pmatrix} \dot{\ell}_1 \\ \dot{\ell}_2 \end{pmatrix}, \quad I = (I_{ij})_{i,j=1,2} = \begin{pmatrix} I_{11} & I_{12} \\ I_{21} & I_{22} \end{pmatrix}, \quad \tilde{\ell} = \begin{pmatrix} \tilde{\ell}_1 \\ \tilde{\ell}_2 \end{pmatrix}$$

とブロック行列に分割する．ここで，$\dot{\ell}_1, \tilde{\ell}_1$ は $m \times 1$ 型，$\dot{\ell}_2, \tilde{\ell}_2$ は $(k-m) \times 1$ 型，I_{11} は $m \times m$ 型，I_{12} は $m \times (k-m)$ 型，I_{21} は $(k-m) \times m$ 型，I_{22} は $(k-m) \times (k-m)$ 型行列である．同様に，I^{-1} を I^{ij}, $i,j = 1,2$ に分割する．よく知られた逆行列のブロック行列表現から，

$$I^{-1} = \left(I^{ij}\right)_{i,j=1,2} = \begin{pmatrix} I_{11\cdot 2}^{-1} & -I_{11\cdot 2}^{-1} I_{12} I_{22}^{-1} \\ -I_{22\cdot 1}^{-1} I_{21} I_{11}^{-1} & I_{22\cdot 1}^{-1} \end{pmatrix} \quad (1.11)$$

が得られる．ここで，

$$I_{11\cdot 2} \equiv I_{11} - I_{12} I_{22}^{-1} I_{21}, \qquad I_{22\cdot 1} \equiv I_{22} - I_{21} I_{11}^{-1} I_{12} \quad (1.12)$$

である．定義式 (1.9), (1.10) と式 (1.11) から，$\mathcal{P}$ における ν に対する情報量限界は

$$I_{\theta_0|\nu,\mathcal{P}}^{-1} = I^{11} = I_{11\cdot 2}^{-1}$$

で，$\mathcal{P}$ における ν に対する有効影響関数は

$$\tilde{\ell}_{\theta_0|\nu,\mathcal{P}} = \tilde{\ell}_1 = I^{11}\dot{\ell}_1 + I^{12}\dot{\ell}_2$$
$$= I_{11\cdot 2}^{-1}(\dot{\ell}_1 - I_{12}I_{22}^{-1}\dot{\ell}_2) = I_{11\cdot 2}^{-1}\ell_1^* \quad (1.13)$$

で与えられる．ここで，

$$\ell_1^* \equiv \dot{\ell}_1 - I_{12}I_{22}^{-1}\dot{\ell}_2 \quad (1.14)$$

と定義する．式 (1.12) より，$\mathcal{P}$ における ν に対する有効情報量は

$$I_{11\cdot 2} = P_{\theta_0}[(\dot{\ell}_1 - I_{12}I_{22}^{-1}\dot{\ell}_2)(\dot{\ell}_1 - I_{12}I_{22}^{-1}\dot{\ell}_2)^T] = P_{\theta_0}[\ell_1^* \ell_1^{*T}]$$

なので，式 (1.13) は，$\tilde{\ell} = I^{-1}\dot{\ell}$ において，$\tilde{\ell}$ を $\tilde{\ell}_1$ で，$I = P_{\theta_0}[\dot{\ell}\dot{\ell}^T]$ を $I_{11\cdot 2} = P_{\theta_0}[\ell_1^* \ell_1^{*T}]$ で，$\dot{\ell}$ を ℓ_1^* で置き換えたものと同じ形式をしている．それゆえ，ℓ_1^* は $\mathcal{P}$ における ν に対する**有効スコア関数** (efficient score function) とよばれ，$\ell_{\theta_0|\nu,\mathcal{P}}^*$ と表される．

一方，もし $\eta = \eta_0$ とわかっているならば，$\mathcal{P}_{\eta_0}$ における ν に対する有効情報量と対応する有効影響関数は，それぞれ

$$I_{\theta_0|\nu,\mathcal{P}_{\eta_0}} = I_{11}, \qquad \tilde{\ell}_{\theta_0|\nu,\mathcal{P}_{\eta_0}} = I_{11}^{-1}\dot{\ell}_1$$

で与えられる．したがって，式 (1.12) より，

$$I_{\theta_0|\nu,\mathcal{P}} = I_{\theta_0|\nu,\mathcal{P}_{\eta_0}} - I_{12}I_{22}^{-1}I_{21} \quad (1.15)$$

が成り立つ．すなわち，η が未知であることは ν に対する有効情報量の減少 $I_{12}I_{22}^{-1}I_{21}$ をもたらす．同様に，ブロック行列 (I_{ij}) と (I^{ij}) との関係から，

$$I_{\theta_0|\nu,\mathcal{P}}^{-1} = I_{\theta_0|\nu,\mathcal{P}_{\eta_0}}^{-1} + I^{12}(I^{22})^{-1}I^{21}$$

が成り立つことがわかる．すなわち，η が未知であることは ν に対する情報量限界の上昇 $I^{12}(I^{22})^{-1}I^{21}$ をもたらす．さらに，式 (1.15) から

$$I_{12} = 0 \iff I_{\theta_0|\nu,\mathcal{P}} = I_{\theta_0|\nu,\mathcal{P}_{\eta_0}} = I_{11} \tag{1.16}$$

であることがわかる．この場合，式 (1.13) と (1.14) から

$$\tilde{\ell}_1 = I_{11}^{-1}\dot{\ell}_1 \quad \text{と} \quad \ell_1^* = \dot{\ell}_1 \tag{1.17}$$

が成り立つ．

定義 1.5 もし，ν の推定量列 $\{T_n\}$ が，$\mathcal{P}$ において正則であり，モデル $\mathcal{P}_\eta$, $\eta \in H$ の各々に対して有効であるならば，T_n は η の存在下において ν の**適応推定量** (adaptive estimator) とよばれる．

もし適応推定量が存在するなら，η が未知でも既知の場合と同等なことができる．式 (1.16) と (1.17) から，正則なパラメトリックモデルにおいて適応推定量が存在するための必要条件は，すべての θ において $I_{\theta 12} = 0$ が成り立つことである．例 1.2 (7 ページ) の場合，$\bar{X}_n$ は平均 μ の適応推定量である．

有効影響関数 $\tilde{\ell}_{\theta_0|\nu,\mathcal{P}}$ と有効スコア関数 $\ell^*_{\theta_0|\nu,\mathcal{P}}$ は，Hilbert 空間 $L_2(P_{\theta_0})$ において幾何的な解釈が可能である．以下では，f と g の内積 $P_{\theta_0}[fg]$ を $\langle f, g \rangle_{P_{\theta_0}}$ と表す．

スコア関数の定義式 (1.5) は，$\mathcal{P}$ の $L_2(P_{\theta_0})$ (θ_0 : 固定) への局所的な埋め込み

$$P_\theta \mapsto r_\theta \equiv 2\left(\frac{s_\theta}{s_{\theta_0}} - 1\right)1_{\{s_{\theta_0} > 0\}} \tag{1.18}$$

を示唆している．モデルの θ_0 における正則性は

(i) 写像 $\theta \mapsto r_\theta$ は $L_2(P_{\theta_0})$ において θ_0 で Fréchet 微分可能で，導関数 $\dot{\ell}_{\theta_0}$ をもつ；さらに，$P_{\theta_0+h}(\{s_{\theta_0} = 0\}) = o(\|h\|^2)$ をみたす；

(ii) $I_{\theta_0} = P_{\theta_0}[\dot{\ell}_{\theta_0}\dot{\ell}_{\theta_0}^T]$ は正則である

と同等である．実際，$\dot{s}_\theta \equiv s_\theta \dot{\ell}_\theta / 2$ と定義すると，

$$\int \{s_{\theta_0+h} - s_{\theta_0} - h^T \dot{s}_{\theta_0}\}^2 d\mu$$
$$= \frac{1}{4} \int \{r_{\theta_0+h} - r_{\theta_0} - h^T \dot{\ell}_{\theta_0}\}^2 dP_{\theta_0} + \int_{\{s_{\theta_0}=0\}} p_{\theta_0+h} d\mu$$

が成り立つ．埋め込み (1.18) の像を $\mathcal{P}$ と同一視すれば，$h^T \dot{\ell}_{\theta_0}$ は P_θ が h 方向から P_{θ_0} に近づくときの接線とみることができる．この全体 $\{h^T \dot{\ell}_{\theta_0} : h \in \mathbb{R}^k\}$ をモデル $\mathcal{P}$ の P_{θ_0} における**接集合** (tangent set) とよび，$\dot{\mathcal{P}}_{P_{\theta_0}}$ と表す．接集合が線形結合に関して閉じているとき，それは**接空間** (tangent space) とよばれる．サブモデル $\mathcal{P}_{\eta_0}$ と $\mathcal{P}_{\nu_0}$ に対しては，P_{θ_0} における接集合は，それぞれ，$\{(h_1^T, 0^T)\dot{\ell}_{\theta_0} : h_1 \in \mathbb{R}^m\}$ と $\{(0^T, h_2^T)\dot{\ell}_{\theta_0} : h_2 \in \mathbb{R}^{k-m}\}$ で与えられる．これを，それぞれ，$\dot{\mathcal{P}}_{P_{\theta_0}}^{(\nu)}$ と $\dot{\mathcal{P}}_{P_{\theta_0}}^{(\eta)}$ と表す．

最初に $m=1$ とする．$L_2(P_{\theta_0})$ において，$\dot{\ell}_2$ の成分で張られる線形部分空間 $\dot{\mathcal{P}}_{P_{\theta_0}}^{(\eta)}$ の直交補空間を $\dot{\mathcal{P}}_{P_{\theta_0}}^{(\eta)\perp}$ とする．このとき，

$$\langle \dot{\ell}_1 - I_{12}I_{22}^{-1}\dot{\ell}_2, I_{12}I_{22}^{-1}\dot{\ell}_2 \rangle_{P_{\theta_0}} = I_{12}I_{22}^{-1}I_{21} - I_{12}I_{22}^{-1}I_{22}I_{22}^{-1}I_{21} = 0$$

なので，$I_{12}I_{22}^{-1}\dot{\ell}_2$ は $\dot{\ell}_1$ の $\dot{\mathcal{P}}_{P_{\theta_0}}^{(\eta)}$ 上への射影であり，それゆえ定義式 (1.14) から，有効スコア関数 $\ell_{\theta_0|\nu, \mathcal{P}}^* = \ell_1^*$ は $\dot{\ell}_1$ の $\dot{\mathcal{P}}_{P_{\theta_0}}^{(\eta)\perp}$ 上への射影である．

また，$\mathcal{P}$ における ν に対する有効影響関数 $\tilde{\ell}_{\theta_0|\nu, \mathcal{P}} = \tilde{\ell}_1$ と $\mathcal{P}_{\eta_0}$ における ν に対する有効影響関数 $\tilde{\ell}_{\theta_0|\nu, \mathcal{P}_{\eta_0}} = I_{11}^{-1}\dot{\ell}_1$ の関連を示すことができる．とくに，$I_{11}^{-1}\dot{\ell}_1$ は $\tilde{\ell}_1$ の $\dot{\mathcal{P}}_{P_{\theta_0}}^{(\nu)}$ 上への射影である．これをみるには，$\tilde{\ell}_1 - I_{11}^{-1}\dot{\ell}_1 = (I^{11} - I_{11}^{-1})\dot{\ell}_1 + I^{12}\dot{\ell}_2$ が $\dot{\ell}_1$ と直交することを示せばよい．これは，

$$\langle (I^{11} - I_{11}^{-1})\dot{\ell}_1 + I^{12}\dot{\ell}_2, \dot{\ell}_1 \rangle_{P_{\theta_0}} = I^{11}I_{11} - I_{11}^{-1}I_{11} + I^{12}I_{21} = 0$$

からわかる．

もし $m > 1$ なら，成分ごとに射影を考えれば，これらの関係はそのまま成り立つ．

命題 1.5 Hilbert 空間 $L_2(P_{\theta_0})$ において，
 (1) 有効スコア関数 $\ell_{\theta_0|\nu, \mathcal{P}}^*$ は ν に関するスコア関数 $\dot{\ell}_{\theta_0 1}$ の $\dot{\mathcal{P}}_{P_{\theta_0}}^{(\eta)\perp}$ 上への射影である．
 (2) 有効影響関数 $\tilde{\ell}_{\theta_0|\nu, \mathcal{P}_{\eta_0}}$ は有効影響関数 $\tilde{\ell}_{\theta_0|\nu, \mathcal{P}}$ の $\dot{\mathcal{P}}_{P_{\theta_0}}^{(\nu)}$ 上への射影である．

例 1.3（**2 変量正規分布**） $X = (X_1, X_2)^T$ のしたがう分布として，2 変量正規分布 $N(\theta, \Sigma)$ を考える．ここで，

$$\theta = \begin{pmatrix} \nu \\ \eta \end{pmatrix} \in \mathbb{R}^2, \qquad \Sigma = \begin{pmatrix} 1 & \rho \\ \rho & 1 \end{pmatrix}$$

で，ρ の値は既知とする．結合密度は

$$p_\theta(x) = \frac{1}{2\pi\sqrt{1-\rho^2}} \exp\left\{-\frac{(x_1-\nu)^2 - 2\rho(x_1-\nu)(x_2-\eta) + (x_2-\eta)^2}{2(1-\rho^2)}\right\}$$

であり，モデルは $\mathcal{P} = \{N(\theta, \Sigma) : \theta \in \mathbb{R}^2\}$ である．ゆえに，$\nu = \theta_1$ と $\eta = \theta_2$ に対するスコアは

$$\dot{\ell}_{\theta 1}(x) = \frac{1}{1-\rho^2}\{(x_1-\nu) - \rho(x_2-\eta)\},$$

$$\dot{\ell}_{\theta 2}(x) = \frac{1}{1-\rho^2}\{(x_2-\eta) - \rho(x_1-\nu)\}$$

であり，容易に

$$I_{\theta|\theta,\mathcal{P}} \equiv I_\theta = \frac{1}{1-\rho^2}\begin{pmatrix} 1 & -\rho \\ -\rho & 1 \end{pmatrix}$$

であることがわかる．ゆえに，局外母数 $\eta = \theta_2$ の存在下における $\nu = \theta_1$ に対する有効スコア関数，有効情報量，有効影響関数は，それぞれ

$$\ell^*_{\theta|\nu,\mathcal{P}}(x) = x_1 - \nu, \qquad I_{\theta|\nu,\mathcal{P}} = 1, \qquad \tilde{\ell}_{\theta|\nu,\mathcal{P}}(x) = x_1 - \nu$$

で与えられる．もちろん，情報量限界は，$N(\theta, \Sigma)$ からのサンプル $X^{(1)}, \ldots, X^{(n)}$ にもとづく標本平均

$$\hat{\nu}_n = \bar{X}_{1n} \equiv \frac{1}{n}\sum_{i=1}^n X_1^{(i)} = \nu + \mathbb{P}_n \tilde{\ell}_{\theta|\nu,\mathcal{P}}$$

で到達される．実際 $\ell^*_{\theta|\nu,\mathcal{P}} \perp \dot{\ell}_{\theta 2}$ であることに注意する．

いま，$\eta = \eta_0$ は既知として，サブモデル $\mathcal{P}_{\eta_0}$ を考える．一般性を失うことなく，$\eta = 0$ と仮定してよい．このサブモデル $\mathcal{P}_0$ において，ν に対するスコア関数 $\dot{\ell}_{\theta 1}$ は有効スコア関数 $\ell^*_{\theta|\nu,\mathcal{P}_0}$ でもある．したがって，

$$I_{\theta|\nu,\mathcal{P}_0} = \frac{1}{1-\rho^2}, \qquad I^{-1}_{\theta|\nu,\mathcal{P}_0} = 1 - \rho^2$$

となり，サブモデル $\mathcal{P}_0$ における ν に対する有効影響関数は

$$\tilde{\ell}_{\theta|\nu,\mathcal{P}_0}(x) = x_1 - \nu - \rho x_2$$

で与えられる．よって，η の知識は ν の推定のための情報量限界を 1 から $1-\rho^2$ に引き下げている．この限界に到達する推定量は

$$\hat{\nu}^0_n = \frac{1}{n}\sum_{i=1}^n (X_1^{(i)} - \rho X_2^{(i)}) = \nu + \mathbb{P}_n \tilde{\ell}_{\theta|\nu,\mathcal{P}_0}$$

である．

例 1.4 (多項分布) $X = (X_1, \ldots, X_k)^T$ は多項分布 $M_{k+1}\bigl(1, (p_1, \ldots, p_{k+1})\bigr)$ にしたがうとする．$\theta = (\theta_1, \ldots, \theta_k)^T = (p_1, \ldots, p_k)^T$ とおくと，$p_{k+1} = 1 - \sum_{j=1}^{k} \theta_j$ である．このとき，密度関数は

$$p_\theta(x) = \left(\prod_{j=1}^{k} \theta_j^{x_j}\right)\left(1 - \sum_{j=1}^{k} \theta_j\right)^{1-\sum_{j=1}^{k} x_j}, \qquad x_j \in \{0,1\},\ j = 1, \ldots, k$$

で与えられる．ここで，$x_{k+1} \equiv 1 - \sum_{j=1}^{k} x_j$ とする．ゆえに，容易な計算から，θ に対するスコアは

$$\dot{\ell}_{\theta j}(x) = \frac{x_j}{\theta_j} - \frac{x_{k+1}}{p_{k+1}}, \qquad j = 1, \ldots, k$$

となり，θ に対する情報量行列は

$$I_{\theta|\theta,\mathcal{P}} \equiv I_\theta = \mathrm{diag}\left(\frac{1}{\theta_1}, \ldots, \frac{1}{\theta_k}\right) + \frac{1}{p_{k+1}}\underline{1}\,\underline{1}^T$$

となることがわかる．ここで，$\underline{1} = (1, \ldots, 1)^T$ である．したがって，情報量限界と有効影響関数は，それぞれ

$$I_\theta^{-1} = \mathrm{diag}(\theta_1, \ldots, \theta_k) - \theta\theta^T, \qquad \tilde{\ell}_{\theta|\theta,\mathcal{P}}(x) = x - \theta$$

で与えられる．$M_{k+1}\bigl(1, (p_1, \ldots, p_{k+1})\bigr)$ からのサンプル $X^{(1)}, \ldots, X^{(n)}$ にもとづく θ の通常の推定量

$$\hat{\theta}_n = \overline{X}_n \equiv \frac{1}{n}\sum_{i=1}^{n} X^{(i)} = \theta + \mathbb{P}_n \tilde{\ell}_{\theta|\theta,\mathcal{P}}$$

は，この限界に到達する．

いま，$\nu = (\theta_1, \ldots, \theta_m)^T$，$m < k$ の推定を考える．$(\theta_{m+1}, \ldots, \theta_k)^T \equiv \eta$ を局外母数とするときの ν に対する有効スコアは

$$\ell^*_{\theta j|\nu,\mathcal{P}}(x) = \dot{\ell}_{\theta j}(x) - \bigl[I_{\theta 12} I_{\theta 22}^{-1} \bigl(\dot{\ell}_{\theta\,m+1}(x), \ldots, \dot{\ell}_{\theta k}(x)\bigr)^T\bigr]_j$$
$$= \frac{x_j}{\theta_j} - \frac{\sum_{l=m+1}^{k+1} x_l}{\sum_{l=m+1}^{k+1} p_l}, \qquad j = 1, \ldots, m$$

となる．これは，$\{\dot{\ell}_{\theta\,m+1}(x), \ldots, \dot{\ell}_{\theta k}(x)\}$ から生成される接空間 $\dot{\mathcal{P}}_{P_\theta}^{(\eta)}$ との直交性を通して容易に確認することもできる．また，これは多項分布 $M_{m+1}\bigl(1, (\nu_1, \ldots, \nu_m, 1 - \sum_{j=1}^{m} \nu_j)\bigr)$ における ν に対する有効スコアと同じである．したがって，ν に対する情報量限界は

$$I_{\theta|\nu,\mathcal{P}}^{-1} = \mathrm{diag}(\nu_1,\ldots,\nu_m) - \nu\nu^T$$

で与えられ，これはまさに I_θ^{-1} の左上ブロックである．ふたたび，この限界は ν の自然な推定量 $\hat{\nu}_n = \bar{Y}_n \equiv n^{-1}\sum_{i=1}^n Y^{(i)}$ で到達される．ここで，$Y^{(1)},\ldots,Y^{(n)}$ は多項分布 $M_{m+1}\bigl(1,(\nu_1,\ldots,\nu_m,1-\sum_{j=1}^m \nu_j)\bigr)$ からのサンプルである．

一方，サブモデル $\mathcal{P}_{\eta_0}$ を考える．ここで，$\eta = (\theta_{m+1},\ldots,\theta_k)^T = \eta_0$ は既知である．このとき，有効スコア $\ell_{\theta j|\nu,\mathcal{P}_{\eta_0}}^*$ は元のスコア $\dot{\ell}_{\theta j}$ と同じであり，その $m \times m$ 型の情報量行列は I_θ の左上ブロックで与えられ，

$$I_{\theta|\nu,\mathcal{P}_{\eta_0}} = \mathrm{diag}\Bigl(\frac{1}{\nu_1},\ldots,\frac{1}{\nu_m}\Bigr) + \frac{1}{p_{k+1}}\underline{1}\,\underline{1}^T$$

となる．したがって，情報量限界と有効影響関数は

$$I_{\theta|\nu,\mathcal{P}_{\eta_0}}^{-1} = \mathrm{diag}(\nu_1,\ldots,\nu_m) - \frac{1}{c}\nu\nu^T,$$

$$\tilde{\ell}_{\theta j|\nu,\mathcal{P}_{\eta_0}} = \frac{cx_j - \nu_j\bigl(\sum_{i=1}^m x_i + x_{k+1}\bigr)}{c}, \qquad j=1,\ldots,m$$

で与えられる．ここで，$c \equiv 1 - \sum_{l=m+1}^k \theta_l = \sum_{j=1}^m \nu_j + p_{k+1}$ である．この限界は，推定量

$$\hat{\nu}_{jn}^0 = \frac{c\bar{X}_{jn}}{\sum_{i=1}^m \bar{X}_{in} + \bar{X}_{k+1\,n}}$$
$$= \nu_j + \mathbb{P}_n \tilde{\ell}_{\theta j|\nu,\mathcal{P}_{\eta_0}} + o_P\bigl(n^{-1/2}\bigr), \qquad j=1,\ldots,m$$

で到達される．ここで，$\bar{X}_{jn} \equiv n^{-1}\sum_{i=1}^n X_j^{(i)}$, $j = 1,\ldots,k$; $\bar{X}_{k+1\,n} \equiv 1 - \sum_{j=1}^k \bar{X}_{jn}$ である．この推定量は，サブモデル $\mathcal{P}_{\eta_0}$ における通常の尤度と $(X_{m+1},\ldots,X_k)$ が与えられたときの条件つき尤度の，双方に基づく最尤推定量である．

1.4 母数の道ごと微分と情報量限界

正則パラメトリックモデル $\mathcal{P} = \{P_\theta : \theta \in \Theta\}$ の点 θ において，1次元サブモデル $\{P_{\theta+th} : t \in [0,\epsilon)\}$ を考える．埋め込み (1.18) により，これは $L_2(P_\theta)$ 空間において P_θ を通る一つの曲線と見なすことができ，$t=0$ における接線はこのサブモデルのスコア関数 $h^T \dot{\ell}_\theta$ である．接空間 $\dot{\mathcal{P}}_{P_\theta}$ はこのような1次元サブモデルのスコア関数の集合 $\{h^T \dot{\ell}_\theta : h \in \mathbb{R}^k\}$ から生成される閉線形空間である．

母数 $\psi(P_\theta) \in \mathbb{R}^m$ を推定するための情報量限界を定義するため，サブモデル $\{P_{\theta+th} : t \in [0,\epsilon)\}$ に沿っての汎関数 $\psi(P_{\theta+th})$ の微分を考える．

1.4 母数の道ごと微分と情報量限界

定義 1.6 任意の $h^T \dot{\ell}_\theta \in \dot{\mathcal{P}}_{P_\theta}$ と, $h^T \dot{\ell}_\theta$ をスコア関数にもつ 1 次元サブモデル $\{P_{\theta+th} : t \in [0, \epsilon)\}$ に対して, もし

$$\frac{\psi(P_{\theta+th}) - \psi(P_\theta)}{t} \to \dot{\psi}_{P_\theta}(h^T \dot{\ell}_\theta), \qquad t \to +0$$

をみたす連続線形写像 $\dot{\psi}_{P_\theta} : L_2(P_\theta) \to \mathbb{R}^m$ が存在するならば, 母数 ψ は接空間 $\dot{\mathcal{P}}_{P_\theta}$ に関して P_θ において微分可能, あるいは, $\mathcal{P}$ 上で P_θ において道ごとに微分可能 (pathwise differentiable) であるとよばれる.

Hilbert 空間における Riesz の表現定理から, 写像 $\dot{\psi}_{P_\theta}$ は, 一つの固定されたベクトル値可測関数 $\tilde{\psi}_{P_\theta} = (\tilde{\psi}_{P_\theta 1}, \ldots, \tilde{\psi}_{P_\theta m})^T : \mathcal{X} \to \mathbb{R}^m$ との内積の形

$$\dot{\psi}_{P_\theta}(h^T \dot{\ell}_\theta) = \langle \tilde{\psi}_{P_\theta}, h^T \dot{\ell}_\theta \rangle_{P_\theta} = P_\theta[\tilde{\psi}_{P_\theta} \dot{\ell}_\theta^T h]$$

に表すことができる. ここで, 接空間 $\dot{\mathcal{P}}_{P_\theta}$ は閉線形空間なので, $\tilde{\psi}_{P_\theta}$ のどの成分も $\dot{\mathcal{P}}_{P_\theta}$ に含まれるように一意に定めることができる. この関数 $\tilde{\psi}_{P_\theta}$ を有効影響関数 (efficient influence function) とよぶ. もし, $\tilde{\psi}_{P_\theta i} \notin \dot{\mathcal{P}}_{P_\theta}$ ならば, $\dot{\mathcal{P}}_{P_\theta}$ への射影 $\Pi_{P_\theta} \tilde{\psi}_{P_\theta i}$ を考えればよい. 実際, Π_{P_θ} を $L_2(P_\theta)$ から部分空間 $\dot{\mathcal{P}}_{P_\theta}$ 上への射影作用素とすると,

$$\langle \tilde{\psi}_{P_\theta i}, h^T \dot{\ell}_\theta \rangle_{P_\theta} = \langle \Pi_{P_\theta} \tilde{\psi}_{P_\theta i}, h^T \dot{\ell}_\theta \rangle_{P_\theta}$$

が成り立つ.

汎関数 $\psi(P_\theta)$ を θ の関数 $\nu(\theta)$ と見なし, $\nu(\theta)$ が微分可能なとき, ν に対する有効影響関数を式 (1.9) で定義した. 両者の関係をみるには

$$\langle I_\theta^{-1} \dot{\ell}_\theta, \dot{\ell}_\theta^T \rangle_{P_\theta} = I_\theta^{-1} P_\theta[\dot{\ell}_\theta \dot{\ell}_\theta^T] = E \text{ (単位行列)}$$

に注意する. このとき,

$$\begin{aligned}
\psi(P_{\theta+th}) &= \nu(\theta + th) \\
&= \nu(\theta) + t \dot{\nu}(\theta) h + o(|t|) \\
&= \psi(P_\theta) + t \langle \dot{\nu}(\theta) I_\theta^{-1} \dot{\ell}_\theta, \dot{\ell}_\theta^T h \rangle_{P_\theta} + o(|t|)
\end{aligned}$$

なので, ν が微分可能ならば ψ は道ごとに微分可能で

$$\dot{\psi}_{P_\theta}(h^T \dot{\ell}_\theta) = \langle \dot{\nu}(\theta) I_\theta^{-1} \dot{\ell}_\theta, \dot{\ell}_\theta^T h \rangle_{P_\theta}$$

が成り立つ. よって,

$$\tilde{\psi}_{P_\theta} = \dot{\nu}(\theta) I_\theta^{-1} \dot{\ell}_\theta = \tilde{\ell}_{\theta | \nu, \mathcal{P}} \tag{1.19}$$

となり，これは定義式 (1.9) で与えられた有効影響関数である．そして
$$\langle \tilde{\psi}_{P_\theta}, \tilde{\psi}_{P_\theta}^T \rangle_{P_\theta} = \dot{\nu}(\theta) I_\theta^{-1} \dot{\nu}(\theta)^T = I_{\theta|\nu,\mathcal{P}}^{-1} \tag{1.20}$$
は情報量限界 (1.10) である．

上式の左辺を $\psi(P_\theta)$ の推定のための情報量限界の定義とすることに動機を与えるため，与えられた $a \in \mathbb{R}^m$ に対して母数 $a^T \psi(P_\theta)$ の推定を考える．1 次元サブモデル $\{P_{\theta+th} : t \in [0,\epsilon)\}$ において，t に関する Fisher 情報量は $t=0$ において $P_\theta[(h^T \dot{\ell}_\theta)^2]$ である．よって，母数 $a^T \psi(P_{\theta+th})$ を推定するときの最良漸近分散は，$t=0$ において，Cramér–Rao 限界
$$\frac{\{da^T \psi(P_{\theta+th})/dt\big|_{t=0}\}^2}{P_\theta[(h^T \dot{\ell}_\theta)^2]} = \frac{\langle a^T \tilde{\psi}_{P_\theta}, h^T \dot{\ell}_\theta \rangle_{P_\theta}^2}{\langle h^T \dot{\ell}_\theta, \dot{\ell}_\theta^T h \rangle_{P_\theta}}$$
で与えられる．あらゆる 1 次元サブモデル，すなわち，接空間のすべての要素に関するこの限界の上限は，モデル $\mathcal{P}$ において $a^T \psi(P_\theta)$ を推定するときの漸近分散の下限となる．実際，
$$\sup_{h^T \dot{\ell}_\theta \in \dot{\mathcal{P}}_{P_\theta}} \frac{\langle a^T \tilde{\psi}_{P_\theta}, h^T \dot{\ell}_\theta \rangle_{P_\theta}^2}{\langle h^T \dot{\ell}_\theta, \dot{\ell}_\theta^T h \rangle_{P_\theta}} = a^T \langle \tilde{\psi}_{P_\theta}, \tilde{\psi}_{P_\theta}^T \rangle_{P_\theta} a$$
が成り立つ．これは，Cauchy–Schwarz の不等式と $\tilde{\psi}_{P_\theta i} \in \dot{\mathcal{P}}_{P_\theta}, i=1,\ldots,m$ から得られる．よって，有効影響関数の共分散行列 $\langle \tilde{\psi}_{P_\theta}, \tilde{\psi}_{P_\theta}^T \rangle_{P_\theta}$ は，最良漸近共分散の役割を果たす．実際，それは式 (1.20) でみたとおりである．

式 (1.19) より，$\nu(\theta)$ に対する有効影響関数 $\tilde{\psi}_{P_\theta} = \tilde{\ell}_{\theta|\nu,\mathcal{P}}$ は
$$\langle \tilde{\psi}_{P_\theta}, \dot{\ell}_\theta^T \rangle_{P_\theta} = \dot{\nu}(\theta)$$
をみたす．これは，漸近線形推定量が正則であるための影響関数を特徴づけている．一般には，つぎの事実が成り立つ．証明は Bickel, Klaassen, Ritov and Wellner[1] の 2.4 節で与えられている．

命題 1.6 $\{T_n\}$ は $\check{\psi}_{P_\theta}$ を影響関数にもつ $\psi(P_\theta) = \nu(\theta)$ の漸近線形推定量列とする．このとき，

(1) $\{T_n\}$ が正則であるための必要十分条件は，$\nu(\theta)$ が微分可能で導関数 $\dot{\nu}(\theta)$ をもち，そして，有効影響関数 $\tilde{\psi}_{P_\theta}$ に対して，$\check{\psi}_{P_\theta} - \tilde{\psi}_{P_\theta}$ の各成分が
$$\check{\psi}_{P_\theta i} - \tilde{\psi}_{P_\theta i} \perp \dot{\mathcal{P}}_{P_\theta}, \quad i=1,\ldots,m$$
をみたすことである．これは，つぎの条件と同値である：
$$\langle \check{\psi}_{P_\theta}, \dot{\ell}_\theta^T \rangle_{P_\theta} = \dot{\nu}(\theta).$$

(2) もし，$\{T_n\}$ が正則であるならば，
$$\check{\psi}_{P_\theta i} \in \dot{\mathcal{P}}_{P_\theta}, \quad i=1,\ldots,m \quad \Longleftrightarrow \quad \check{\psi}_{P_\theta} = \tilde{\psi}_{P_\theta} = \dot{\nu}(\theta) I_\theta^{-1} \dot{\ell}_\theta$$
である．

2. セミパラメトリックモデル

有限次元と無限次元の二つの成分でパラメータ化された統計モデルを考える．このようなモデルの接空間は，正則な 1 次元サブモデルのスコア関数から構成される．スコア関数と情報量は一般に作用素を使って表現される．第 5 章での議論のため，線形回帰モデルと Cox 回帰モデルを取り上げ，それらの接空間の構造を詳しく調べる．後半では，パラメータの漸近有効推定量を求めるため，Euclid パラメータに対する有効スコア方程式，および，Euclid と無限次元の結合パラメータに対する最尤方程式を導入する．

2.1 序

セミパラメトリックモデル (semiparametric model) とは，パラメータ空間が一つ以上の無限次元成分をもつような統計モデルである．最も簡単な無限次元モデルは，標本空間上のすべての確率測度からなるノンパラメトリックモデル (nonparametric model) である．ここで興味があるのは，中間的なモデルで，Euclid パラメータで完全にパラメータ化されない部分をもつモデルである．そのようなモデルは，しばしば，Euclid パラメータ θ と，あるノンパラメトリックな分布の集合，あるいは，ある無限次元集合の上を動く η で，$(\theta, \eta) \mapsto P_{\theta,\eta}$ とパラメータ化される．これが，厳密な意味で，一つのセミパラメトリックモデルを与える．このとき，われわれの目的の一つは，η を局外母数と考え θ を推定することである．より一般的には，モデル上のある汎関数 $\psi: \mathcal{P} \to \mathbb{D}$ の値 $\psi(P_{\theta,\eta})$ の推定に関心がある．ここで，$\mathbb{D}$ は距離関数 d をもつ距離空間である．

例 2.1 (セミパラメトリック線形回帰モデル)　回帰モデル
$$Y = \theta^T Z + e, \qquad \theta \in \Theta = \mathbb{R}^k$$
を考える．ここで残差 e と共変量 Z は必ずしも独立でなく，それらの結合分布は密度 $\eta(e, z)$ をもつとする．一般に，η は未知で，あるノンパラメトリックな分

布の集合 H に属するとする．このとき，観測量 $X = (Y, Z)$ に対する統計モデルは，$\eta(y - \theta^T z, z)$ を密度にもつ

$$\mathcal{P} = \{P_{\theta, \eta} : \theta \in \Theta, \eta \in H\}$$

で与えられる．このセミパラメトリックモデルにおいて，興味のある Euclid 母数は回帰係数 $\psi(P_{\theta, \eta}) = \theta$ である．もし，残差の無条件分散に興味があるならば，ψ は

$$\psi(P_{\theta, \eta}) = \int_{\mathbb{R}} de \int_{\mathbb{R}^k} e^2 \eta(e, z) \, dz$$

である．

例 2.2 (打ち切り時間なし Cox 回帰モデル)　生存時間 T と共変量 Z の組 $X = (T, Z)$ を観測する．一般に Z の分布は未知で，Z が与えられたときの T の条件つきハザード関数は，G を T の分布関数として，

$$\lambda(t|z) = e^{\theta^T z} \lambda(t), \qquad \lambda(t) = \frac{dG(t)/dt}{1 - G(t)}, \quad \theta \in \Theta \subset \mathbb{R}^k$$

で与えられるとする．ここで，$\lambda(t)$ はベースライン (基準) ハザード関数 (baseline hazard function) で，まったく未知である．観測量 $X = (T, Z)$ の密度は

$$e^{\theta^T z} \lambda(t) \exp\{-e^{\theta^T z} \Lambda(t)\} q(z)$$

で与えられる．ここで，連続な非減少関数 $\Lambda(t) = \int_0^t \lambda(s) \, ds$ は累積ハザード関数 (cumulative hazard function) とよばれる．また，$q(z)$ は Z の密度関数である．もし，Z の分布が既知あるいは条件つきハザード関数に関する情報をもたないならば，X に対する統計モデルは，上の式を密度にもつ

$$\mathcal{P} = \{P_{\theta, \Lambda} : \theta \in \Theta, \Lambda \in H\}$$

で与えられる．このセミパラメトリックモデルにおいて，興味のある Euclid 母数は条件つきハザード関数の回帰係数 $\psi(P_{\theta, \eta}) = \theta$ である．もし，基準の累積ハザード関数 Λ に関心があるならば，$0 < \tau < \infty$ を適当な値として $\psi : \mathcal{P} \to \ell^{\infty}([0, \tau])$ は，$\psi(P_{\theta, \Lambda}) = \Lambda$ をみたす汎関数である．ここで，一般に $\mathbb{D} = \ell^{\infty}(T)$ は集合 T 上のすべての有界関数 $f : T \to \mathbb{R}$ の集まりで，距離関数

$$d(f, g) = \|f - g\|_{\infty} \equiv \sup_{t \in T} |f(t) - g(t)|, \qquad f, g \in \mathbb{D}$$

をもつ距離空間を表す．

これらのモデルについては，2.3 節と 2.5 節で詳しく議論する．

2.2 接空間と情報量

前章の 1.2～1.4 節において,パラメトリックモデルにおける接空間と情報量(限界)の概念を導入した.ここでは,これらを一般のモデルに拡張する.

与えられたモデル $\mathcal{P}$ の母数 $\psi(P) \in \mathbb{R}^m$ を推定することは,P があるサブモデル $\mathcal{Q} \subset \mathcal{P}$ に属するという制限のもとで母数を推定することに比べより困難である.真の分布 P を含むあらゆる正則なパラメトリックサブモデル $\mathcal{Q} = \{P_\theta : \theta \in \Theta\} \subset \mathcal{P}$ に対して,$\psi(P_\theta) = \nu(\theta)$ を推定するときの最良の漸近分散(情報量限界)$I_{P|\nu,\mathcal{Q}}^{-1}$ が計算できる.このとき,モデル $\mathcal{P}$ において ψ を推定するときの漸近分散は,すべてのサブモデルに関する情報量限界の上限より小さくはならない.したがって,

$$I_{P|\psi,\mathcal{P}}^{-1} \equiv \sup \{I_{P|\nu,\mathcal{Q}}^{-1} : P \in \mathcal{Q} = \{P_\theta : \theta \in \Theta\} \subset \mathcal{P}\}$$

を,$\mathcal{P}$ において ψ を推定するとき到達可能な情報量限界と定義することは自然である.もし,サブモデル $\mathcal{Q}$ がこの上限を達成するならば,それは**最も不利な**サブモデル (least favorable submodel) とよばれる.

多くの場合,1 次元の正則サブモデル $\mathcal{Q} = \{P_t : t \in [0,\epsilon), P_0 = P\}$ を考えれば十分である.このモデル $\mathcal{Q}$ は,埋め込み (1.18) により,$L_2(P)$ 空間において P を通る滑らかな一つの曲線と見なすことができ,$t = 0$ における正則性と式 (1.7) から,

$$\int \left[\frac{2(dP_t^{1/2}/dP^{1/2} - 1)}{t} - g\right]^2 dP = o(1), \qquad t \to +0$$

あるいは,同等であるが

$$\int \left[\frac{dP_t^{1/2} - dP^{1/2}}{t} - \frac{1}{2} g \, dP^{1/2}\right]^2 = o(1), \qquad t \to +0 \qquad (2.1)$$

をみたす $g \in L_2^0(P) \equiv \{g : Pg^2 < \infty, Pg = 0\}$ が存在する.これは,モデルが絶対連続でない場合にも適用できる一般的な表現であるが,前章で与えた絶対連続の場合の 2 次平均微分可能性(Fréchet 微分可能性)の表現を得るには,$dP_t^{1/2}$ を $dP_t^{1/2} = \sqrt{p_t}\, d\mu^{1/2} = s_t\, d\mu^{1/2}$ で置き換えればよい.言い換えれば,1 次元パラメトリックサブモデル $\{P_t : t \in [0,\epsilon), P_0 = P\}$ は $t = 0$ において 2 次平均微分可能で,スコア関数(接線)g をもつ.

有効性を評価するには,P を囲む異なったスコア関数をもつ多くの 1 次元サブモデルを考える必要がある.このようなスコア関数を集めたものを,P における

$\mathcal{P}$ の**接集合** (tangent set) とよび，$\dot{\mathcal{P}}_P$ と表す．接集合が線形結合で閉じているとき，それは**接空間** (tangent space) とよばれる．通常，それは接集合が張る線形空間の閉包で得られる．

例 2.3（ノンパラメトリックモデル） モデル $\mathcal{P}$ は σ-有限測度 μ に関して絶対連続な確率測度の全体とする．正則なパラメトリックサブモデルのスコア関数は，式 (1.7) をみたすので，

$$\dot{\mathcal{P}}_P \subset L_2^0(P) \equiv \{g : Pg^2 < \infty,\ Pg = 0\}$$

である．

いま，関数 $g \in L_2^0(P)$ は有界であるとし，このような関数の全体を $\dot{\mathcal{P}}_P^0$ とする．各 $g \in \dot{\mathcal{P}}_P^0$ に対して，$p_t = dP_t/d\mu$ として，指数型分布族

$$p_t(x) = \exp\{tg(x) - b(t)\}p(x), \qquad t \in \mathbb{R}$$

あるいは，モデル

$$p_t(x) = (1 + tg(x))p(x), \qquad |t| < \left(\sup_x |g(x)|\right)^{-1}$$

を考える．どちらのモデルも

$$g(x) = \frac{\partial \ell_t(x)}{\partial t}\Big|_{t=0} = \frac{\partial \log p_t(x)}{\partial t}\Big|_{t=0}$$

をみたし，直接の計算あるいは補題 1.2 から，式 (2.1) の意味で，どちらのモデルも $t=0$ で g をスコア関数にもつことがわかる．したがって，$\dot{\mathcal{P}}_P^0 \subset \dot{\mathcal{P}}_P$ である．$\dot{\mathcal{P}}_P^0$ が $L_2^0(P)$ の稠密な部分集合であることをみるため，任意の $g \in L_2^0(P)$ に対して，

$$\tilde{g}_M(x) \equiv g(x)1_{\{|g|\leq M\}}(x) - P[g1_{\{|g|\leq M\}}]$$

とおくと，$\tilde{g}_M \in \dot{\mathcal{P}}_P^0$ で，$P|\tilde{g}_M - g|^2 \to 0\ (M \to \infty)$ が成り立つ．よって，$\overline{\mathrm{lin}}\dot{\mathcal{P}}_P = L_2^0(P)$ が成り立つ．

しかし，実際には，$\dot{\mathcal{P}}_P = L_2^0(P)$ が成り立つ．たとえば，任意の $g \in L_2^0(P)$ に対して，$t=0$ でこれをスコア関数にもつ 1 次元サブモデルは

$$p_t(x) = \frac{\kappa(tg(x))p(x)}{P[\kappa(tg)]}$$

で与えられる．ここで，有界な関数 $\kappa : \mathbb{R} \to (0, \infty)$ は，連続微分可能で，有界な導関数 κ' および有界な κ'/κ をもち，$\kappa(0) = \kappa'(0) = 1$ をみたすとする．たと

えば，$\kappa(x) = 2(1+e^{-2x})^{-1}$ はこれらの条件をみたす．このような κ に対して，

$$\left.\frac{dP[\kappa(tg)]}{dt}\right|_{t=0} = Pg = 0$$

なので

$$\left.\frac{\partial \log p_t(x)}{\partial t}\right|_{t=0} = g(x)$$

を得る．補題 1.2 を使えば，このモデルは $t=0$ において，実際に g をスコア関数にもつことがわかる．よって，$\dot{\mathcal{P}}_P = L_2^0(P)$ が成り立つ．

母数 $\psi(P) \in \mathbb{R}^m$ の推定を考える．与えられた接集合 $\dot{\mathcal{P}}_P$ に対して，$g \in \dot{\mathcal{P}}_P$ をスコア関数にもつ 1 次元正則サブモデルを $\{P_{t|g} : t \in [0, \epsilon), P_{0|g} = P\}$ とする．

定義 2.1 連続線形写像 $\dot{\psi}_P : L_2(P) \to \mathbb{R}^m$ が存在して，すべての $g \in \dot{\mathcal{P}}_P$ に対して，

$$\frac{\psi(P_{t|g}) - \psi(P)}{t} \to \dot{\psi}_P(g), \qquad t \to +0$$

が成り立つならば，母数 ψ は P において接集合 $\dot{\mathcal{P}}_P$ に関して微分可能，あるいは，$\mathcal{P}$ 上で P において道ごとに微分可能 (pathwise differentiable) であるとよばれる．

Hilbert 空間における Riesz の表現定理から，写像 $\dot{\psi}_P$ は，一つの固定されたベクトル値可測関数 $\tilde{\psi}_P = (\tilde{\psi}_{P1}, \ldots, \tilde{\psi}_{Pm})^T : \mathcal{X} \to \mathbb{R}^m$ との内積の形

$$\dot{\psi}_P(g) = \langle \tilde{\psi}_P, g \rangle_P = P[\tilde{\psi}_P g]$$

に表すことができる．一般に，関数 $\tilde{\psi}_P$ は一意には定まらないが，各成分 $\tilde{\psi}_{Pi}$ を $\overline{\lin}\dot{\mathcal{P}}_P$ ($\dot{\mathcal{P}}_P$ が張る線形空間の閉包) に射影すれば一意に定まる．実際，$\Pi_P : L_2(P) \to \overline{\lin}\dot{\mathcal{P}}_P$ を $\overline{\lin}\dot{\mathcal{P}}_P$ 上への射影作用素とすると，$\Pi_P \tilde{\psi}_P$ は一意に定まり，任意の $g \in \dot{\mathcal{P}}_P$ に対して，

$$\langle \tilde{\psi}_P - \Pi_P \tilde{\psi}_P, g \rangle_P = 0$$

が成り立つ．この $\tilde{\psi}_P \in \overline{\lin}\dot{\mathcal{P}}_P^m$ を**有効影響関数** (efficient influence function) とよぶ．

与えられた $a \in \mathbb{R}^m$ に対して母数 $a^T \psi(P)$ の推定を考える．スコア関数 g をもつ 1 次元サブモデル $\{P_{t|g} : t \in [0, \epsilon), P_{0|g} = P\}$ において，t に関する Fisher

情報量は，$t=0$ において $P[g^2]$ である．よって，母数 $a^T\psi(P_{t|g})$ を推定するときの最良漸近分散は，$t=0$ において，Cramér-Rao 限界

$$\frac{\{da^T\psi(P_{t|g})/dt|_{t=0}\}^2}{P[g^2]} = \frac{\langle a^T\tilde{\psi}_P, g\rangle_P^2}{\langle g, g\rangle_P}$$

で与えられる．すべての 1 次元サブモデル，すなわち，接集合のすべての要素に関するこの限界の上限は，モデル $\mathcal{P}$ において $a^T\psi(P)$ を推定するときの漸近分散の下限となる．もし，$\tilde{\psi}_P \in \dot{\mathcal{P}}_P^m$ ならば，Cauchy-Schwarz の不等式から

$$\sup_{g\in\dot{\mathcal{P}}_P} \frac{\langle a^T\tilde{\psi}_P, g\rangle_P^2}{\langle g, g\rangle_P} = a^T\langle \tilde{\psi}_P, \tilde{\psi}_P^T\rangle_P a$$

が成り立つ．

各 $g \in \dot{\mathcal{P}}_P$ に対して，$\{P_{t|g}: t \in [0,\epsilon), P_{0|g} = P\}$ は g をスコア関数にもつサブモデルとし，母数 $\psi(P)$ はその道ごとに微分可能であるとする．いま，この母数の推定量 $T_n = T_n(X_1, \ldots, X_n)$ を考える．

定義 2.2 もし，すべての数列 $t_n = O(n^{-1/2})$ とすべての $g \in \dot{\mathcal{P}}_P$ に対して

$$\sqrt{n}(T_n - \psi(P_{t_n|g})) \stackrel{P_{t_n|g}}{\rightsquigarrow} L_P$$

が成り立つならば，推定量列 $\{T_n\}$ は P で**正則** (regular) であるとよばれる．ここで，分布 L_P は $g \in \dot{\mathcal{P}}_P$ に無関係である．

正則推定量の極限分布 L_P については，つぎの結果が知られている．ここでは，接集合 $\dot{\mathcal{P}}_P$ は線形空間，すなわち，接空間であると仮定する．

定理 2.1 (たたみ込み定理) 汎関数 $\psi: \mathcal{P} \to \mathbb{R}^m$ は P において接空間 $\dot{\mathcal{P}}_P$ に関して微分可能で，有効影響関数 $\tilde{\psi}_P$ をもつとする．このとき，$\psi(P)$ の任意の正則な推定量列 $\{T_n\}$ に対して，ある確率分布 M_P が存在して，その極限分布 L_P は

$$L_P = N(0, P[\tilde{\psi}_P\tilde{\psi}_P^T]) * M_P$$

と表すことができる．とくに，L_P が共分散行列 Σ_P をもつならば，行列 $\Sigma_P - P[\tilde{\psi}_P\tilde{\psi}_P^T]$ は半正値である．

この定理の証明は 4.3.2 項（154 ページ）においてもっと一般的な形で与えられる．

定義 2.3 もし，P で正則な推定量列が極限分布 $L_P = N(0, P[\tilde{\psi}_P \tilde{\psi}_P^T])$ をもつならば，その推定量列は漸近有効 (asymptotically efficient)，あるいは単に有効 (efficient) であるとよばれる．

有効影響関数 $\tilde{\psi}_P$ は，パラメトリックモデルにおける $\tilde{\ell}_{\theta|\nu,\mathcal{P}}$ と同じ役割をもっている．とくに，推定量列 $\{T_n\}$ が

$$T_n = \psi(P) + \mathbb{P}_n \tilde{\psi}_P + o_P(n^{-1/2}) \tag{2.2}$$

と展開されるなら，それは漸近有効である．この結果はつぎの定理で与えられる．証明は van der Vaart[6] の 25.3 節が参考になる．

定理 2.2 汎関数 $\psi : \mathcal{P} \to \mathbb{R}^m$ は P において接空間 $\dot{\mathcal{P}}_P$ に関して微分可能で，有効影響関数 $\tilde{\psi}_P$ をもつとする．このとき ψ の推定量列 $\{T_n\}$ について，つぎの (i) と (ii) は同値である：

(i) T_n は P において $\dot{\mathcal{P}}_P$ に関して漸近有効である．したがって $\sqrt{n}(T_n - \psi(P)) \rightsquigarrow N(0, P[\tilde{\psi}_P \tilde{\psi}_P^T])$ が成り立つ；

(ii) T_n は展開 (2.2) をみたす．

セミパラメトリックモデル $\mathcal{P} = \{P_{\theta,\eta} : \theta \in \Theta, \eta \in H\}$ において，$\{P_{\theta+th,\eta_t} : t \in [0,\epsilon), \eta_0 = \eta\}$ という型のサブモデルを考える．ただし，これは 2 次平均微分可能で，スコア関数 $\partial \log p_{\theta+th,\eta_t}/\partial t|_{t=0} = h^T \dot{\ell}_{\theta,\eta} + g$ をもつとする．ここで，$h \in \mathbb{R}^k$ で，$\dot{\ell}_{\theta,\eta} : \mathcal{X} \to \mathbb{R}^k$ は θ (η は固定) に対する通常のスコア関数，そして，$g : \mathcal{X} \to \mathbb{R}$ はサブモデル $\mathcal{P}_\theta = \{P_{\theta,\eta} : \eta \in H\}$ (θ は固定) に対する接集合 $\dot{\mathcal{P}}_{P_{\theta,\eta}}^{(\eta)}$ の要素である．この集合は η に対する接集合である．フルモデル $\mathcal{P}$ に対する接集合は $\dot{\mathcal{P}}_{P_{\theta,\eta}} = \{h^T \dot{\ell}_{\theta,\eta} + g : h \in \mathbb{R}^k, g \in \dot{\mathcal{P}}_{P_{\theta,\eta}}^{(\eta)}\}$ で与えられる．

母数 $\psi(P_{\theta,\eta}) = \nu(\theta) \in \mathbb{R}^m$ の推定を考える．ここで，$\nu(\theta)$ は微分可能とする．このとき，$\psi(P_{\theta+th,\eta_t}) = \nu(\theta + th)$ は通常の意味で t に関して微分可能であり，また，つぎをみたす関数 $\tilde{\psi}_{P_{\theta,\eta}} : \mathcal{X} \to \mathbb{R}^m$ が存在すれば，モデル上の母数として微分可能である：すべての $h \in \mathbb{R}^k$ とすべての $g \in \dot{\mathcal{P}}_{P_{\theta,\eta}}^{(\eta)}$ に対して

$$\left.\frac{\partial \psi(P_{\theta+th,\eta_t})}{\partial t}\right|_{t=0} = \dot{\nu}(\theta)h = \langle \tilde{\psi}_{P_{\theta,\eta}}, h^T \dot{\ell}_{\theta,\eta} + g \rangle_{P_{\theta,\eta}}. \tag{2.3}$$

ここで $h = 0$ とおくと，$\tilde{\psi}_{P_{\theta,\eta}}$ は局外母数 η に対する接集合 $\dot{\mathcal{P}}_{P_{\theta,\eta}}^{(\eta)}$ に直交することがわかる．

いま，Hilbert 空間 $L_2(P_{\theta,\eta})$ において，閉部分空間 $\overline{\mathrm{lin}}\dot{\mathcal{P}}_{P_{\theta,\eta}}^{(\eta)}$ 上への射影作用素を $\Pi_{P_{\theta,\eta}}$ とする．このとき，$\ell_{\theta,\eta|\theta,\mathcal{P}}^* \equiv \dot{\ell}_{\theta,\eta} - \Pi_{P_{\theta,\eta}}\dot{\ell}_{\theta,\eta}$ は θ に対する有効スコア関数 (efficient score function) とよばれ，その共分散行列 $I_{\theta,\eta|\theta,\mathcal{P}} \equiv P_{\theta,\eta}[\ell_{\theta,\eta|\theta,\mathcal{P}}^* \ell_{\theta,\eta|\theta,\mathcal{P}}^{*T}]$ は θ に対する有効情報量行列 (efficient information matrix) とよばれる．もし，$I_{\theta,\eta|\theta,\mathcal{P}}$ が非特異ならば，$\tilde{\psi}_{P_{\theta,\eta}} \equiv \dot{\nu}(\theta) I_{\theta,\eta|\theta,\mathcal{P}}^{-1} \ell_{\theta,\eta|\theta,\mathcal{P}}^*$ はすべての $h \in \mathbb{R}^k$ とすべての $g \in \dot{\mathcal{P}}_{P_{\theta,\eta}}^{(\eta)}$ に対して，式 (2.3) をみたす．実際

$$\langle \dot{\nu}(\theta) I_{\theta,\eta|\theta,\mathcal{P}}^{-1} \ell_{\theta,\eta|\theta,\mathcal{P}}^*, h^T \dot{\ell}_{\theta,\eta} + g \rangle_{P_{\theta,\eta}} = \dot{\nu}(\theta) I_{\theta,\eta|\theta,\mathcal{P}}^{-1} \langle \ell_{\theta,\eta|\theta,\mathcal{P}}^*, \dot{\ell}_{\theta,\eta} \rangle_{P_{\theta,\eta}} h$$
$$= \dot{\nu}(\theta) h$$

が成り立つ．ゆえに，母数 $\psi(P_{\theta,\eta}) = \nu(\theta)$ は $P_{\theta,\eta}$ で接集合 $\dot{\mathcal{P}}_{P_{\theta,\eta}}$ に関して微分可能で，有効影響関数 $\tilde{\psi}_{P_{\theta,\eta}}$ をもつ．したがって，もし展開

$$T_n = \nu(\theta) + \mathbb{P}_n \tilde{\psi}_{P_{\theta,\eta}} + o_P(n^{-1/2})$$

をもつ推定量列 $\{T_n\}$ が見つかれば，それは漸近有効である．

注意：セミパラメトリックモデルにおいて記号を簡素にするため，以下この本全体を通し，θ に対する有効スコア関数 $\ell_{\theta,\eta|\theta,\mathcal{P}}^*$ を $\tilde{\ell}_{\theta,\eta}$ で表し，θ に対する有効情報量行列 $I_{\theta,\eta|\theta,\mathcal{P}}$ を $\tilde{I}_{\theta,\eta}$ で表す．

2.3 セミパラメトリック線形回帰モデル

例 2.1（18 ページ）で述べたセミパラメトリック線形回帰モデル

$$Y = \theta^T Z + e, \quad \theta \in \Theta = \mathbb{R}^k, \quad Z = (Z_1, \ldots, Z_k)^T$$

において，回帰係数 θ の推定を考える．ここで，残差 e と共変量 Z については，結合密度 $\eta(e,z)$ をもつ分布 P_η にしたがい，

$$\mathrm{E}_{P_\eta}\|Z\|^2 < \infty, \quad \mathrm{rank}\,\mathrm{E}_{P_\eta}[ZZ^T] = k$$
$$\mathrm{E}_{P_\eta}[e|Z] = 0 \quad \text{a.s.} \quad \text{あるいは} \quad \mathrm{E}_{P_\eta}[\mathrm{sign}(e)|Z] = 0 \quad \text{a.s.}$$

をみたすと仮定する．観測量 $X = (Y, Z)$ の結合分布に対するモデルは，結合密度

$$p_{\theta,\eta}(y,z) = \eta(y - \theta^T z, z)$$

をもつ分布族

$$\mathcal{P} = \{P_{\theta,\eta} : \theta \in \Theta, \eta \in H\}$$

である．ここで，η は e に関する偏導関数 $\dot{\eta}_e = \partial \eta / \partial e$ をもち，$\dot{\eta}_e/\eta \in L_2(P_\eta)$ をみたすとする．したがって，$\dot{\eta}_e/\eta \in L_2^0(P_\eta)$ も成り立つ．

対数尤度関数 $\log \eta(y - \theta^T z, z)$ を θ に関して微分すると，θ に対するスコア関数

$$\dot{\ell}_{\theta,\eta}(y, z) = -\left(\frac{\dot{\eta}_e}{\eta}\right)(y - \theta^T z, z) z = -\left(\frac{\dot{\eta}_e}{\eta}\right)(e, z) z$$

を得る．ここで，関数の比 $f(u,v)/g(u,v)$ を $(f/g)(u,v)$ と簡略して表記する．

2.3.1 残差平均ゼロのモデル

ここでは，$\mathrm{E}_{P_\eta}[e|Z] = 0$ a.s. と $\mathrm{E}_{P_\eta}[e^2|Z] \leq K < \infty$ a.s. を仮定する．残差の条件つき平均が 0 であるから，密度 η は関係

$$\int_{\mathbb{R}} e\eta(e, Z) \, de = 0 \quad \text{a.s.} \tag{2.4}$$

によって制約される．密度 η に対するスコア関数を求めるため，制約がない場合の η に対する接線 $g \in L_2^0(P_\eta)$ 方向への摂動

$$\eta_t(e, z) = \frac{\kappa(tg(e,z))\eta(e,z)}{P_\eta[\kappa(tg)]}, \qquad t \in [0, \epsilon)$$

を考える．ここで，κ は例 2.3（21 ページ）で導入した有界関数である．この密度は，すべての t に対して，式 (2.4) と同じ制約 $\int_{\mathbb{R}} e\eta_t(e, Z) \, de = 0$ をみたさなくてはならないので，$t=0$ において両辺を微分すると，g は

$$\mathrm{E}_{P_\eta}[eg(e, Z)|Z] \propto \int_{\mathbb{R}} eg(e, Z)\eta(e, Z) \, de = 0 \quad \text{a.s.}$$

をみたさなくてはならない．これは，$eh(z), h \in L_2(P_\eta)$ という形のあらゆる関数と $g(e,z)$ との直交性

$$\mathrm{E}_{P_\eta}[eh(Z) g(e, Z)] = \mathrm{E}_{P_\eta}\{h(Z) \mathrm{E}_{P_\eta}[eg(e, Z)|Z]\} = 0$$

と同等である．よって，$L_2^0(P_\eta)$ 空間において，η に対する接集合

$$\dot{\mathcal{P}}_{P_{\theta,\eta}}^{(\eta)} = \{g \in L_2^0(P_\eta) : \mathrm{E}_{P_\eta}[eg(e, Z)|Z] = 0 \text{ a.s.}\}$$

の直交補空間は

$$e\mathcal{H} \equiv \{eh(z) : h \in L_2(P_\eta)\}$$

である．

よって，θ に対する有効スコア関数は，通常のスコア関数 $\dot{\ell}_{\theta,\eta}(y,z)$ を $e\mathcal{H}$ 上に射影することによって得られる．任意の関数 $b(e,z)$ の $e\mathcal{H}$ 上への射影 $eh_0(z)$ は，すべての可測関数 $h(z)$ に対して

$$\mathrm{E}_{P_\eta}\bigl[b(e,Z)\,eh(Z)\bigr] = \mathrm{E}_{P_\eta}\bigl[eh_0(Z)\,eh(Z)\bigr]$$

をみたしている．これを h_0 について解くと，$e\mathcal{H}$ 上への射影作用素 Π_{P_η} は

$$(\Pi_{P_\eta}b)(e,z) = e\frac{\mathrm{E}_{P_\eta}[b(e,z)e|Z=z]}{\mathrm{E}_{P_\eta}[e^2|Z=z]}$$

の形をとることがわかる．これから，θ に対する有効スコア関数

$$\tilde{\ell}_{\theta,\eta}(y,z) = \frac{-ez\int_{\mathbb{R}} e\dot{\eta}_e(e,z)\,de}{\mathrm{E}_{P_\eta}[e^2|Z=z]\int_{\mathbb{R}}\eta(e,z)\,de} = \frac{(y-\theta^T z)z}{\mathrm{E}_{P_\eta}[e^2|Z=z]}$$

を得る．ここで，最後の式は恒等式 $\int_{\mathbb{R}} e\dot{\eta}_e(e,z)\,de = \frac{\partial}{\partial t}\int_{\mathbb{R}} \eta(te,z)\,de\bigr|_{t=1}$ から導かれる．有効情報量行列は

$$\tilde{I}_{\theta,\eta} = \mathrm{E}_{P_\eta}\left[\frac{e^2 ZZ^T}{\mathrm{E}_{P_\eta}[e^2|Z]^2}\right] = \mathrm{E}_{P_\eta}\left[\frac{ZZ^T}{\mathrm{E}_{P_\eta}[e^2|Z]}\right]$$

で与えられる．よって，$\psi(P_{\theta,\eta}) = \theta$ に対する有効影響関数は

$$\tilde{\psi}_{P_{\theta,\eta}}(y,z) = \tilde{I}_{\theta,\eta}^{-1}\tilde{\ell}_{\theta,\eta}(y,z) = \tilde{I}_{\theta,\eta}^{-1}\frac{(y-\theta^T z)z}{\mathrm{E}_{P_\eta}[e^2|Z=z]}$$

となる．もし，残差の条件つき分散 $\mathrm{E}_{P_\eta}[e^2|Z=z]$ が z に無関係な定数であるならば，

$$\tilde{\psi}_{P_{\theta,\eta}}(y,z) = \bigl(\mathrm{E}_{P_\eta}[ZZ^T]\bigr)^{-1}(y-\theta^T z)z$$

であり，推定方程式 $\sum_{i=1}^n \tilde{\psi}_{P_{\theta,\eta}}(Y_i,Z_i) = 0$ を解くと，通常の最小 2 乗推定量

$$\hat{\theta}_n = \left(\sum_{i=1}^n Z_i Z_i^T\right)^{-1}\sum_{i=1}^n Y_i Z_i$$

が得られる．これは，漸近展開

$$\hat{\theta}_n = \theta + \mathbb{P}_n \tilde{\psi}_{P_{\theta,\eta}} + o_P\bigl(n^{-1/2}\bigr) \tag{2.5}$$

をもつ．しかし，このことは $\hat{\theta}_n$ が漸近有効であることを意味しない．なぜならば，条件つき分散 $\mathrm{E}_{P_\eta}[e^2|Z=z]$ が z に無関係な定数であるというセミパラメトリックモデルにおいて，$\tilde{\psi}_{P_{\theta,\eta}}$ は一つの影響関数ではあるが，必ずしも有効影響

関数ではないからである.

特別な場合として,残差 e と共変量 Z の独立性を仮定する.このとき, $\eta(e,z) = \eta_1(e)\eta_2(z)$ と表し,それぞれの周辺分布を P_{η_1}, P_{η_2} と表す.前と同様な議論から,容易に

$$\dot{\mathcal{P}}_{P_{\theta,\eta}}^{(\eta)} = \dot{\mathcal{P}}_{P_{\theta,\eta}}^{(\eta_1)} + \dot{\mathcal{P}}_{P_{\theta,\eta}}^{(\eta_2)}$$
$$\equiv \{g \in L_2^0(P_{\eta_1}) : \mathrm{E}_{P_{\eta_1}}[eg(e)] = 0\} + L_2^0(P_{\eta_2})$$

であることがわかる.ここで, $\dot{\mathcal{P}}_{P_{\theta,\eta}}^{(\eta_1)}$ と $\dot{\mathcal{P}}_{P_{\theta,\eta}}^{(\eta_2)}$ は直交していることに注意する.また, θ に対するスコア関数は

$$\dot{\ell}_{\theta,\eta}(y,z) = -\left(\frac{\dot{\eta}_1}{\eta_1}\right)(y - \theta^T z)\,z = -\left(\frac{\dot{\eta}_1}{\eta_1}\right)(e)\,z$$

となり,これもまた $\dot{\mathcal{P}}_{P_{\theta,\eta}}^{(\eta_2)}$ に直交している.したがって,有効スコア関数を計算するには,スコア関数の $\dot{\mathcal{P}}_{P_{\theta,\eta}}^{(\eta_1)}$ 上への射影 $g_0 = (g_{01},\dots,g_{0k})^T$ を求めればよい.いま, $\mu = \mathrm{E}_{P_{\eta_2}}[Z]$, $\sigma^2 = \mathrm{E}_{P_{\eta_1}}[e^2]$ とおく.任意の $g \in \dot{\mathcal{P}}_{P_{\theta,\eta}}^{(\eta_1)}$ に対して

$$0 = \mathrm{E}_{P_\eta}\left[\left\{-\left(\frac{\dot{\eta}_1}{\eta_1}\right)(e)\,Z - g_0(e)\right\}g(e)\right] = \mathrm{E}_{P_{\eta_1}}\left[\left\{-\left(\frac{\dot{\eta}_1}{\eta_1}\right)(e)\,\mu - g_0(e)\right\}g(e)\right]$$

なので,ある $a \in \mathbb{R}^k$ に対して, $-(\dot{\eta}_1/\eta_1)(e)\,\mu - g_0(e) = ea$ でなければならない.ベクトル a は,制約 $\mathrm{E}_{P_{\eta_1}}[eg_0(e)] = 0$ と等式 $\int_{\mathbb{R}} e\dot{\eta}_1(e)\,de = -1$ から決まり,

$$g_0(e) = -\left(\frac{\dot{\eta}_1}{\eta_1}\right)(e)\,\mu - \frac{e}{\sigma^2}\mu$$

が得られる.よって, θ に対する有効スコア関数は

$$\tilde{\ell}_{\theta,\eta}(y,z) = -\left(\frac{\dot{\eta}_1}{\eta_1}\right)(y - \theta^T z)\,(z - \mu) + \frac{y - \theta^T z}{\sigma^2}\mu \qquad (2.6)$$

で与えられ,有効情報量行列は

$$\tilde{I}_{\theta,\eta} = P_{\theta,\eta}[\tilde{\ell}_{\theta,\eta}\tilde{\ell}_{\theta,\eta}^T]$$
$$= \mathrm{E}_{P_{\eta_1}}\left[\left(\frac{\dot{\eta}_1}{\eta_1}\right)(e)^2\right]\mathrm{E}_{P_{\eta_2}}[(Z-\mu)(Z-\mu)^T] + \frac{1}{\sigma^2}\mu\mu^T$$

となる.Cauchy-Schwarz の不等式より

$$1 = \left(\int_{\mathbb{R}} e\dot{\eta}_1(e)\,de\right)^2 = \left\{\mathrm{E}_{P_{\eta_1}}\left[e\left(\frac{\dot{\eta}_1}{\eta_1}\right)(e)\right]\right\}^2 \leq \sigma^2\,\mathrm{E}_{P_{\eta_1}}\left[\left\{\left(\frac{\dot{\eta}_1}{\eta_1}\right)(e)\right\}^2\right]$$

なので,

$$\tilde{I}_{\theta,\eta} \geq \frac{1}{\sigma^2}\{\mathrm{E}_{P_{\eta_2}}[(Z-\mu)(Z-\mu)^T] + \mu\mu^T\} = \frac{1}{\sigma^2}\mathrm{E}_{P_{\eta_2}}[ZZ^T]$$

が成り立つ．ここで，$k \times k$ 型対称行列 A, B に対して，$A \geq B$ は $A - B$ が半正値であることを意味する．最小 2 乗推定量 $\hat{\theta}_n$ の漸近共分散行列は，漸近展開 (2.5) より，$\sigma^2(\mathrm{E}_{P_{\eta_2}}[ZZ^T])^{-1}$ なので，漸近有効推定量は最小 2 乗推定量より小さな漸近共分散をもち得る．

一方，最小 2 乗推定量が漸近有効となるのは，密度 η_1 が $(\dot{\eta}_1/\eta_1)(e) \propto e$ をみたす場合に限られる．すなわち，残差が正規分布にしたがうときである．未知の残差分布のもとにおける θ の有効推定と残差分布の有効推定については，5.1 節（173 ページ）で議論する．

2.3.2 残差中央値ゼロのモデル

ここでは，$\mathrm{E}_{P_\eta}[\mathrm{sign}(e)|Z] = 0$ a.s. のみを仮定する．この一般的なモデルにおいては，密度 η は

$$\int_\mathbb{R} \mathrm{sign}(e)\eta(e, Z)\,de = 0 \quad \text{a.s.}$$

をみたさなくてはならない．条件つき平均が 0 のモデルに対して前項で行ったものと同様な議論から，η に対する接集合は

$$\dot{\mathcal{P}}^{(\eta)}_{P_{\theta,\eta}} = \{g \in L^0_2(P_\eta) : \mathrm{E}_{P_\eta}[\mathrm{sign}(e)g(e, Z)|Z] = 0 \ \ \text{a.s.}\}$$

であり，その直交補空間は

$$\mathrm{sign}(e)\mathcal{H} \equiv \{\mathrm{sign}(e)h(z) : h \in L_2(P_\eta)\}$$

であることが導かれる．空間 $L^0_2(P_\eta)$ において，$\mathrm{sign}(e)\mathcal{H}$ 上への射影作用素 Π_{P_η} は，任意の $b \in L^0_2(P_\eta)$ に対して，

$$(\Pi_{P_\eta}b)(e, z) = \mathrm{sign}(e)\mathrm{E}_{P_\eta}[b(e, z)\mathrm{sign}(e)|Z = z]$$

で与えられるので，有効スコア関数 $\tilde{\ell}_{\theta,\eta}$ は

$$\tilde{\ell}_{\theta,\eta}(y, z) = (\Pi_{P_\eta}\dot{\ell}_{\theta,\eta})(e, z) = \frac{-\mathrm{sign}(e)z\int_\mathbb{R}\mathrm{sign}(e)\dot{\eta}_e(e, z)\,de}{\int_\mathbb{R}\eta(e, z)\,de}$$

$$= 2\mathrm{sign}(y - \theta'^T z)\eta(0|z)z$$

となる．ここで，最後の等式における $\eta(e|z)$ は $Z = z$ が与えられたときの e の条件つき密度であり，この等式は $\int_\mathbb{R}\dot{\eta}_e(e, z)\,de = 0$ と $\int_{-\infty}^0\dot{\eta}_e(e, z)\,de = \eta(0, z)$

という事実から得られる．有効情報量行列は

$$\tilde{I}_{\theta,\eta} = 4\mathrm{E}_{P_\eta}\left[\eta(0|Z)^2 ZZ^T\right]$$

で与えられる．よって，$\psi(P_{\theta,\eta}) = \theta$ に対する有効影響関数は

$$\tilde{\psi}_{P_{\theta,\eta}}(y,z) = \tilde{I}_{\theta,\eta}^{-1}\tilde{\ell}_{\theta,\eta}(y,z) = \left(2\mathrm{E}_{P_\eta}\left[\eta(0|Z)^2 ZZ^T\right]\right)^{-1}\mathrm{sign}(y-\theta^T z)\eta(0|z)z$$

となる．

特別な場合として，残差 e と共変量 Z の独立性を仮定する．このとき，前項と同様，$\eta(e,z) = \eta_1(e)\eta_2(z)$ と表し，それぞれの周辺分布を P_{η_1}, P_{η_2} と表す．さらに，$0 < \eta_1(0) < \infty$ を仮定する．

いま，サンプル $X_i = (Y_i, Z_i), i = 1,\ldots,n$ は，母数 θ_0 のモデル $Y = \theta_0^T Z + e$ から得られたものとする．最小絶対偏差推定量 $\hat{\theta}_n$ は，関数

$$\theta \mapsto \frac{1}{n}\sum_{i=1}^n |Y_i - \theta^T Z_i| = \mathbb{P}_n \check{m}_\theta$$

を最小にする θ で定義される．ここで，$\check{m}_\theta(y,z) = |y - \theta^T z|$ である．もし，$\mathrm{E}_{P_{\eta_1}}|e| < \infty$ ならば，母数 θ_0 は関数

$$\theta \mapsto P_{\theta_0,\eta}\check{m}_\theta = \mathrm{E}_{P_{\eta_2}}\left[\mathrm{E}_{P_{\eta_1}}\left|e - (\theta - \theta_0)^T Z\right|\right]$$

を最小にする点である．一般的には，$\check{m}_\theta$ の代わりに

$$m_\theta(y,z) = |y - \theta^T z| - |y - \theta_0^T z| = |e - (\theta - \theta_0)^T z| - |e|$$

を用いればよい．実際，すべての $\theta \in \mathbb{R}^k$ に対して，

$$0 \leq P_{\theta_0,\eta}m_\theta \leq \|\theta - \theta_0\|(\mathrm{E}_{P_{\eta_2}}\|Z\|^2)^{1/2} < \infty$$

が成り立ち，さらに $P_{\theta_0,\eta}m_\theta = 0$ となるのは，$\theta = \theta_0$ のときに限ることが示される．そして，$\hat{\theta}_n$ は $\theta \mapsto \mathbb{P}_n m_\theta$ を最小にする点でもある．ここで，関数 $M_n(\theta) \equiv -\mathbb{P}_n m_\theta$ に M-推定量の一般論（たとえば，Kosorok[3] の定理 2.12 と定理 2.13) を適用すると，最小絶対偏差推定量 $\hat{\theta}_n$ は θ の一致推定量であり，$\sqrt{n}(\hat{\theta}_n - \theta)$ は漸近的に線形で影響関数

$$\check{\psi}_{P_{\theta,\eta}}(y,z) = \{2\eta_1(0)\mathrm{E}_{P_{\eta_2}}[ZZ^T]\}^{-1}\mathrm{sign}(y - \theta^T z)z$$

をもつことが示される．よって，$\sqrt{n}(\hat{\theta}_n - \theta) \rightsquigarrow N(0, \{4\eta_1(0)^2 \mathrm{E}_{P_{\eta_2}}[ZZ^T]\}^{-1})$ が成り立つ．しかし，$\hat{\theta}_n$ は必ずしも漸近有効ではない．

これをみるため，有効スコア関数を計算する．前項での議論を適用すると，η に対する接集合は

$$\dot{\mathcal{P}}_{P_{\theta,\eta}}^{(\eta)} = \dot{\mathcal{P}}_{P_{\theta,\eta}}^{(\eta_1)} + \dot{\mathcal{P}}_{P_{\theta,\eta}}^{(\eta_2)}$$
$$\equiv \left\{ g \in L_2^0(P_{\eta_1}) : \mathrm{E}_{P_{\eta_1}}[\mathrm{sign}(e)g(e)] = 0 \right\} + L_2^0(P_{\eta_2})$$

で与えられることがわかる．ここで，$\dot{\mathcal{P}}_{P_{\theta,\eta}}^{(\eta_1)}$ と $\dot{\mathcal{P}}_{P_{\theta,\eta}}^{(\eta_2)}$ は直交しており，θ に対するスコア関数

$$\dot{\ell}_{\theta,\eta}(y,z) = -\left(\frac{\dot{\eta}_1}{\eta_1}\right)(y-\theta^T z)\,z = -\left(\frac{\dot{\eta}_1}{\eta_1}\right)(e)\,z$$

も $\dot{\mathcal{P}}_{P_{\theta,\eta}}^{(\eta_2)}$ に直交している．よって，$\dot{\ell}_{\theta,\eta}$ の $\dot{\mathcal{P}}_{P_{\theta,\eta}}^{(\eta)}$ 上への射影 $g_0 = (g_{01}, \ldots, g_{0k})^T$ は，任意の $g \in \dot{\mathcal{P}}_{P_{\theta,\eta}}^{(\eta_1)}$ に対して

$$0 = \mathrm{E}_{P_\eta}\left[\left\{-\left(\frac{\dot{\eta}_1}{\eta_1}\right)(e)\,Z - g_0(e)\right\}g(e)\right] = \mathrm{E}_{P_{\eta_1}}\left[\left\{-\left(\frac{\dot{\eta}_1}{\eta_1}\right)(e)\,\mu - g_0(e)\right\}g(e)\right]$$

をみたす $g_{0i} \in \dot{\mathcal{P}}_{P_{\theta,\eta}}^{(\eta_1)}, i = 1, \ldots, k$ である．このためには，g_0 がある $a \in \mathbb{R}^k$ に対して，$-(\dot{\eta}_1/\eta_1)(e)\mu - g_0(e) = \mathrm{sign}(e)\,a$ をみたさなければならない．ベクトル a は，制約 $\mathrm{E}_{P_{\eta_1}}[\mathrm{sign}(e)g_0(e)] = 0$ と等式 $\int_{\mathbb{R}} \mathrm{sign}(e)\dot{\eta}_1(e)\,de = -2\eta_1(0)$ から決まり，

$$g_0(e) = -\left(\frac{\dot{\eta}_1}{\eta_1}\right)(e)\,\mu - 2\eta(0)\mathrm{sign}(e)\,\mu$$

が得られる．ここで，$\mu = \mathrm{E}_{P_{\eta_2}}[Z]$ である．よって，θ に対する有効影響関数は

$$\tilde{\ell}_{\theta,\eta}(y,z) = -\left(\frac{\dot{\eta}_1}{\eta_1}\right)(y-\theta^T z)\,(z-\mu) + 2\eta(0)\mathrm{sign}(e)\,\mu$$

で与えられ，有効情報量行列は

$$\tilde{I}_{\theta,\eta} = P_{\theta,\eta}[\tilde{\ell}_{\theta,\eta}\tilde{\ell}_{\theta,\eta}^T]$$
$$= \mathrm{E}_{P_{\eta_1}}\left[\left(\frac{\dot{\eta}_1}{\eta_1}\right)(e)^2\right]\mathrm{E}_{P_{\eta_2}}\left[(Z-\mu)(Z-\mu)^T\right] + 4\eta_1(0)^2\mu\mu^T$$

となる．Cauchy–Schwarz の不等式と，$\int_{-\infty}^0 \eta_1(e)\,de = \int_0^\infty \eta_1(e)\,de = 1/2$ から

$$4\eta_1(0)^2 = 2\left[\int_{-\infty}^0 \dot{\eta}_1(e)\,de\right]^2 + 2\left[\int_0^\infty \dot{\eta}_1(e)\,de\right]^2$$
$$= 2\left[\int_{-\infty}^0 \left(\frac{\dot{\eta}_1}{\eta_1}\right)(e)\eta_1(e)\,de\right]^2 + 2\left[\int_0^\infty \left(\frac{\dot{\eta}_1}{\eta_1}\right)(e)\eta_1(e)\,de\right]^2$$
$$\leq \int_{-\infty}^0 \left\{\left(\frac{\dot{\eta}_1}{\eta_1}\right)(e)\right\}^2 \eta_1(e)\,de + \int_0^\infty \left\{\left(\frac{\dot{\eta}_1}{\eta_1}\right)(e)\right\}^2 \eta_1(e)\,de$$
$$= \mathrm{E}_{P_{\eta_1}}\left[\left\{\left(\frac{\dot{\eta}_1}{\eta_1}\right)(e)\right\}^2\right]$$

となるので,

$$\tilde{I}_{\theta,\eta} \geq 4\eta_1(0)^2 \{ \mathrm{E}_{P_{\eta_2}} [(Z-\mu)(Z-\mu)^T] + \mu\mu^T \} = 4\eta_1(0)^2 \mathrm{E}_{P_{\eta_2}} [ZZ^T]$$

が成り立つ.よって,漸近有効推定量は最小絶対偏差推定量より小さな漸近共分散をもち得る.

一方,等号が成り立つのは,密度 η_1 が $(\dot{\eta}_1/\eta_1)(e) \propto -\mathrm{sign}(e)$ をみたす場合に限られる.すなわち,最小絶対偏差推定量が漸近有効となるのは,残差 e がラプラス密度 $\eta_1(e) = (\lambda/2)\exp(-\lambda|e|), \lambda > 0$ をもつときである.

2.4 スコア作用素と情報作用素

セミパラメトリックモデルにおいて,前節で与えた Euclid パラメータに関する有効スコアの計算法は便利な手段である.ここでは,それを作用素の概念を使って一般化する.

一般的なモデル $\mathcal{P} = \{P_\eta : \eta \in H\}$ を考える.ここで,H はパラメトリックとノンパラメトリックのどちらの成分も含むような任意の集合である.また,$\mathbb{H}_\eta$ は,η の H 内における摂動の方向 b からなる集合で,内積 $\langle \cdot, \cdot \rangle_\eta$ を備えたある Hilbert 空間の部分集合とする.いま,連続な線形作用素 $A_\eta : \mathrm{lin}\,\mathbb{H}_\eta \to L_2(P_\eta)$ が存在し,そして,任意の $b \in \mathbb{H}_\eta$ に対して,b を接線とする道 $\{\eta_t : t \in [0, \epsilon), \eta_0 = \eta\}$ が存在して,

$$\int \left[\frac{dP_{\eta_t}^{1/2} - dP_\eta^{1/2}}{t} - \frac{1}{2} A_\eta b\, dP_\eta^{1/2} \right]^2 = o(1), \qquad t \to +0 \tag{2.7}$$

が成り立つと仮定する.すなわち,$A_\eta \mathbb{H}_\eta = \{A_\eta b : b \in \mathbb{H}_\eta\}$ は P_η におけるモデル $\mathcal{P}$ に対する接集合 $\dot{\mathcal{P}}_{P_\eta}$ である.作用素 A_η はモデル H に対するスコアをモデル $\mathcal{P}$ に対するスコアに変換するので,スコア作用素 (score operator) とよばれる.

つぎに,関心のある母数 $\psi(P_\eta) = \chi(\eta) \in \mathbb{R}^k$ は $\mathbb{H}_\eta$ に関して微分可能であると仮定する.すなわち,連続な線形作用素 $\dot{\chi}_\eta : \mathrm{lin}\,\mathbb{H}_\eta \to \mathbb{R}^k$ が存在して,各 $b \in \mathbb{H}_\eta$ を接線とする道 $\{\eta_t : t \in [0, \epsilon), \eta_0 = \eta\}$ に対して,

$$\frac{\chi(\eta_t) - \chi(\eta)}{t} \to \dot{\chi}_\eta(b), \qquad t \to +0$$

とする.このとき,Riesz の表現定理から,微分 $\dot{\chi}_\eta$ は,ある $\tilde{\chi}_\eta \in \overline{\mathrm{lin}\,\mathbb{H}_\eta^k}$ との内積 $\chi(b) = \langle \tilde{\chi}_\eta, b \rangle_\eta$ で表現される.このとき,定義から,母数 $\psi(P_\eta) = \chi(\eta)$ が

接集合 $\dot{\mathcal{P}}_{P_\eta} = A_\eta \mathbb{H}_\eta$ に関し道ごとに微分可能であるための必要十分条件は，ベクトル値関数 $\tilde{\psi}_{P_\eta}$ が存在し，

$$\langle \tilde{\psi}_{P_\eta}, A_\eta b \rangle_{P_\eta} = \frac{\partial \psi(P_{\eta_t})}{\partial t}\bigg|_{t=0} = \frac{\partial \chi(\eta_t)}{\partial t}\bigg|_{t=0} = \langle \tilde{\chi}_\eta, b \rangle_\eta, \qquad b \in \mathbb{H}_\eta$$

が成り立つことである．この方程式は共役スコア作用素 (adjoint score operator) $A_\eta^* : L_2(P_\eta) \to \overline{\text{lin}}\,\mathbb{H}_\eta$ を使って書き換えることができる．定義により，この作用素は，すべての $h \in L_2(P_\eta)$ と $b \in \mathbb{H}_\eta$ に対して，$\langle h, A_\eta b \rangle_{P_\eta} = \langle A_\eta^* h, b \rangle_\eta$ をみたすので，上の方程式は

$$A_\eta^* \tilde{\psi}_{P_\eta} = \tilde{\chi}_\eta \tag{2.8}$$

と同等である．したがって，関数 $\psi(P_\eta) = \chi(\eta)$ が接集合 $\dot{\mathcal{P}}_{P_\eta} = A_\eta \mathbb{H}_\eta$ に関し微分可能であるための必要十分条件は，この方程式が $\tilde{\psi}_{P_\eta}$ に関して解くことができること，あるいはこれと同等な，$\tilde{\chi}_\eta$ が共役 A_η^* の値域 $\text{R}(A_\eta^*)$ に含まれることである．必ずしも A_η^* は $\overline{\text{lin}}\,\mathbb{H}_\eta$ 上への写像ではないので，これは条件である．

関数 $\tilde{\psi}_{P_\eta}, \tilde{\chi}_\eta$ はベクトル値なので，方程式 (2.8) は成分ごとに解釈するものとする．もし，この方程式の解が二つあるならば，それらの差は A_η^* の核空間 $\text{N}(A_\eta^*)$ の要素である．この空間は，$A_\eta : \text{lin}\,\mathbb{H}_\eta \to L_2(P_\eta)$ の値域 $\text{R}(A_\eta)$ の直交補空間 $\text{R}(A_\eta)^\perp$ と一致する．したがって，方程式 (2.8) の解が存在するならば，$\text{R}(A_\eta)$ の閉包 $\overline{\text{R}}(A_\eta) = \overline{\text{lin}}\,A_\eta \mathbb{H}_\eta$ に属するような解 $\tilde{\psi}_{P_\eta}$ を一意に定めることができる．

関数 $\tilde{\chi}_\eta$ が $\text{R}(A_\eta^*)$ より小さな $A_\eta^* A_\eta : \text{lin}\,\mathbb{H}_\eta \to \overline{\text{lin}}\,\mathbb{H}_\eta$ の値域 $\text{R}(A_\eta^* A_\eta)$ に含まれるとき，方程式 $A_\eta^* A_\eta b = \tilde{\chi}_\eta$ の解を，一般逆作用素 $(A_\eta^* A_\eta)^-$ を使い，$b = (A_\eta^* A_\eta)^- \tilde{\chi}_\eta$ と表すと，方程式 (2.8) は解くことができ，解は

$$\tilde{\psi}_{P_\eta} = A_\eta (A_\eta^* A_\eta)^- \tilde{\chi}_\eta$$

という形に書くことができる．ここで，$A_\eta^* A_\eta$ は**情報作用素** (information operator) とよばれる．もし，逆作用素 $(A_\eta^* A_\eta)^{-1}$ が存在するならば，$A_\eta (A_\eta^* A_\eta)^{-1} A_\eta^*$ は A_η の値域空間 $\overline{\text{R}}(A_\eta)$ 上への射影作用素である．

セミパラメトリックモデル $\mathcal{P} = \{P_{\theta,\eta} : \theta \in \Theta, \eta \in H\}$ においては，組 (θ, η) が前の一般論における単一の η の役割をもつ．この二つのパラメータは無関係に摂動させることができ，スコア作用素は

$$A_{\theta,\eta}(a, b) = a^T \dot{\ell}_{\theta,\eta} + B_{\theta,\eta} b$$

という形式になると期待される．ここで，$B_{\theta,\eta} : \text{lin}\,\mathbb{H}_\eta \to L_2(P_{\theta,\eta})$ は局外母数に対するスコア作用素である．作用素 $A_{\theta,\eta} : \mathbb{R}^k \times \text{lin}\,\mathbb{H}_\eta \to L_2(P_{\theta,\eta})$ の定義域

は内積

$$\langle (a,b), (\alpha,\beta) \rangle_\eta \equiv a^T \alpha + \langle b, \beta \rangle_\eta$$

に関して Hilbert 空間である．よって，このモデルは，前の $\mathbb{H}_\eta$ として $\mathbb{R}^k \times \mathbb{H}_\eta$ ととれば，一般的な設定の枠内に入る．この場合，作用素 $A_{\theta,\eta}$ の共役 $A^*_{\theta,\eta}$: $L_2(P_{\theta,\eta}) \to \mathbb{R}^k \times \overline{\mathrm{lin}}\, \mathbb{H}_\eta$ と，対応する情報作用素 $A^*_{\theta,\eta} A_{\theta,\eta} : \mathbb{R}^k \times \mathrm{lin}\, \mathbb{H}_\eta \to \mathbb{R}^k \times \overline{\mathrm{lin}}\, \mathbb{H}_\eta$ は，$B_{\theta,\eta}$ の共役 $B^*_{\theta,\eta} : L_2(P_{\theta,\eta}) \to \overline{\mathrm{lin}}\, \mathbb{H}_\eta$ を使って，

$$A^*_{\theta,\eta} g = (P_{\theta,\eta}[g \dot{\ell}_{\theta,\eta}],\, B^*_{\theta,\eta} g),$$

$$A^*_{\theta,\eta} A_{\theta,\eta}(a,b) = \begin{pmatrix} I_{\theta,\eta} & P_{\theta,\eta}[\dot{\ell}_{\theta,\eta} B_{\theta,\eta} \cdot] \\ B^*_{\theta,\eta} \dot{\ell}_{\theta,\eta}^T & B^*_{\theta,\eta} B_{\theta,\eta} \end{pmatrix} \begin{pmatrix} a \\ b \end{pmatrix} \tag{2.9}$$

で与えられる．行列の中の対角要素は，それぞれ，θ と η に対する情報作用素であり，前者はまさに θ に対する通常の Fisher 情報量行列 $I_{\theta,\eta}$ である．

いま，母数 $\psi(P_{\theta,\eta}) = \nu(\theta) \in \mathbb{R}$ に興味があるとする．もし，$\theta \mapsto \nu(\theta)$ が微分可能ならば，$(\theta,\eta) \mapsto \nu(\theta)$ は微分可能で，(a,b) 方向への微分は $\dot{\nu}(\theta) a = \langle (\dot{\nu}(\theta)^T, 0), (a,b) \rangle_\eta$ と表現することができる．ここで，$\dot{\nu}(\theta)^T$ は $\nu(\theta)$ の勾配である．よって，母数 $\nu(\theta)$ に対して，方程式 (2.8) は

$$P_{\theta,\eta}[\tilde{\psi}_{P_{\theta,\eta}} \dot{\ell}_{\theta,\eta}] = \dot{\nu}(\theta)^T, \tag{2.10}$$

$$B^*_{\theta,\eta} \tilde{\psi}_{P_{\theta,\eta}} = 0 \tag{2.11}$$

となる．方程式 (2.11) は，$\tilde{\psi}_{P_{\theta,\eta}} \in \mathrm{N}(B^*_{\theta,\eta}) = \mathrm{R}(B_{\theta,\eta})^\perp$ を意味する．すなわち，解 $\tilde{\psi}_{P_{\theta,\eta}}$ は，ある $g \in L_2(P_{\theta,\eta})$ に対して

$$\tilde{\psi}_{P_{\theta,\eta}} = (I - B_{\theta,\eta}(B^*_{\theta,\eta} B_{\theta,\eta})^- B^*_{\theta,\eta}) g$$

と表すことができる．ここで，

$$\tilde{\ell}_{\theta,\eta} = (I - B_{\theta,\eta}(B^*_{\theta,\eta} B_{\theta,\eta})^- B^*_{\theta,\eta}) \dot{\ell}_{\theta,\eta} \tag{2.12}$$

は，2.2 節で議論したセミパラメトリックモデルにおける θ に対する有効スコア関数であり，$\tilde{I}_{\theta,\eta} = P_{\theta,\eta}[\tilde{\ell}_{\theta,\eta} \tilde{\ell}_{\theta,\eta}^T]$ は θ に対する有効情報量行列である．もし，$\tilde{I}_{\theta,\eta}$ が正値ならば，

$$\tilde{\psi}_{P_{\theta,\eta}} = \dot{\nu}(\theta) \tilde{I}_{\theta,\eta}^{-1} (I - B_{\theta,\eta}(B^*_{\theta,\eta} B_{\theta,\eta})^- B^*_{\theta,\eta}) \dot{\ell}_{\theta,\eta} = \dot{\nu}(\theta) \tilde{I}_{\theta,\eta}^{-1} \tilde{\ell}_{\theta,\eta}$$

が方程式 (2.10) をみたすことが示される．もし，$\nu(\theta)$ がベクトル値関数ならば，成分ごとに同じ議論を行えばよい．よって，$\psi(P_{\theta,\eta}) = \theta$ に対する有効影響関数は

$$\tilde{\psi}_{P_{\theta,\eta}} = \tilde{I}_{\theta,\eta}^{-1}\big(I - B_{\theta,\eta}(B_{\theta,\eta}^* B_{\theta,\eta})^- B_{\theta,\eta}^*\big)\dot{\ell}_{\theta,\eta}$$

で与えられる.

局外母数という呼び名はさておき,その実数値関数 $\chi(\eta)$ の推定に関心があるとする.もし,$\eta \mapsto \chi(\eta)$ が道ごとに微分可能で,$\dot{\chi}(b) = \langle \tilde{\chi}_\eta, b \rangle_\eta$ ならば,$(\theta, \eta) \mapsto \chi(\eta)$ も道ごとに微分可能で,影響関数 $(0, \tilde{\chi}_\eta)$ をもつ.母数 $\chi(\eta)$ に対して,方程式 (2.8) は

$$P_{\theta,\eta}[\tilde{\psi}_{P_{\theta,\eta}} \dot{\ell}_{\theta,\eta}] = 0, \tag{2.13}$$

$$B_{\theta,\eta}^* \tilde{\psi}_{P_{\theta,\eta}} = \tilde{\chi}_\eta \tag{2.14}$$

となる.もし,$\tilde{\chi}_\eta \in \mathrm{R}(B_{\theta,\eta}^* B_{\theta,\eta})$ ならば,方程式の解 $\tilde{\psi}_{P_{\theta,\eta}}$ は,式 (2.14) より,ある $h \in \mathrm{N}(B_{\theta,\eta}^*) = \mathrm{R}(B_{\theta,\eta})^\perp$ に対して

$$\tilde{\psi}_{P_{\theta,\eta}} = B_{\theta,\eta}(B_{\theta,\eta}^* B_{\theta,\eta})^- \tilde{\chi}_\eta + h$$

と表すことができる.直交条件 (2.13) を使って h を計算すると,解は

$$\begin{aligned}\tilde{\psi}_{P_{\theta,\eta}} = &\, B_{\theta,\eta}(B_{\theta,\eta}^* B_{\theta,\eta})^- \tilde{\chi}_\eta \\ &- P_{\theta,\eta}\big[\{B_{\theta,\eta}(B_{\theta,\eta}^* B_{\theta,\eta})^- \tilde{\chi}_\eta\}\dot{\ell}_{\theta,\eta}^T\big]\tilde{I}_{\theta,\eta}^{-1}\tilde{\ell}_{\theta,\eta}\end{aligned} \tag{2.15}$$

で与えられることがわかる.この有効影響関数において,第 2 の部分は,θ が未知であるという事実によって失われる部分である.それは,第 1 の部分と直交するので,漸近分散に正の増加を与える.

2.5 Cox 回帰モデル

例 2.2 (19 ページ) で述べた Cox 回帰モデルにおいて,生存時間 T の観測をランダムに時間 C で打ち切るという,より現実的な設定に拡張する.観測するのは,三つの変量の組 $X = (V, \Delta, Z)$ である.ここで,

$$V \equiv T \wedge C = \min\{T, C\}, \qquad \Delta \equiv 1\{T \leq C\} = \begin{cases} 1 & (T \leq C) \\ 0 & (T > C) \end{cases}$$

である.ただし,変量 T と C は共変量 Z が与えられたとき独立であり,T は Cox 回帰モデルにしたがうとする.したがって,$X = (V, \Delta, Z)$ の密度は

$$\begin{aligned}p_{\theta,\Lambda}(x) = &\,\Big[e^{\theta^T z}\lambda(v)\exp\{-e^{\theta^T z}\Lambda(v)\}\{1 - G(v-|z)\}\Big]^\delta \\ &\times \Big[\exp\{-e^{\theta^T z}\Lambda(v)\}g(v|z)\Big]^{1-\delta} q(z)\end{aligned}$$

で与えられる．ここで，$G(\cdot|z)$ と $g(\cdot|z)$ は，それぞれ，$Z = z$ が与えられたときの C の条件つき分布関数と密度関数で，θ や Λ とは無関係であるとする．また，θ は開集合 $\Theta \subset \mathbb{R}^k$ の要素，$\Lambda(v) = \int_0^v \lambda(u)\,du$ は集合 $H = \{\Lambda \in C[0,\tau] : \Lambda(0) = 0, \Lambda(s) \leq \Lambda(t)\,(s < t)\}$ の要素とする．ただし，$\tau > 0$ は $\mathrm{P}(C \geq \tau) = \mathrm{P}(C = \tau) > 0$ と $\mathrm{P}(T > \tau) > 0$ をみたすある有限の値である．すなわち，時刻 τ において，観測を確率 $\mathrm{P}(C = \tau)$ で打ち切るが，その時点では，個体のある割合はまだアットリスク（生存）状態であると仮定する．さらに，共変量 Z は有界であると仮定する．いま，$X = (V, \Delta, Z)$ の密度 $p_{\theta,\Lambda}(x)$ に対応する分布を $P_{\theta,\Lambda}$ と表すと，モデルは

$$\mathcal{P} = \{P_{\theta,\Lambda} : \theta \in \Theta, \Lambda \in H\}$$

となる．

大きさ 1 の標本 x に対する尤度関数は

$$p_{\theta,\Lambda}(x) \propto \left[e^{\theta^T z}\lambda(v)\right]^\delta \exp\{-e^{\theta^T z}\Lambda(v)\}$$

なので，$\log p_{\theta,\Lambda}(x)$ を θ に関して微分すると，θ に対するスコア関数

$$\dot{\ell}_{\theta,\Lambda}(x) = \delta z - z e^{\theta^T z}\Lambda(v)$$

が得られる．いま，

$$L_2(\Lambda) \equiv \left\{b : [0,\tau] \to \mathbb{R} : \int_0^\tau b^2(s)\,d\Lambda(s) < \infty\right\}$$

とする．もし，$b \in L_2(\Lambda)$ ならば，すべての t に対して

$$\Lambda_t(v) \equiv \int_0^v \kappa(tb(s))\,d\Lambda(s) \in H \tag{2.16}$$

をみたす．ここで，κ は例 2.3（21 ページ）で導入した有界関数である．対数尤度関数に Λ のパラメトリックモデル (2.16) を代入し，t で微分すると，$b(v) = \partial \log \lambda_t(v)/\partial t\big|_{t=0}$ なので，

$$\left.\frac{\partial \log p_{\theta,\Lambda_t}(x)}{\partial t}\right|_{t=0} = \delta b(v) - e^{\theta^T z}\int_0^v b(s)\,d\Lambda(s) \tag{2.17}$$

を得る．ここで，

$$N(s) \equiv \Delta 1\{V \leq s\} = 1\{V \leq s, \Delta = 1\}, \qquad Y(s) \equiv 1\{V \geq s\}$$

と定義する．前者は計数過程 (counting process)，後者はアットリスク過程 (at-risk

process) である.

$$M_{\theta,\Lambda}(s) \equiv N(s) - \int_0^s Y(u) e^{\theta^T Z} \, d\Lambda(u) \tag{2.18}$$

とおくと，Λ に対するスコア関数 (2.17) は

$$(B_{\theta,\Lambda} b)(X) \equiv \int_0^\tau b(s) \, dM_{\theta,\Lambda}(s) \tag{2.19}$$

と表すことができる．式 (2.19) で定義される作用素 $B_{\theta,\Lambda} : L_2(\Lambda) \to L_2(P_{\theta,\Lambda})$ は，Λ に対する接集合 $\dot{\mathcal{P}}_{P_{\theta,\Lambda}}^{(\Lambda)} \equiv \{B_{\theta,\Lambda} b : b \in L_2(\Lambda)\}$ を生成するスコア作用素である．また，$\dot{\ell}_{\theta,\Lambda}(X) = Z M_{\theta,\Lambda}(\tau) = \int_0^\tau Z \, dM_{\theta,\Lambda}(s)$ と表すこともできるので，任意の $h \in \mathbb{R}^k, b \in L_2(\Lambda)$ に対応するサブモデル $\{P_{\theta+th,\Lambda_t} : t \in [0,\epsilon)\}$ のスコア関数は

$$\begin{aligned}
(A_{\theta,\Lambda}(h,b))(X) &\equiv h^T \dot{\ell}_{\theta,\Lambda}(X) + (B_{\theta,\Lambda} b)(X) \\
&= \int_0^\tau \{h^T Z + b(s)\} \, dM_{\theta,\Lambda}(s)
\end{aligned} \tag{2.20}$$

で与えられる．式 (2.20) で定義される作用素 $A_{\theta,\Lambda} : \mathbb{R}^k \times L_2(\Lambda) \to L_2(P_{\theta,\Lambda})$ は，フルモデル $\mathcal{P}$ に対する接集合 $\dot{\mathcal{P}}_{P_{\theta,\Lambda}} = \{A_{\theta,\Lambda}(h,b) : h \in \mathbb{R}^k, b \in L_2(\Lambda)\}$ を生成するスコア作用素である．

なお，式 (2.18) で定義される確率過程は，フィルトレーション（σ-加法族の増大系）$\mathcal{F}_s \equiv \sigma\{Z, N(u), Y(u+) : 0 \le u \le s\}, s \ge 0$ に関して平均 0 のマルチンゲール (martingale) である．すなわち，$s_1 \le s_2$ ならば

$$\mathrm{E}_{P_{\theta,\Lambda}}[M_{\theta,\Lambda}(s_2)|\mathcal{F}_{s_1}] = M_{\theta,\Lambda}(s_1)$$

が成り立つ．そして，予測可能な 2 次変分過程は

$$\langle M_{\theta,\Lambda}, M_{\theta,\Lambda}\rangle(s) = \int_0^s Y(u) e^{\theta^T Z} \, d\Lambda(u)$$

であり，任意の $b_1, b_2 \in L_2(\Lambda)$ に対して，

$$\begin{aligned}
&\mathrm{E}_{P_{\theta,\Lambda}}\left[\int_0^\tau b_1(s) \, dM_{\theta,\Lambda}(s) \int_0^\tau b_2(s) \, dM_{\theta,\Lambda}(s)\right] \\
&= \mathrm{E}_{P_{\theta,\Lambda}}\left[\int_0^\tau b_1(s) b_2(s) \, d\langle M_{\theta,\Lambda}, M_{\theta,\Lambda}\rangle(s)\right] \\
&= \mathrm{E}_{P_{\theta,\Lambda}}\left[\int_0^\tau b_1(s) b_2(s) Y(s) e^{\theta^T Z} \, d\Lambda(s)\right]
\end{aligned}$$

が成り立つ．とくに，b_2 として，1 点 s の定義関数 $1_s(\cdot)$ をとると，

$$\mathrm{E}_{P_{\theta,\Lambda}}\left[\left(\int_0^\tau b_1(u)\,dM_{\theta,\Lambda}(u)\right)dM_{\theta,\Lambda}(s)\right] = \mathrm{E}_{P_{\theta,\Lambda}}\left[b_1(s)Y(s)e^{\theta^T Z}\right]d\Lambda(s)$$

を得る．Cox 回帰モデルのマルチンゲールによる解析については，Fleming and Harrington[2] や 西山[4] が参考になる．

スコア作用素 $B_{\theta,\Lambda}$ の共役 $B_{\theta,\Lambda}^* : L_2(P_{\theta,\Lambda}) \to L_2(\Lambda)$ は，任意の $b \in L_2(\Lambda)$, $h \in L_2(P_{\theta,\Lambda})$ に対する恒等関係 $\langle B_{\theta,\Lambda}^* h, b\rangle_\Lambda = \langle h, B_{\theta,\Lambda} b\rangle_{P_{\theta,\Lambda}}$ から，容易に

$$(B_{\theta,\Lambda}^* h)(s) = \frac{\mathrm{E}_{P_{\theta,\Lambda}}[h(X)\,dM_{\theta,\Lambda}(s)]}{d\Lambda(s)}$$

で与えられることがわかる．よって，二つ上に表示された関係式を使うと，情報作用素 $B_{\theta,\Lambda}^* B_{\theta,\Lambda} : L_2(\Lambda) \to L_2(\Lambda)$ は

$$(B_{\theta,\Lambda}^* B_{\theta,\Lambda} b)(s) = \frac{\mathrm{E}_{P_{\theta,\Lambda}}\left[\left(\int_0^\tau b(u)\,dM_{\theta,\Lambda}(u)\right)dM_{\theta,\Lambda}(s)\right]}{d\Lambda(s)}$$

$$= \mathrm{E}_{P_{\theta,\Lambda}}\left[Y(s)e^{\theta^T Z}\right]b(s)$$

となる．同様な議論から

$$(B_{\theta,\Lambda}^* \dot{\ell}_{\theta,\Lambda})(s) = \frac{\mathrm{E}_{P_{\theta,\Lambda}}\left[\left(\int_0^\tau Z\,dM_{\theta,\Lambda}(u)\right)dM_{\theta,\Lambda}(s)\right]}{d\Lambda(s)} = \mathrm{E}_{P_{\theta,\Lambda}}\left[ZY(s)e^{\theta^T Z}\right]$$

を得る．明らかに，

$$(B_{\theta,\Lambda}^* B_{\theta,\Lambda})^{-1} b = \frac{b}{\mathrm{E}_{P_{\theta,\Lambda}}\left[Y(s)e^{\theta^T Z}\right]}$$

なので，

$$\left(B_{\theta,\Lambda}(B_{\theta,\Lambda}^* B_{\theta,\Lambda})^{-1} B_{\theta,\Lambda}^*\right)\dot{\ell}_{\theta,\Lambda}(X) = \int_0^\tau \frac{\mathrm{E}_{P_{\theta,\Lambda}}\left[ZY(s)e^{\theta^T Z}\right]}{\mathrm{E}_{P_{\theta,\Lambda}}\left[Y(s)e^{\theta^T Z}\right]}\,dM_{\theta,\Lambda}(s)$$

であることがわかる．よって，θ に対する有効スコア関数は

$$\tilde{\ell}_{\theta,\Lambda}(X) = \left(I - B_{\theta,\Lambda}(B_{\theta,\Lambda}^* B_{\theta,\Lambda})^{-1} B_{\theta,\Lambda}^*\right)\dot{\ell}_{\theta,\Lambda}(X) \tag{2.21}$$

$$= \int_0^\tau \{Z - D_{\theta,\Lambda}(s)\}\,dM_{\theta,\Lambda}(s) \tag{2.22}$$

で与えられる．ここで，

$$D_{\theta,\Lambda}(s) \equiv \frac{\mathrm{E}_{P_{\theta,\Lambda}}\left[ZY(s)e^{\theta^T Z}\right]}{\mathrm{E}_{P_{\theta,\Lambda}}\left[Y(s)e^{\theta^T Z}\right]} \tag{2.23}$$

である．もし，$\tilde{I}_{\theta,\Lambda} = P_{\theta,\Lambda}[\tilde{\ell}_{\theta,\Lambda}\tilde{\ell}_{\theta,\Lambda}^T]$ が正値ならば，θ に対する有効影響関数は $\tilde{\psi}_{P_{\theta,\Lambda}} = \tilde{I}_{\theta,\Lambda}^{-1}\tilde{\ell}_{\theta,\Lambda}$ となる．有効情報量は，具体的に

$$\tilde{I}_{\theta,\Lambda} = \mathrm{E}_{P_{\theta,\Lambda}}\left[\int_0^\tau \{Z - D_{\theta,\Lambda}(s)\}^{\otimes 2} d\langle M_{\theta,\Lambda}, M_{\theta,\Lambda}\rangle(s)\right]$$

$$= \int_0^\tau \left[\frac{\mathrm{E}_{P_{\theta,\Lambda}}[ZZ^T Y(s)e^{\theta^T Z}]}{\mathrm{E}_{P_{\theta,\Lambda}}[Y(s)e^{\theta^T Z}]} - \{D_{\theta,\Lambda}(s)\}^{\otimes 2}\right]$$

$$\times \mathrm{E}_{P_{\theta,\Lambda}}[Y(s)e^{\theta^T Z}] d\Lambda(s) \tag{2.24}$$

と計算される．ここで，$\otimes$ はテンソル積で，ベクトル a に対して，$a^{\otimes 2}$ は $a \otimes a = aa^T$ を意味する．

つぎに，任意に固定された $s \in (0, \tau]$ に対して，母数 $\psi(P_{\theta,\Lambda}) = \chi(\Lambda) = \Lambda(s)$ の推定を考える．式 (2.16) で定義した Λ のパラメトリックモデルを t で微分すると，

$$\left.\frac{\partial \chi(\Lambda_t)}{\partial t}\right|_{t=0} = \int_0^s b(u)\, d\Lambda(u) = \int_0^\tau 1_{[0,s]}(u)b(u)\, d\Lambda(u) = \langle 1_{[0,s]}, b\rangle_\Lambda$$

なので，$\tilde{\chi}_\Lambda = 1_{[0,s]}$ となる．これを，式 (2.15) に代入して計算すれば，Λ に対する有効影響関数 $\tilde{\psi}_{P_{\theta,\Lambda}}$ が得られる．実際，

$$P_{\theta,\Lambda}\left[\{B_{\theta,\Lambda}(B_{\theta,\Lambda}^* B_{\theta,\Lambda})^{-1} 1_{[0,s]}\}\dot{\ell}_{\theta,\Lambda}^T\right]$$

$$= \mathrm{E}_{P_{\theta,\Lambda}}\left[\left(\int_0^\tau \frac{1_{[0,s]}(u)}{\mathrm{E}_{\Gamma_{\theta,\Lambda}}[Y(u)e^{\theta^T Z}]} dM_{\theta,\Lambda}(u)\right)\left(\int_0^\tau Z^T dM_{\theta,\Lambda}(u)\right)\right]$$

$$= \mathrm{E}_{P_{\theta,\Lambda}}\left[\int_0^s \frac{Z^T}{\mathrm{E}_{P_{\theta,\Lambda}}[Y(u)e^{\theta^T Z}]} d\langle M_{\theta,\Lambda}, M_{\theta,\Lambda}\rangle(u)\right]$$

$$= \int_0^s \{D_{\theta,\Lambda}(u)\}^T d\Lambda(u)$$

と式 (2.22)，(2.24) をあわせると，それは

$$\tilde{\psi}_{P_{\theta,\Lambda}}(s) = \int_0^s \frac{dM_{\theta,\Lambda}(u)}{\mathrm{E}_{P_{\theta,\Lambda}}[Y(u)e^{\theta^T Z}]}$$

$$- \left(\int_0^s \{D_{\theta,\Lambda}(u)\}^T d\Lambda(u)\right)\tilde{I}_{\theta,\Lambda}^{-1} \int_0^\tau \{Z - D_{\theta,\Lambda}(u)\} dM_{\theta,\Lambda}(u) \tag{2.25}$$

で与えられる．

2.6 有効スコア方程式

パラメトリックモデルにおいて，パラメータの最も重要な推定法は最尤法である．通常それは，スコア方程式 $\sum_{i=1}^{n} \dot{\ell}_\theta(X_i) = 0$ を解くことに帰着される．セミパラメトリックモデル $\mathcal{P} = \{P_{\theta,\eta} : \theta \in \Theta, \eta \in H\}$ における Euclid パラメータ θ の推定に関して，この方法の自然な拡張は，有効スコア方程式

$$\mathbb{P}_n \tilde{\ell}_{\theta,\hat{\eta}_n} = \frac{1}{n} \sum_{i=1}^{n} \tilde{\ell}_{\theta,\hat{\eta}_n}(X_i) = 0$$

を解いて θ を求めることである．ここで，通常のスコア関数の代わりに有効スコア関数が使われていること，および，未知の局外母数のところにその推定量 $\hat{\eta}_n = \hat{\eta}_n(X_1, \ldots, X_n)$ が代入されていることに注意する．しかし，この方法は，$\tilde{\ell}_{\theta,\hat{\eta}_n}(x)$ の明示的な形を必要とするので，実際の適用が困難なことが多い．しかしながら，もし有効スコア関数 $\tilde{\ell}_{\theta,\eta}(x)$ の推定量

$$\hat{\ell}_{\theta,n}(x) = \hat{\ell}_{\theta,n}(x)(X_1, \ldots, X_n)$$

が良い推定量であるならば，推定方程式 $\mathbb{P}_n \hat{\ell}_{\theta,n} = n^{-1} \sum_{i=1}^{n} \hat{\ell}_{\theta,n}(X_i) = 0$ の近似的な解は漸近有効推定量であることが，つぎの定理からわかる．定理の記述には Donsker クラスの概念が必要であるが，それについては 3.3 節で説明される．定理の証明は 4.4.1 項（164 ページ）で与えられる．

定理 2.3 モデル $\{P_{\theta,\eta} : \theta \in \Theta \subset \mathbb{R}^k\}$ は，θ に関して (θ, η) において 2 次平均微分可能であり，有効情報量行列 $\tilde{I}_{\theta,\eta}$ は正値であるとする．推定量 $\hat{\theta}_n$ は $\sqrt{n} \mathbb{P}_n \hat{\ell}_{\hat{\theta}_n, n} = o_P(1)$ と $\hat{\theta}_n \xrightarrow{P} \theta$ をみたすとする．また，$\hat{\ell}_{\hat{\theta}_n, n}$ は $n \to \infty$ のとき 1 に近づく確率で，ある $P_{\theta,\eta}$-Donsker クラスに含まれ，そしてつぎの条件

$$P_{\hat{\theta}_n, \eta} \hat{\ell}_{\hat{\theta}_n, n} = o_P\bigl(n^{-1/2} + \|\hat{\theta}_n - \theta\|\bigr), \tag{2.26}$$

$$P_{\theta,\eta} \|\hat{\ell}_{\hat{\theta}_n, n} - \tilde{\ell}_{\theta,\eta}\|^2 \xrightarrow{P} 0, \quad P_{\hat{\theta}_n, \eta} \|\hat{\ell}_{\hat{\theta}_n, n}\|^2 = O_P(1) \tag{2.27}$$

をみたすと仮定する．このとき，推定量列 $\hat{\theta}_n$ は (θ, η) で漸近有効である．

例 2.4 (Cox 回帰モデル) 前節の Cox 回帰モデルに戻る．有効スコア関数 (2.22) の自然な推定量として

$$\hat{\ell}_{\theta,n}(X) = \int_0^\tau \bigl\{Z - \hat{D}_{\theta,n}(s)\bigr\} dM_{\theta,\Lambda}(s)$$

が考えられる．ここで，$\hat{D}_{\theta,n}(s)$ は $D_{\theta,\Lambda}(s)$ の自然な推定量

$$\hat{D}_{\theta,n}(s) \equiv \frac{n^{-1}\sum_{i=1}^{n} Z_i Y_i(s) e^{\theta^T Z_i}}{n^{-1}\sum_{i=1}^{n} Y_i(s) e^{\theta^T Z_i}}$$

である．この $\hat{\ell}_{\theta,n}$ は未知の Λ を含むが，$\hat{D}_{\theta,n}(s)$ の定義より

$$\frac{1}{n}\sum_{i=1}^{n}\int_0^\tau \{Z_i - \hat{D}_{\theta,n}(s)\} Y_i(s) e^{\theta^T Z_i}\, d\Lambda(s) = 0$$

なので，θ に関する推定方程式

$$\mathbb{P}_n \hat{\ell}_{\theta,n} = \frac{1}{n}\sum_{i=1}^{n}\int_0^\tau \{Z_i - \hat{D}_{\theta,n}(s)\}\, dN_i(s) = 0$$

が得られる．この方程式は，Cox の**部分尤度** (partial likelihood)

$$\tilde{L}_n(\theta) = \prod_{i=1}^{n}\left(\frac{e^{\theta^T Z_i}}{\sum_{j=1}^{n} 1\{V_j \geq V_i\} e^{\theta^T Z_j}}\right)^{\Delta_i} \tag{2.28}$$

から得られる尤度方程式

$$\frac{1}{n}\frac{\partial \log \tilde{L}_n(\theta)}{\partial \theta} = \frac{1}{n}\sum_{i=1}^{n}\Delta_i\left(Z_i - \frac{n^{-1}\sum_{j=1}^{n} Z_j 1\{V_j \geq V_i\} e^{\theta^T Z_j}}{n^{-1}\sum_{j=1}^{n} 1\{V_j \geq V_i\} e^{\theta^T Z_j}}\right) = 0$$

と同じものである．5.2.2 項 a.（192 ページ）で，$\mathbb{P}_n \hat{\ell}_{\theta,n} = 0$ の解は定理 2.3 のすべての条件をみたすことを示す．よって，部分尤度 $\tilde{L}(\theta)$ を最大にする $\hat{\theta}_n$ は，θ の漸近有効推定量である．

2.7 最 尤 推 定

パラメトリックモデルの場合と同様，セミパラメトリックモデルにおいても，漸近有効な推定量を求めるための最も重要な方法は最尤法である．しかし，無限次元の母数の存在に起因するモデルの複雑さのため，本来の尤度関数（密度の積）が機能しないことがある．

たとえば，大きさ n のサンプル $X_1, \ldots, X_n$ から未知の（Lebesgue 測度に関する）密度 $p(x)$ を推定するとする．本来の尤度は関数 $p \mapsto \prod_{i=1}^{n} p(X_i)$ である．これを p に関して大きくしようとすると，そのような p は，データ点上に任意に高く非常に狭い幅のピークをもち，それ以外では 0 であるような，Lebesgue 密度ではないものとなる．すなわち，$\sup_p \prod_{i=1}^{n} p(X_i) = \infty$ となり，尤度としては機

能しない．この問題は，確率測度の範囲を拡大することで解消される．いま，$\mathcal{P}$ を $\mathcal{X}$ 上のすべての確率測度の族とする．ただし，任意の一点集合 $\{x\}$ は可測であるとし，その $P\ (\in \mathcal{P})$ 測度を $P\{x\}$ と書く．サンプル $X_1, \ldots, X_n$ に対して，関数

$$P \mapsto \mathrm{lik}_n(P)(X_1, \ldots, X_n) \equiv \prod_{i=1}^{n} P\{X_i\}$$

を**経験尤度** (empirical likelihood) とよぶ．このとき，n 個の固定した値 $x_1, \ldots, x_n$ に対して，ベクトル $p = (p_1, \ldots, p_n) = (P\{x_1\}, \ldots, P\{x_n\})$ は，P が $\mathcal{P}$ 上を動くとき集合 $\{p \geq 0 : \sum_{i=1}^{n} p_i \leq 1\}$ 上を動く．関数 $p \mapsto \prod_{i=1}^{n} p_i$ を最大にするには，明らかに p を $\sum_{i=1}^{n} p_i = 1$ となるように選べばよい．このとき，$p = (1/n, \ldots, 1/n)$ が最大を与える．すなわち，経験分布 $\mathbb{P}_n = n^{-1} \sum_{i=1}^{n} \delta_{X_i}$ が経験尤度を最大化する．これは，Lebesgue 密度をもつ分布関数の漸近有効推定量である**経験分布関数** (empirical distribution function)

$$\mathbb{F}_n(x) = \mathbb{P}_n 1_{(-\infty, x]} = \frac{1}{n} \sum_{i=1}^{n} 1\{X_i \leq x\}, \quad -\infty < x < \infty$$

を与える．

セミパラメトリックモデル $\{P_{\theta, \eta} : \theta \in \Theta \subset \mathbb{R}^k, \eta \in H\}$ のパラメータ (θ, η) に対して，尤度として機能するように修正した関数

$$(\theta, \eta) \mapsto \mathrm{lik}_n(\theta, \eta)(X_1, \ldots, X_n) \equiv \prod_{i=1}^{n} \mathrm{lik}(\theta, \eta)(X_i)$$

も同じく尤度とよぶ．ここで，$\mathrm{lik}(\theta, \eta)(x)$ は大きさ 1 の標本 x にもとづく (θ, η) に対する尤度を表す．パラメータの最尤推定量は，この尤度を最大化する $(\hat{\theta}_n, \hat{\eta}_n)$ である．これを計算するため，各 θ の値に対して，$\mathrm{lik}_n(\theta, \eta)$ を局外母数 η に関して最大化することによって，尤度の断面（プロファイル）

$$\theta \mapsto \mathrm{plik}_n(\theta) \equiv \sup_{\eta \in H} \mathrm{lik}_n(\theta, \eta)(X_1, \ldots, X_n)$$

を考えることは有用である．これを，**プロファイル尤度** (profile likelihood) とよぶ．プロファイル尤度を最大化する点は，まさに最尤推定量 $(\hat{\theta}_n, \hat{\eta}_n)$ の第 1 成分 $\hat{\theta}_n$ である．第 2 成分 $\hat{\eta}_n$ は $\hat{\eta}_n(\hat{\theta}_n)$ と一致する．ここで，$\hat{\eta}_n(\theta) \equiv \arg\max_\eta \mathrm{lik}_n(\theta, \eta)$ である．

例 2.5 (Cox 回帰モデル) ふたたび 2.5 節の Cox 回帰モデルを考える．この

モデルの密度関数は $\Lambda(v)$ の導関数 $\lambda(v)$ を含むので,経験尤度を定義するときの考え方と同様,Λ の範囲 $H \subset C[0,\tau]$ を右連続で左極限をもつ単調増加関数の集合 $\hat{H}$ にまで拡張する.いま,v における Λ のジャンプの大きさを $\Lambda\{v\}$ と表し,パラメータ (θ,Λ) に対する尤度を

$$\mathrm{lik}_n(\theta,\Lambda)(X_1,\ldots,X_n) \equiv \prod_{i=1}^n \bigl[e^{\theta^T Z_i}\Lambda\{V_i\}\bigr]^{\Delta_i} \exp\bigl\{-e^{\theta^T Z_i}\Lambda(V_i)\bigr\}$$

と定義する.ここで,$X_i = (V_i, \Delta_i, Z_i)$ である.各 θ の値に対して,$\mathrm{lik}_n(\theta, \Lambda)$ の Λ に関する最大化問題は,観測した"死亡"時刻 V_i における Λ のジャンプの大きさ $\Lambda_i \equiv \Lambda\{V_i\}$ の関数

$$(\Lambda_1,\ldots,\Lambda_n) \mapsto \prod_{i=1}^n [e^{\theta^T Z_i}\Lambda_i]^{\Delta_i} \exp\Bigl\{-e^{\theta^T Z_i}\sum_{j=1}^n 1\{V_j \leq V_i\}\Lambda_j\Bigr\}$$

の最大化問題に帰着する.これは

$$\Lambda_k = \frac{\Delta_k}{\sum_{i=1}^n 1\{V_i \geq V_k\}e^{\theta^T Z_k}}, \qquad k=1,\ldots,n$$

のとき極大となる.打ち切りをもつデータ X_k に対しては,当然 $\Lambda_k = 0$ である(尤度も大きくなる).パラメータ θ に対するプロファイル尤度は,各 θ における尤度の Λ に関する上限である.上記の式より,それは

$$\mathrm{plik}_n(\theta)(X_1,\ldots,X_n) = \exp\Bigl\{-\sum_{i=1}^n \Delta_i\Bigr\} \prod_{i=1}^n \left(\frac{e^{\theta^T Z_i}}{\sum_{j=1}^n 1\{V_j \geq V_i\}e^{\theta^T Z_j}}\right)^{\Delta_i}$$

で与えられることがわかる.よって,Cox の部分尤度 (2.28) はプロファイル尤度と見なすこともできる.パラメータ θ の最尤推定量は $\hat{\theta}_n = \arg\max_\theta \mathrm{plik}_n(\theta)$ である.累積ハザード関数 $\Lambda(t)$ の最尤推定量は,$V_1,\ldots,V_n$ において,高さ

$$\hat{\Lambda}_n\{V_k\} = \frac{\Delta_k}{\sum_{i=1}^n 1\{V_i \geq V_k\}e^{\hat{\theta}_n^T Z_k}}, \qquad k=1,\ldots,n$$

のジャンプをもつ階段関数

$$\hat{\Lambda}_n(t) \equiv \frac{1}{n}\sum_{i=1}^n \int_0^t \frac{dN_i(s)}{n^{-1}\sum_{i=1}^n Y_i(s)e^{\hat{\theta}_n^T Z_i}}$$

で与えられる.これは **Breslow 推定量** とよばれている.最尤推定量 $(\hat{\theta}_n, \hat{\Lambda}_n)$ が同時漸近有効であることは,5.2.2 項 b.(193 ページ)で議論する.

2.7.1 近似的に最も不利なサブモデル

もし，最尤推定量 $(\hat{\theta}_n, \hat{\eta}_n)$ が有効スコア方程式 $\mathbb{P}_n \tilde{\ell}_{\hat{\theta}_n, \hat{\eta}_n} = 0$ をみたすならば，$\hat{\ell}_{\theta,n} \equiv \tilde{\ell}_{\theta,\hat{\eta}_n}$ に定理 2.3 を適用し，$\hat{\theta}_n$ の漸近有効性を調べることができる．しかし，有効スコア関数はスコア関数の射影なので，これが対数尤度関数のあるサブモデルに沿っての微分で得られる保証はない．よって，最尤推定量が有効スコア方程式をみたすとは限らない．もし，$\mathbb{R}^k$ の原点のある近傍から H への写像 $t \mapsto \eta_t(\hat{\theta}_n, \hat{\eta}_n)$ $(\eta_0(\hat{\theta}_n, \hat{\eta}_n) = \hat{\eta}_n)$ が存在して，すべての x に対して

$$\tilde{\ell}_{\hat{\theta}_n, \hat{\eta}_n}(x) = \frac{\partial \log \text{lik}(\hat{\theta}_n + t, \eta_t(\hat{\theta}_n, \hat{\eta}_n))(x)}{\partial t}\bigg|_{t=0}$$

が成り立つならば，最尤推定量は有効スコア方程式をみたす．しかし，このようなサブモデルの存在は極めて不確実である．この問題を回避する方法は，近似的に最も不利なサブモデル (approximately least-favorable submodels) を使用することである．

いま，H の適当な拡張を $\hat{H}$ とする．すべての $\theta \in \Theta, \eta \in \hat{H}$ に対して，$0 \in \mathbb{R}^k$ のある近傍 U から $\hat{H}$ への写像 $t \mapsto \eta_t(\theta, \eta)$ は $\eta_0(\theta, \eta) = \eta$ をみたすとする．さらに，すべての x に対して

$$\tilde{\kappa}_{\theta,\eta}(x) = \frac{\partial \log \text{lik}(\theta + t, \eta_t(\theta, \eta))(x)}{\partial t}\bigg|_{t=0}$$

が存在し，真のパラメータ (θ_0, η_0) において

$$\tilde{\kappa}_{\theta_0,\eta_0}(x) = \tilde{\ell}_{\theta_0,\eta_0}(x)$$

が成り立つとする．すなわち，t をパラメータとするサブモデル $\{P_{\theta+t, \eta_t(\theta,\eta)} : t \in U\}$ は $t = 0$ において $P_{\theta,\eta}$ を通り，真のパラメータ (θ_0, η_0) のとき，$t = 0$ におけるスコア関数が θ に対する有効スコア関数と一致するという意味で，最も不利なサブモデルそのものになっている．このような $\{P_{\theta+t, \eta_t(\theta,\eta)} : t \in U\}$ は，本来の最も不利なサブモデルを近似するサブモデル（近似的に最も不利なサブモデル）であると考えられる．

もし $(\hat{\theta}_n, \hat{\eta}_n)$ が最尤推定量であるならば，すなわち，$\mathbb{P}_n \log \text{lik}(\theta, \eta)$ を最大化する (θ, η) ならば，関数 $t \mapsto \mathbb{P}_n \log \text{lik}(\hat{\theta}_n + t, \eta_t(\hat{\theta}_n, \hat{\eta}_n))$ は $t = 0$ において最大となり，よって，$(\hat{\theta}_n, \hat{\eta}_n)$ は $\mathbb{P}_n \tilde{\kappa}_{\theta,\eta}$ の零点である．さらに，もし $\hat{\theta}_n$ と $\hat{\ell}_{\theta,n} \equiv \tilde{\kappa}_{\theta,\hat{\eta}_n}$ とが，$(\theta, \eta) = (\theta_0, \eta_0)$ において，定理 2.3 の条件をみたすならば，最尤推定量 $\hat{\theta}_n$ は (θ_0, η_0) において漸近的に有効である．

例 2.6 (Cox 回帰モデル) 例 2.5 (42 ページ) で議論したように, H を右連続で左極限をもつ単調増加関数の集合 $\hat{H}$ に拡張すると, 大きさ 1 の標本 $X = (V, \Delta, Z)$ にもとづく尤度は

$$\mathrm{lik}(\theta, \Lambda)(X) = \left[e^{\theta^T Z} \Lambda\{V\}\right]^{\Delta} \exp\{-e^{\theta^T Z} \Lambda(V)\}$$

で与えられる. いま, すべての $(\theta, \Lambda) \in \Theta \times \hat{H}$ に対して, 写像 $t \mapsto \Lambda_t(\theta, \Lambda)$ を

$$\Lambda_t(\theta, \Lambda)(v) \equiv \int_0^v \{1 - t^T D_{\theta, \Lambda}(s)\} d\Lambda(s)$$

と定義する. このとき, 十分に小さな 0 の近傍 U に対して, $t \in U$ ならば $\Lambda_t(\theta, \Lambda) \in \hat{H}$ で $\Lambda_0(\theta, \Lambda) = \Lambda$ をみたす. そして,

$$\begin{aligned}
\tilde{\kappa}_{\theta, \Lambda}(X) &= Z\left(\Delta - e^{\theta^T Z}\int_0^V d\Lambda(s)\right) \\
&\quad - \left(\Delta D_{\theta, \Lambda}(V) - e^{\theta^T Z}\int_0^V D_{\theta, \Lambda}(s)\, d\Lambda(s)\right) \\
&= \int_0^\tau \{Z - D_{\theta, \Lambda}(s)\} dM_{\theta, \Lambda}(s)
\end{aligned}$$

となるので, 真のパラメータ (θ_0, Λ_0) において

$$\tilde{\kappa}_{\theta_0, \Lambda_0}(X) = \tilde{\ell}_{\theta_0, \Lambda_0}(X)$$

が成り立つ.

2.7.2 尤度方程式

セミパラメトリックモデルにおいて, 最尤推定量の漸近的性質を議論するためのもう一つの方法は, 有限次元の Euclid パラメータ θ と無限次元のパラメータ η に関する同時連立尤度方程式を導出することである. これは, θ あるいは η が変動するときの極値問題から得られる方程式を求めることであり, 必然的に, 無限に多くの方程式からなる連立方程式になる. 最尤推定量 $(\hat{\theta}_n, \hat{\eta}_n)$ は, 尤度関数

$$(\theta, \eta) \mapsto \prod_{i=1}^n \mathrm{lik}(\theta, \eta)(X_i)$$

を最大化する (θ, η) であるとする.

k 次元 Euclid パラメータ θ は通常の方法で変化させることができるので, 導かれる連立方程式は k 個の方程式

$$\mathbb{P}_n \dot{\ell}_{\theta,\eta} = 0$$

である．この方程式の形は，θ に対する通常の尤度方程式であるが，スコア関数を単一の θ ではなく，(θ, η) で評価していることに注意する．この方程式が成り立つための厳密な条件は，$\partial \log \text{lik}(\theta, \eta)/\partial \theta$ が存在し，すべての x に対して $\dot{\ell}_{\theta,\eta}(x)$ と一致することである．

無限次元パラメータ η を変化させることは概念的に難しい．典型的な方法は，η に対する接集合や情報を定義するときに使った道 $t \mapsto \eta_t$ を利用することである．もし，η に対するスコアが，あるインデックスの集合 $h \in \mathcal{H}$ に作用するスコア作用素 $B_{\theta,\eta}$ で表現されるならば，最尤推定量 $(\hat{\theta}_n, \hat{\eta}_n)$ は，無限個の連立方程式

$$\mathbb{P}_n B_{\theta,\eta} h - P_{\theta,\eta} B_{\theta,\eta} h = 0, \qquad h \in \mathcal{H}$$

の解である．ここで，スコア関数はつねに平均 0 をもつという事実を，スコア関数 $x \mapsto B_{\theta,\eta} h(x)$ をむしろ $x \mapsto B_{\theta,\eta} h(x) - P_{\theta,\eta} B_{\theta,\eta} h$ と書くことで明示的に表した．上の式は，もし，すべての (θ, η) に対して，道 $t \mapsto \eta_t(\theta, \eta)$ $(\eta_0(\theta, \eta) = \eta)$ が存在し，すべての x に対して

$$(B_{\theta,\eta} h)(x) - P_{\theta,\eta} B_{\theta,\eta} h = \left. \frac{\partial \log \text{lik}(\theta, \eta_t(\theta, \eta))(x)}{\partial t} \right|_{t=0}$$

が成り立つならば，妥当性をもつ．ここでは，すべての $h \in \mathcal{H}$ に対して，これが成り立つことを仮定する．さらに，$\mathcal{H}$ は，すべての x とすべての (θ, η) に対して，写像 $h \mapsto (B_{\theta,\eta} h)(x) - P_{\theta,\eta} B_{\theta,\eta} h$ が $\mathcal{H}$ 上で一様に有界となるように選ばれているとする．

このとき，ランダム写像 $\Psi_n = (\Psi_{n1}, \Psi_{n2}) : \Theta \times H \to \mathbb{R}^k \times \ell^\infty(\mathcal{H})$ を

$$\Psi_{n1}(\theta, \eta) = \mathbb{P}_n \dot{\ell}_{\theta,\eta},$$
$$\Psi_{n2}(\theta, \eta)(h) = \mathbb{P}_n B_{\theta,\eta} h - P_{\theta,\eta} B_{\theta,\eta} h, \qquad h \in \mathcal{H}$$

で定義する．真の分布 P_{θ_0, η_0} のもとでのこれらの写像の期待値をとると，ランダムでない写像 $\Psi = (\Psi_1, \Psi_2)$ が得られる．ここで，

$$\Psi_1(\theta, \eta) = P_{\theta_0, \eta_0} \dot{\ell}_{\theta,\eta},$$
$$\Psi_2(\theta, \eta)(h) = P_{\theta_0, \eta_0} B_{\theta,\eta} h - P_{\theta,\eta} B_{\theta,\eta} h, \qquad h \in \mathcal{H}$$

である．これらの写像の構成から，最尤推定量 $(\hat{\theta}_n, \hat{\eta}_n)$ と真のパラメータ (θ_0, η_0) はそれぞれこれらの写像の零点，

$$\Psi_n(\hat{\theta}_n, \hat{\eta}_n) = 0 = \Psi(\theta_0, \eta_0)$$

である．これらの連立方程式を真のパラメータのまわりで展開し，推定量に関して線形化することで，議論がつぎの段階に進む．もし，パラメータ集合 H が，ノルム $\|\cdot\|_H$ を備えたある Banach 空間の部分集合と同一視できるならば，4.2 節で述べる Z-推定の基本定理を適用して，$\sqrt{n}(\hat{\theta}_n - \theta_0, \hat{\eta}_n - \eta_0)$ の同時漸近有効性に関するつぎの定理が得られる．証明は 4.4.2 項（167 ページ）で与えられる．

定理 2.4 関数 $\dot{\ell}_{\theta,\eta}$ と $B_{\theta,\eta}h$ は，h が $\mathcal{H}$ 上を動き (θ, η) が (θ_0, η_0) の適当な近傍上を動くとき，ある P_{θ_0,η_0}-Donsker クラスに含まれ，$(\theta, \eta) \to (\theta_0, \eta_0)$ のとき

$$P_{\theta_0,\eta_0}\|\dot{\ell}_{\theta,\eta} - \dot{\ell}_{\theta_0,\eta_0}\|^2 \to 0, \qquad \sup_{h \in \mathcal{H}} P_{\theta_0,\eta_0}|B_{\theta,\eta}h - B_{\theta_0,\eta_0}h|^2 \to 0$$

をみたすとする．さらに，写像 $\Psi : \Theta \times H \to \mathbb{R}^k \times \ell^\infty(\mathcal{H})$ は (θ_0, η_0) で Fréchet 微分可能で，その導関数 $\dot{\Psi}_0 : \mathbb{R}^k \times \mathrm{lin}\, H \to \mathbb{R}^k \times \ell^\infty(\mathcal{H})$ は，その値域上で連続な逆写像 $\dot{\Psi}_0^{-1} : \mathbb{R}^k \times \ell^\infty(\mathcal{H}) \to \mathbb{R}^k \times \mathrm{lin}\, H$ をもつとする．このとき，もし $(\hat{\theta}_n, \hat{\eta}_n)$ が (θ_0, η_0) の一致推定量で，$\mathcal{H}$ 上で一様に $\Psi_n(\hat{\theta}_n, \hat{\eta}_n) = o_P(n^{-1/2})$ ならば，$(\hat{\theta}_n, \hat{\eta}_n)$ は (θ_0, η_0) において漸近有効で，

$$\sqrt{n}(\hat{\theta}_n - \theta_0, \hat{\eta}_n - \eta_0) \rightsquigarrow -\dot{\Psi}_0^{-1}\mathcal{Z}$$

が成り立つ．ここで，$\mathcal{Z}$ は $\sqrt{n}\Psi_n(\theta_0, \eta_0)$ の極限 Gauss 分布である．

この定理において，$\mathbb{H} = \mathbb{R}^k \times \mathrm{lin}\, H$ にノルム $\|(\theta, \eta)\|_{\mathbb{H}} \equiv \|\theta\| + \|\eta\|_H$ が，$\mathbb{L} = \mathbb{R}^k \times \ell^\infty(\mathcal{H})$ にノルム $\|\Psi(\theta, \eta)\|_{\mathbb{L}} \equiv \|\Psi_1(\theta, \eta)\| + \sup_{h \in \mathcal{H}} |\Psi_2(\theta, \eta)(h)|$ が備わっているとする．もし $\|(\theta - \theta_0, \eta - \eta_0)\|_{\mathbb{H}} \to 0$ のとき，

$$\|\Psi(\theta, \eta) - \Psi(\theta_0, \eta_0) - \dot{\Psi}_0(\theta - \theta_0, \eta - \eta_0)\|_{\mathbb{L}} = o(\|(\theta - \theta_0, \eta - \eta_0)\|_{\mathbb{H}})$$

をみたす連続な線形写像 $\dot{\Psi}_0 : \mathbb{R}^k \times \mathrm{lin}\, H \to \mathbb{R}^k \times \ell^\infty(\mathcal{H})$ が存在するならば，写像 Ψ は (θ_0, η_0) で **Fréchet** 微分可能であるとよばれる．

導関数 $\dot{\Psi}_0$ の具体的な形をみるため，η はある可則空間 $(\mathcal{S}, \mathcal{B})$ 上の測度とする．このとき，道 η_t は多くの場合，有界な関数 $h : \mathcal{S} \to \mathbb{R}$ を用いて，局所的に $d\eta_t = (1 + th)\,d\eta + o(t)$ と表すことができる．写像

$$\dot{\Psi}_0 : (\theta - \theta_0, \eta - \eta_0) \mapsto \begin{pmatrix} \dot{\Psi}_{11} & \dot{\Psi}_{12} \\ \dot{\Psi}_{21} & \dot{\Psi}_{22} \end{pmatrix} \begin{pmatrix} \theta - \theta_0 \\ \eta - \eta_0 \end{pmatrix}$$

は，典型的に

$$\begin{aligned}
\dot\Psi_{11}(\theta-\theta_0) &= -P_{\theta_0,\eta_0}[\dot\ell_{\theta_0,\eta_0}\dot\ell_{\theta_0,\eta_0}^T](\theta-\theta_0),\\
\dot\Psi_{12}(\eta-\eta_0) &= -\int B^*_{\theta_0,\eta_0}\dot\ell_{\theta_0,\eta_0}\,d(\eta-\eta_0),\\
\dot\Psi_{21}(\theta-\theta_0)(h) &= -P_{\theta_0,\eta_0}\bigl[(B_{\theta_0,\eta_0}h)\dot\ell_{\theta_0,\eta_0}^T\bigr](\theta-\theta_0),\\
\dot\Psi_{22}(\eta-\eta_0)(h) &= -\int B^*_{\theta_0,\eta_0}B_{\theta_0,\eta_0}h\,d(\eta-\eta_0)
\end{aligned} \qquad (2.29)$$

という形をとる. たとえば, 最後の式を発見的に見つけるため, η_0 を通る方向 g の道 η_t を考える. すなわち, $d\eta_t - d\eta_0 = tg\,d\eta_0 + o(t)$ とする. このとき, 微分の定義から

$$\Psi_2(\theta_0,\eta_t) - \Psi_2(\theta_0,\eta_0) = \dot\Psi_{22}(\eta_t-\eta_0) + o(t)$$

である. 一方, Ψ の定義とスコア作用素の定義 (2.7) から, 任意の h に対して

$$\begin{aligned}
\Psi_2(\theta_0,\eta_t)(h) - \Psi_2(\theta_0,\eta_0)(h) &= -(P_{\theta_0,\eta_t} - P_{\theta_0,\eta_0})B_{\theta_0,\eta_t}h\\
&= -tP_{\theta_0,\eta_0}\bigl[(B_{\theta_0,\eta_0}g)(B_{\theta_0,\eta_0}h)\bigr] + o(t)\\
&= -\int (B^*_{\theta_0,\eta_0}B_{\theta_0,\eta_0}h)\,tg\,d\eta_0 + o(t)
\end{aligned}$$

が成り立つ. 上の二つの式を比較すると, 少なくとも $d\eta_t - d\eta_0 = tg\,d\eta_0 + o(t)$ に対しては, 式 (2.29) の最後の等式を得る.

定理 2.4 は, より一般的な設定のモデルにも適用できる. セミパラメトリックモデルに対するスコア作用素を, 2.4 節では

$$A_{\theta,\eta}(a,b) = a^T\ell_{\theta,\eta} + B_{\theta,\eta}b$$

という形に表した. これに対応して, 連立尤度方程式は

$$\mathbb{P}_n A_{\theta,\eta}(a,b) = P_{\theta,\eta}A_{\theta,\eta}(a,b), \qquad (a,b)\in\mathbb{R}^k\times\mathrm{lin}\,\mathbb{H}_\eta$$

という形に表現される. もし, 分割されたパラメータ (θ,η) と分割された方向 (a,b) を一般的なパラメータ $\tau\in T$ と一般的な方向 $c\in\mathcal{C}$ に置き換えると, この定式化はそのまま一般的なモデルに適用できる. このとき, 写像 Ψ_n と Ψ は

$$\Psi_n(\tau)(c) = \mathbb{P}_n A_\tau c - P_\tau A_\tau c, \qquad \Psi(\tau)(c) = P_{\tau_0}A_\tau c - P_\tau A_\tau c$$

の形になる. 定理は, これらがパラメータ空間 T から, ある Banach 空間 (たとえば $\ell^\infty(\mathcal{C})$ 空間) への写像と考えることができることを必要としている.

式 (2.29) の四つの偏導関数は, 情報作用素 $A^*_{\theta,\eta}A_{\theta,\eta}$ を 4 分割して表示した

式 (2.9) の四つの部分を含んでいる．とくに，写像 $\dot{\Psi}_{11}$ はまさに θ に対する Fisher 情報量行列の符号を変えたものであり，作用素 $\dot{\Psi}_{22}$ は局外母数に対する情報作用素を使って定義されている．これは偶然の一致ではない．これらの式は，パラメトリックモデルにおける "2 次導関数の期待値は情報量の符号を反対にしたものに等しい" というよく知られた恒等関係の，セミパラメトリックモデル版と考えられる．式 (2.29) を発見的に導いた議論を抽象化して，それを写像 $\Psi(\tau)(c) = P_{\tau_0} A_\tau c - P_\tau A_\tau c$ と道 τ_t に適用する．もし，道 τ_t が $t = 0$ で微分 $\dot{\tau}_0$ をもち，スコア関数 $A_{\tau_0} d$ を与えるならば，恒等関係

$$\dot{\Psi}_0(\dot{\tau}_0)(c) = \langle -A_{\tau_0}^* A_{\tau_0} c, d \rangle_{\tau_0}$$

が導かれる．分割されたパラメータ $\tau = (\theta, \eta)$ の場合，右辺の内積 $\langle \cdot, \cdot \rangle_{\tau_0}$ は $\langle (a, b), (\alpha, \beta) \rangle_{\tau_0} = a^T \alpha + \int b \beta \, d\eta_0$ であり，実際に式 (2.9) から，

$$\dot{\Psi}_0(\dot{\tau}_0)(c) = -a^T I_{\theta_0, \eta_0} \alpha - a^T \int (B_{\theta_0, \eta_0}^* \dot{\ell}_{\theta_0, \eta_0}) \beta \, d\eta_0$$
$$- P_{\theta_0, \eta_0} [(B_{\theta_0, \eta_0} b) \dot{\ell}_{\theta_0, \eta_0}^T] \alpha - \int (B_{\theta_0, \eta_0}^* B_{\theta_0, \eta_0} b) \beta \, d\eta_0$$

となり，式 (2.29) の四つの部分が得られる．

定理 2.4 の重要な条件は，写像の導関数の連続的可逆性である．分割されたパラメータの場合，$\dot{\Psi}_0$ の連続的可逆性は，二つの作用素 $\dot{\Psi}_{11}$ と $\dot{V} = \dot{\Psi}_{22} - \dot{\Psi}_{21} \dot{\Psi}_{11}^{-1} \dot{\Psi}_{12}$ の連続的可逆性を確認することで確かめられる．この場合

$$\dot{\Psi}_0^{-1} = \begin{pmatrix} \dot{\Psi}_{11}^{-1} + \dot{\Psi}_{11}^{-1} \dot{\Psi}_{12} \dot{V}^{-1} \dot{\Psi}_{21} \dot{\Psi}_{11}^{-1} & -\dot{\Psi}_{11}^{-1} \dot{\Psi}_{12} \dot{V}^{-1} \\ -\dot{V}^{-1} \dot{\Psi}_{21} \dot{\Psi}_{11}^{-1} & \dot{V}^{-1} \end{pmatrix}$$

となる．作用素 $\dot{\Psi}_{11}$ は，η が与えられたときの Fisher 情報量行列の符号を変えたものである．もし，これが可逆でないならば，θ の漸近正規推定量を見つけられる見込みはない．作用素 $\dot{V}$ は

$$\dot{V}(\eta - \eta_0)(h) = -\int (B_{\theta_0, \eta_0}^* B_{\theta_0, \eta_0} + K) h \, d(\eta - \eta_0)$$

という形をもつ．ここで，$K : \lin \mathcal{H} \to \overline{\lin \mathcal{H}}$ は

$$Kh \equiv -P_{\theta_0, \eta_0} [(B_{\theta_0, \eta_0} h) \dot{\ell}_{\theta_0, \eta_0}^T] I_{\theta_0, \eta_0}^{-1} B_{\theta_0, \eta_0}^* \dot{\ell}_{\theta_0, \eta_0}$$

で定義される作用素である．作用素 $\dot{V} : \lin H \to \ell^\infty(\mathcal{H})$ は，もし $\epsilon > 0$ が存在して

$$\sup_{h \in \mathcal{H}} |\dot{V}(\eta - \eta_0)(h)| \geq \epsilon \|\eta - \eta_0\|_H$$

をみたすならば,連続的に可逆である.パラメータ η が,$\ell^\infty(\mathcal{H})$ の要素としての写像 $h \mapsto \eta h \equiv \int h\,d\eta$ と同一視できる場合,右辺のノルムは $\sup_{h \in \mathcal{H}} |(\eta - \eta_0)h|$ で与えられる.このとき,上の不等式は,ある $\epsilon > 0$ に対して

$$\{(B^*_{\theta_0,\eta_0} B_{\theta_0,\eta_0} + K)h : h \in \mathcal{H}\} \supset \epsilon \mathcal{H}$$

が成り立てば,確かにみたされる.もし,$\mathcal{H}$ が $\ell^\infty(\mathcal{S})$ に属する関数からなるある Banach 空間 $\mathbb{B}$ の単位球に等しいならば,作用素 $B^*_{\theta_0,\eta_0} B_{\theta_0,\eta_0} + K : \mathbb{B} \to \mathbb{B}$ の連続的可逆性から上の包含関係が導かれる.この作用素の第 1 項は局外母数に関する情報作用素で,典型的には連続的に可逆である.つぎの補題は,もし θ に対する有効情報量行列が正値であるならば,すなわち,パラメータ θ と η が局所的に分離できないような状況でないならば,作用素 $B^*_{\theta_0,\eta_0} B_{\theta_0,\eta_0} + K$ に対しても同じことがいえることを保証している.一般に,$\mathbb{B}$ を Banach 空間とし,$T : \mathbb{B} \to \mathbb{B}$ を線形作用素とする.$\mathbb{B}$ の単位球 U の像 $T(U)$ が相対コンパクト集合であるとき,T をコンパクト作用素という.

補題 2.5 $\mathbb{B}$ は $\ell^\infty(\mathcal{S})$ に含まれる Banach 空間とする.もし,$\tilde{I}_{\theta_0,\eta_0}$ は正値,$B^*_{\theta_0,\eta_0} B_{\theta_0,\eta_0}$ は全射で連続的に可逆,そして,$B^*_{\theta_0,\eta_0} \dot{\ell}_{\theta_0,\eta_0} \in \mathbb{B}$ ならば,$B^*_{\theta_0,\eta_0} B_{\theta_0,\eta_0} + K : \mathbb{B} \to \mathbb{B}$ は全射で連続的に可逆である.

証明 作用素 K の値域は有限次元なので,K はコンパクト作用素である.ゆえに,後述する補題 2.6 から,もし作用素 $B^*_{\theta_0,\eta_0} B_{\theta_0,\eta_0} + K$ が 1 対 1 ならば,それは連続的に可逆である.

ある $h \in \mathbb{B}$ に対して,$(B^*_{\theta_0,\eta_0} B_{\theta_0,\eta_0} + K)h = 0$ とする.仮定から,$t = 0$ においてスコア関数 $B_{\theta_0,\eta_0} h$ を与える道 $t \mapsto \eta_t$ が存在する.このとき,$a_0 = -I^{-1}_{\theta_0,\eta_0} P_{\theta_0,\eta_0} [(B_{\theta_0,\eta_0} h)\dot{\ell}_{\theta_0,\eta_0}]$ に対して,$t \mapsto (\theta_0 + ta_0, \eta_t)$ で表されるサブモデルは,$t = 0$ でスコア関数 $a_0^T \dot{\ell}_{\theta_0,\eta_0} + B_{\theta_0,\eta_0} h$ と情報量

$$P_{\theta_0,\eta_0}(a_0^T \dot{\ell}_{\theta_0,\eta_0} + B_{\theta_0,\eta_0} h)^2 = P_{\theta_0,\eta_0}(B_{\theta_0,\eta_0} h)^2 - a_0^T I_{\theta_0,\eta_0} a_0$$

をもつ.有効スコア関数 $\tilde{\ell}_{\theta_0,\eta_0}$ は接空間 $\overline{\mathrm{lin}}\dot{\mathcal{P}}^{(\eta)}_{P_{\theta_0,\eta_0}}$ と直交することから,左辺は $a_0^T \tilde{I}_{\theta_0,\eta_0} a_0$ 以上である.有効情報量行列は正値なので,$a_0 \neq 0$ ならば,このサブモデルの情報量は正でなければならない.一方,

$$\begin{aligned}
0 &= \eta_0 \big[h(B^*_{\theta_0,\eta_0} B_{\theta_0,\eta_0} + K)h \big] \\
&= P_{\theta_0,\eta_0}(B_{\theta_0,\eta_0} h)^2 + a_0^T P_{\theta_0,\eta_0}\big[(B_{\theta_0,\eta_0} h)\dot{\ell}_{\theta_0,\eta_0}\big] \\
&= P_{\theta_0,\eta_0}(B_{\theta_0,\eta_0} h)^2 - a_0^T I_{\theta_0,\eta_0} a_0
\end{aligned}$$

なので,$a_0 = 0$,したがって,$Kh = 0$ である.これをふたたび方程式 $(B^*_{\theta_0,\eta_0}B_{\theta_0,\eta_0}+K)h = 0$ に代入すると,$B^*_{\theta_0,\eta_0}B_{\theta_0,\eta_0}h = 0$,したがって,$h = 0$ を得る. □

つぎの補題は,ある作用素に対して,逆作用素の連続性はそれが 1 対 1 であることの必然の結果であることを示している.証明は,たとえば Kosorok[3] の 6.3 節でみることができる.

補題 2.6 $\mathbb{B}$ を Banach 空間とする.作用素 $A : \mathbb{B} \to \mathbb{B}$ は連続な全射で,連続的な逆写像をもつとする.さらに,作用素 $K : \mathbb{B} \to \mathbb{B}$ はコンパクトであるとする このとき,R$(A+K)$ は閉集合で N$(A+K)$ の次元と等しい余次元をもつ.とくに,もし $A+K$ が 1 対 1 ならば,$A+K$ は全射で連続的に可逆である.

列 $\sqrt{n}(\hat{\theta}_n - \theta_0)$ の漸近共分散行列は,$\dot{\Psi}_0$ の式と列 $\sqrt{n}\Psi_n(\theta_0, \eta_0)$ の極限過程 $\mathcal{Z}$ の共分散関数から計算することができる.しかしながら,$\sqrt{n}(\hat{\theta}_n - \theta_0)$ を和の形に漸近展開し,それを利用したほうが容易である.連続的に可逆な情報作用素 $B^*_{\theta_0,\eta_0}B_{\theta_0,\eta_0}$ に対して,これはつぎのようにして得られる.

定理 2.4 の主張は

$$\dot{\Psi}_0\bigl(\sqrt{n}(\hat{\theta}_n - \theta_0, \hat{\eta}_n - \eta_0)\bigr) = -\sqrt{n}\Psi_n(\theta_0, \eta_0) + o_P(1)$$

と表すことができる.式 (2.29) を考慮すると,上で表示された式は連立方程式

$$-I_{\theta_0,\eta_0}\sqrt{n}(\hat{\theta}_n - \theta_0) - \sqrt{n}(\hat{\eta}_n - \eta_0)B^*_{\theta_0,\eta_0}\dot{\ell}_{\theta_0,\eta_0}$$
$$= -\sqrt{n}(\mathbb{P}_n - P_{\theta_0,\eta_0})\dot{\ell}_{\theta_0,\eta_0} + o_P(1),$$
$$-P_{\theta_0,\eta_0}\bigl[(B_{\theta_0,\eta_0}h)\dot{\ell}^T_{\theta_0,\eta_0}\bigr]\sqrt{n}(\hat{\theta}_n - \theta_0) - \sqrt{n}(\hat{\eta}_n - \eta_0)B^*_{\theta_0,\eta_0}B_{\theta_0,\eta_0}h$$
$$= -\sqrt{n}(\mathbb{P}_n - P_{\theta_0,\eta_0})B_{\theta_0,\eta_0}h + o_P(1)$$

に書き改めることができる.第 2 式の $o_P(1)$ 項の成立は $h \in \mathcal{H}$ に関して一様である.もし,$h = (B^*_{\theta_0,\eta_0}B_{\theta_0,\eta_0})^{-1}B^*_{\theta_0,\eta_0}\dot{\ell}_{\theta_0,\eta_0}$ と選ぶことができるならば,第 2 の方程式から第 1 の方程式を引くことにより

$$\tilde{I}_{\theta_0,\eta_0}\sqrt{n}(\hat{\theta}_n - \theta_0) = \sqrt{n}(\mathbb{P}_n - P_{\theta_0,\eta_0})\tilde{\ell}_{\theta_0,\eta_0} + o_P(1)$$

という式に到達する.ここで,$\tilde{\ell}_{\theta_0,\eta_0}$ は,式 (2.12) で与えたように,θ に対する有効スコア関数であり,$\tilde{I}_{\theta_0,\eta_0}$ は有効情報量行列である.この式は,列 $\sqrt{n}(\hat{\theta}_n - \theta_0)$ が θ の推定のための有効影響関数に関して漸近線形であることを示している.よって,最尤推定量 $\hat{\theta}_n$ は漸近的に有効である.

例 2.7 (Cox 回帰モデル) 2.5 節の Cox 回帰モデルにおいて，共変量 Z が与えられたときの $V = T \wedge C$ の真の分布関数を $F_0(v|Z)$ とおくと，$P_{\theta_0,\Lambda_0}(V \geq v|Z) = P_{\theta_0,\Lambda_0}(T \geq v|Z)\mathrm{P}(C \geq v|Z)$ なので，

$$\bar{F}_0(v-|Z) \equiv 1 - F_0(v-|Z) = \exp\{-e^{\theta_0^T Z}\Lambda_0(v)\}\{1 - G(v-|Z)\}$$

したがって，

$$P_{\theta_0,\Lambda_0}(V \leq v, \Delta = 1|Z) = e^{\theta_0^T Z}\int_0^v \bar{F}_0(s-|Z)\, d\Lambda_0(s) \tag{2.30}$$

を得る．このとき，$\Psi_1(\theta,\Lambda) = P_{\theta_0,\Lambda_0}\dot{\ell}_{\theta,\Lambda}$ と $\Psi_2(\theta,\Lambda)(h) = P_{\theta_0,\Lambda_0}B_{\theta,\Lambda}h$ で与えられる写像 $\Psi = (\Psi_1,\Psi_2)$ は

$$\Psi_1(\theta,\Lambda) = \mathrm{E}\left[Ze^{\theta_0^T Z}\int_0^\tau \bar{F}_0(v-|Z)\, d\Lambda_0(v)\right]$$
$$\qquad - \mathrm{E}\left[Ze^{\theta^T Z}\int_0^\tau \Lambda(v)\, dF_0(v|Z)\right],$$
$$\Psi_2(\theta,\Lambda)(h) = \mathrm{E}\left[e^{\theta_0^T Z}\int_0^\tau h(v)\bar{F}_0(v-|Z)\, d\Lambda_0(v)\right]$$
$$\qquad - \mathrm{E}\left[e^{\theta^T Z}\int_0^\tau \int_0^v h(s)\, d\Lambda(s)\, dF_0(v|Z)\right]$$

と書くことができる．もし，$\mathcal{H}$ を有界変動をもつ有界関数の空間 $\mathrm{BV}[0,\tau]$ の単位球にとれるならば，写像 $\Psi: \Theta \times \mathrm{lin}\,H \to \mathbb{R}^k \times \ell^\infty(\mathcal{H})$ は Λ に関して線形で連続であり，θ に関する偏微分は期待値の中で微分することで求めることができ，それらは (θ_0,Λ_0) の近傍で連続である．

写像 Ψ の Fréchet 導関数の形を求めるため，(θ_0,Λ_0) において，Ψ を $\theta - \theta_0$ 方向あるいは $\Lambda - \Lambda_0$ 方向に Gateaux 微分し，部分積分と Fubini の定理を適用すると，導関数 $\dot{\Psi}_0$ は式 (2.29) のような形をとることがわかる．たとえば，$\bar{F}_0(v-|Z) = \mathrm{E}_{P_{\theta_0,\Lambda_0}}[Y(v)|Z]$ に注意すると，$\dot{\Psi}_{11}$ は

$$\dot{\Psi}_{11}(\theta - \theta_0) = -\mathrm{E}\left[ZZ^T e^{\theta_0^T Z}\int_0^\tau \Lambda_0(v)\, dF_0(v|Z)\right](\theta - \theta_0)$$
$$= -\mathrm{E}\left[ZZ^T e^{\theta_0^T Z}\int_0^\tau \bar{F}_0(v-|Z)\, d\Lambda_0(v)\right](\theta - \theta_0)$$
$$= -\left[\int_0^\tau \mathrm{E}_{P_{\theta_0,\Lambda_0}}[ZZ^T e^{\theta_0^T Z}Y(v)]\, d\Lambda_0(v)\right](\theta - \theta_0)$$
$$= -P_{\theta_0,\Lambda_0}[\dot{\ell}_{\theta_0,\Lambda_0}\dot{\ell}_{\theta_0,\Lambda_0}^T](\theta - \theta_0)$$

のように，$\dot{\Psi}_{22}$ は

$$\begin{aligned}
\dot{\Psi}_{22}(\Lambda - \Lambda_0)(h) &= -\mathrm{E}\left[e^{\theta_0^T Z} \int_0^\tau \int_0^v h(s)\,d(\Lambda - \Lambda_0)(s)\,dF_0(v|Z)\right] \\
&= -\mathrm{E}\left[e^{\theta_0^T Z} \int_0^\tau \bar{F}_0(v-|Z) h(v)\,d(\Lambda - \Lambda_0)(v)\right] \\
&= -\int_0^\tau \mathrm{E}_{P_{\theta_0,\Lambda_0}}\left[e^{\theta_0^T Z} Y(v)\right] h(v)\,d(\Lambda - \Lambda_0)(v) \\
&= -\int_0^\tau (B^*_{\theta_0,\Lambda_0} B_{\theta_0,\Lambda_0} h)(v)\,d(\Lambda - \Lambda_0)(v)
\end{aligned}$$

のように計算される．

写像 $B^*_{\theta_0,\Lambda_0} B_{\theta_0,\Lambda_0}$ は $\mathrm{BV}[0,\tau]$ からそれ自身の中への写像と考えられる．もし関数 $v \mapsto \mathrm{E}_{P_{\theta_0,\Lambda_0}}[Y(v) e^{\theta_0^T Z}]$ が $[0,\tau]$ 上で正であるならば，それは連続的に可逆である．よって，補題 2.5 が適用できる．ここで，式 (2.23) で定義された $D_{\theta_0,\Lambda_0}(s) = \mathrm{E}_{P_{\theta_0,\Lambda_0}}[ZY(s)e^{\theta_0^T Z}] / \mathrm{E}_{P_{\theta_0,\Lambda_0}}[Y(s)e^{\theta_0^T Z}]$ を使うと，$(B^*_{\theta_0,\Lambda_0} B_{\theta_0,\Lambda_0})^{-1} B^*_{\theta_0,\Lambda_0} \dot{\ell}_{\theta_0,\Lambda_0}(v) = D_{\theta_0,\Lambda_0}(v)$ なので，式 (2.21) で与えられる有効スコアは

$$\tilde{\ell}_{\theta_0,\Lambda_0}(x) = \delta\bigl(z - D_{\theta_0,\Lambda_0}(v)\bigr) - e^{\theta_0^T z} \int_0^v \bigl(z - D_{\theta_0,\Lambda_0}(s)\bigr)\,d\Lambda_0(s)$$

となる．これはマルチンゲール M_{θ_0,Λ_0} を用いて，式 (2.22) のようにも表すことができる．ここで，式 (2.30) から

$$\begin{aligned}
&\mathrm{E}_{P_{\theta_0,\Lambda_0}}\left[\Delta\bigl(Z - D_{\theta_0,\Lambda_0}(V)\bigr)\left\{e^{\theta_0^T Z}\int_0^V \bigl(Z - D_{\theta_0,\Lambda_0}(s)\bigr)^T d\Lambda_0(s)\right\} \Big| Z\right] \\
&= e^{\theta_0^T Z} \int_0^\tau \bigl(Z - D_{\theta_0,\Lambda_0}(v)\bigr) \left\{e^{\theta_0^T Z} \int_0^v \bigl(Z - D_{\theta_0,\Lambda_0}(s)\bigr)^T d\Lambda_0(s)\right\} \\
&\quad \times \bar{F}_0(v-|Z)\,d\Lambda_0(v)
\end{aligned}$$

および，部分積分から

$$\begin{aligned}
&\int_0^\tau \left\{e^{\theta_0^T Z} \int_0^v \bigl(Z - D_{\theta_0,\Lambda_0}(s)\bigr)\,d\Lambda_0(s)\right\}^{\otimes 2} dF_0(v|Z) \\
&= 2 e^{\theta_0^T Z} \int_0^\tau \bigl(Z - D_{\theta_0,\Lambda_0}(v)\bigr) \left\{e^{\theta_0^T Z} \int_0^v \bigl(Z - D_{\theta_0,\Lambda_0}(s)\bigr)^T d\Lambda_0(s)\right\} \\
&\quad \times \bar{F}_0(v-|Z)\,d\Lambda_0(v)
\end{aligned}$$

が成り立つことに注意すると，θ に対する有効情報量行列は

$$\tilde{I}_{\theta_0,\Lambda_0} = \mathrm{E}\Big[\mathrm{E}_{P_{\theta_0,\Lambda_0}}\big\{\Delta\big(Z - D_{\theta_0,\Lambda_0}(V)\big)^{\otimes 2}|Z\big\}\Big]$$
$$= \mathrm{E}\bigg[e^{\theta_0^T Z} \int_0^\tau \big(Z - D_{\theta_0,\Lambda_0}(s)\big)^{\otimes 2} \bar{F}_0(v - |Z)\, d\Lambda_0(v)\bigg]$$

と表すこともできる.

なお，上の議論で必要であった $B_{\theta,\Lambda}^* B_{\theta,\Lambda} h$ と $B_{\theta,\Lambda}^* \dot{\ell}_{\theta,\Lambda}$ は，2.5 節でマルチンゲールに関する確率積分を使って計算した結果を用いた．しかしながら，式 (2.30) を使うと，それらは直接計算できる．任意の $g \in L_2(\Lambda)$ に対して，$\langle B_{\theta,\Lambda}^* B_{\theta,\Lambda} h, g \rangle_\Lambda = \langle B_{\theta,\Lambda} h, B_{\theta,\Lambda} g \rangle_{P_{\theta,\Lambda}}$ なので，右辺の計算を，上で θ に対する有効情報量行列を導いたときの議論とまったく同じように行うと

$$\langle B_{\theta,\Lambda} h, B_{\theta,\Lambda} g \rangle_{P_{\theta,\Lambda}} = \mathrm{E}_{P_{\theta,\Lambda}}\big[\Delta h(V) g(V)\big]$$
$$= \mathrm{E}\bigg[e^{\theta^T Z} \int_0^\tau h(v) g(v) \bar{F}(v - |Z)\, d\Lambda(v)\bigg]$$
$$= \int_0^\tau \big\{\mathrm{E}_{P_{\theta,\Lambda}}\big[e^{\theta^T Z} Y(v)\big] h(v)\big\} g(v)\, d\Lambda(v)$$

を得る．これは，

$$(B_{\theta,\Lambda}^* B_{\theta,\Lambda} h)(v) = \mathrm{E}_{P_{\theta,\Lambda}}\big[e^{\theta^T Z} Y(v)\big] h(v)$$

であることを意味している．同様に，$\langle B_{\theta,\Lambda}^* \dot{\ell}_{\theta,\Lambda}, g \rangle_\Lambda = \langle \dot{\ell}_{\theta,\Lambda}, B_{\theta,\Lambda} g \rangle_{P_{\theta,\Lambda}}$ から始めると

$$B_{\theta,\Lambda}^* \dot{\ell}_{\theta,\Lambda}(v) = \mathrm{E}_{P_{\theta,\Lambda}}\big[e^{\theta^T Z} Z Y(v)\big]$$

が導かれる．

3. 経験過程

　本章では主として弱収束，Glivenko–Cantelli クラス および Donsker クラスについて述べる．統計学で現れる統計量は一般に一様ノルムに関して可測でない．これを取り扱うために外確率，外積分の概念を導入する．さらに従来の確率変数の弱収束の概念を一般化して，標本空間上で定義された，必ずしも可測でない任意の写像列の弱収束について述べる．

　最初に，有界関数空間の要素を見本過程にもつ確率過程列が弱収束するための同値な条件を与える．つぎに，大きさ n の標本にもとづく経験過程の漸近的性質を述べる．大数の法則および中心極限定理の一般化として Glivenko–Cantelli 型の定理および Donsker 型の定理を与える．経験過程がこれらの性質をもつためには，その添え字集合が一定の条件を満たさなければならない．それらの条件は添え字集合の "複雑性" を定量的に評価するブラケット数，被覆数あるいは VC 次元などを用いて述べられる．定理の導出においては Orlicz ノルム，対称化不等式，最大不等式が重要な手段となる．

　本章で述べる事柄は，それ自体としてもまとまっており広範囲への応用が期待されるが，第 4 章と第 5 章で例示されるように，セミパラメトリックモデルの解析においては欠かすことのできない理論的方法である．

3.1　距離空間における弱収束

3.1.1　序

　集合 $\mathbb{D}$ は距離関数 $d : \mathbb{D} \times \mathbb{D} \to [0, \infty)$ を備えた距離空間とする．ここで，d は
(i) $d(x, y) = d(y, x)$;
(ii) $d(x, z) \leq d(x, y) + d(y, z)$;
(iii) $d(x, y) = 0 \Leftrightarrow x = y$

をみたす関数である．もし (i)〜(iii) のうち，(iii) の $d(x, y) = 0 \Rightarrow x = y$ を除いて他がすべて成り立つとき，d は $\mathbb{D}$ で定義された**準距離** (semimetric, pseudometric) とよばれる．準距離空間は，開球体 $B_r(x) \equiv \{y : d(x,y) < r\}$ $(r \geq 0, x \in \mathbb{D})$ に任意の個数の合併を適用して生成される開集合系をもった位相空間でもある．もし，$\mathbb{D}$ の集合族 $\mathcal{D}$ が，すべての開集合を含む σ-加法族の中で最小のものであるならば，それは **Borel σ-加法族** (Borel σ-field) とよばれる．もし，関数 $f : \mathbb{D} \to \mathbb{R}$ が $\mathcal{D}$ に関して可測ならば，それは Borel 可測であるとよばれる．たとえば，連続関数は Borel 可測である．以下では，$\mathbb{D}$ 上の実数値有界連続関数の全体を $C_b(\mathbb{D})$ で表す．ある確率空間 $(\Omega, \mathcal{A}, \mathrm{P})$ 上の写像 $X : \Omega \to \mathbb{D}$ が $\mathcal{A}/\mathcal{D}$ 可測であるとき，X は $\mathbb{D}$ 値 **Borel 可測写像**，あるいは，$\mathbb{D}$ 値確率要素 (random element) とよばれる．このとき，$\mathcal{D}$ 上に誘導される確率測度 $L^X \equiv \mathrm{P} \circ X^{-1}$ を X の分布 (law, distribution) とよぶ．また，$\mathbb{D}$ 上の実数値有界関数の全体を $\ell^\infty(\mathbb{D})$ で表す．関数 f の $\ell^\infty(\mathbb{D})$ の元としてのノルムを $\|f\|_\infty \equiv \sup_{x \in \mathbb{D}} |f(x)|$ で定義する．これを一様ノルム (uniform norm) とよび，$\|f\|_\mathbb{D}$ と表すこともある．

Borel 可測空間 $(\mathbb{D}, \mathcal{D})$ 上の確率測度を，**Borel 確率測度**とよぶ．いま，$\{L_n\}$ と L を $(\mathbb{D}, \mathcal{D})$ 上の Borel 確率測度とする．もし，すべての $f \in C_b(\mathbb{D})$ に対して

$$\int_\mathbb{D} f \, dL_n \to \int_\mathbb{D} f \, dL, \qquad n \to \infty$$

が成り立つならば，列 L_n は L に**弱収束** (weak convergence) するといい，$L_n \rightsquigarrow L$ と表す．いま，X_n を $(\Omega_n, \mathcal{A}_n, \mathrm{P}_n)$ 上の $\mathbb{D}$ 値確率要素，X を $(\Omega, \mathcal{A}, \mathrm{P})$ 上の $\mathbb{D}$ 値確率要素とし，それぞれ L_n と L を分布にもつとする．このとき，$L_n \rightsquigarrow L$ は，すべての $f \in C_b(\mathbb{D})$ に対して

$$\mathrm{E}f(X_n) \to \mathrm{E}f(X), \qquad n \to \infty$$

が成り立つことと同等である．このとき，X_n は X あるいは L に弱収束するといい，$X_n \rightsquigarrow X$ あるいは $X_n \rightsquigarrow L$ と表す．

しかしながら，つぎの例で示すように，基本的な写像（確率過程）X_n で Borel 可測でないものがある．それらの "弱収束" を論じるためには，上で定義した弱収束の概念を Borel 可測とは限らない一般の写像にまで拡張しておく必要がある．

いま，関数 $f : [a,b] \to \mathbb{R}$ が $[a,b)$ の各点において右連続で $(a,b]$ の各点において左極限をもつとき，簡単のため f を **cadlag** (continue à droite, limites à gauche) 関数とよぶ．同様に，f が $(a,b]$ の各点において左連続で $[a,b)$ の各点において右極限をもつとき，f を **caglad** (continue à gauche, limites à droite) 関数とよぶ．区間 $[a,b]$ 上の cadlag 関数の全体を $D[a,b]$ で表す．明らかに $D[a,b] \subset \ell^\infty([a,b])$ である．

例 3.1 区間 $[0,1]$ 上の有界関数の全体 $\ell^\infty([0,1])$ は，一様ノルム $\|z\|_\infty = \sup_{t\in[0,1]}|z(t)|$ に関して Banach 空間であり，一様距離 $d(z_1,z_2) = \|z_1 - z_2\|_\infty$ に関して距離空間である．区間 $[0,1]$ 上の cadlag 関数からなる部分空間 $D[0,1]$ には $\ell^\infty([0,1])$ から受け継いだ距離 d（いわゆる Skorohod 距離とは異なる）が備わっているとし，$\mathcal{D}$ をこの距離から生成された Borel σ-加法族とする．いま，$\mathcal{B}$ を $[0,1]$ 上の Borel σ-加法族，λ を $[0,1]$ 上の Lebesgue 測度とし，各 n に対して，確率変数 $\xi_1, \ldots, \xi_n$ は互いに独立に区間 $[0,1]$ 上の一様分布にしたがう変数で，直積確率空間 $([0,1], \mathcal{B}, \lambda)^n$ から各座標への射影として定義されるものとする．経験分布関数 $\mathbb{F}_n$ とはランダム関数

$$\mathbb{F}_n(t) = \frac{1}{n}\sum_{i=1}^n 1_{[0,t]}(\xi_i), \qquad 0 \le t \le 1$$

であり，一様経験過程 X_n は

$$X_n(t) = \sqrt{n}\bigl(\mathbb{F}_n(t) - t\bigr), \qquad 0 \le t \le 1$$

である．これらはともに $\Omega_n = [0,1]^n$ から $\mathbb{D} = D[0,1]$ への写像と見なすことができるが，どちらも Borel 可測ではない．Borel σ-加法族 $\mathcal{D}$ は非常に大きいので，包含関係 $\mathbb{F}_n^{-1}(\mathcal{D}) \subset \mathcal{B}^n$ や $X_n^{-1}(\mathcal{D}) \subset \mathcal{B}^n$ が成り立たない．

これをみるため，$n = 1$ の場合を考える．各 $\omega \in \Omega = [0,1]$ に対して，関数 $z_\omega \in D[0,1]$ を $z_\omega(t) = 1_{[\omega,1]}(t) - t$ と定義すると，写像 $X_1 : \Omega \to D[0,1]$ は，$X_1(t) = z_{\xi(\omega)}(t) = z_\omega(t)$ と表される．いま，H を Ω の非 Borel 集合（そのような集合は存在）とし，$A = \bigcup_{\omega \in H} B_{1/2}(z_\omega)$ とおく．ここで，$B_{1/2}(z_\omega) \equiv \{z : d(z_\omega, z) < 1/2\}$ である．このとき，A は $D[0,1]$ における開集合であるので，$A \in \mathcal{D}$ である．もし $\omega_1 \ne \omega_2$ ならば，$d(z_{\omega_1}, z_{\omega_2}) = \sup_{t\in[0,1]}|1_{[\omega_1,1]}(t) - 1_{[\omega_2,1]}(t)| = 1$ なので，$X_1^{-1}(A) = \{\omega : z_{\xi(\omega)} \in A\} = H \notin \mathcal{B}$ であることがわかる．したがって，$X_1^{-1}(\mathcal{D}) \subset \mathcal{B}$ が成り立たない．

この例のような cadlag 関数の空間上に値をとる確率過程については Pollard[5] が詳しい．また，この書物は本章全体を読む上でも参考になる．

3.1.2 外積分

Borel 可測とは限らない一般の写像を取り扱うための準備として，外積分の概念を導入する．本書で必要となる外積分に関連する重要な結果について，ここでは補題の形で証明なしで要約しておく．詳細については van der Vaart and Wellner[7]

の 1.2 章と Kosorok[3] の 6.2 節を参照されたい.

任意の確率空間 $(\Omega, \mathcal{A}, P)$ と任意の写像 $T : \Omega \to \bar{\mathbb{R}} = [-\infty, \infty]$ に対して, T の P に関する**外積分** (outer integral, outer expectation) を

$$E^*T \equiv \inf\{ EU : U \geq T,\ U : \Omega \to \bar{\mathbb{R}} \text{ は可測},\ EU \text{ が存在} \}$$

と定義する. ここで, EU が存在するとは, EU^+ または EU^- の少なくとも一方が有限であることである. また, Ω の任意の部分集合 B に対して, B の**外確率** (outer probability) を

$$P^*(B) \equiv \inf\{P(A) : A \supset B,\ A \in \mathcal{A}\}$$

と定義する. **内積分** (inner integral, inner expectation) E_*T と**内確率** (inner probability) $P_*(B)$ も同様に

$$E_*T \equiv -E^*(-T) = \sup\{ EU : U \leq T,\ U : \Omega \to \bar{\mathbb{R}} \text{ は可測},\ EU \text{ が存在} \},$$
$$P_*(B) \equiv 1 - P^*(\Omega - B) = \sup\{P(A) : A \subset B,\ A \in \mathcal{A}\}$$

で定義される. もし, 写像 T が可測ならば $E^*T = E_*T = ET$ であり, 集合 B が可測ならば $P^*(B) = P_*(B) = P(B)$ であることは, 定義から明らかである.

外積分と外確率の定義における下限は, 本質的に極小な U と A で必ず到達できるという事実は有用である. これは以下の補題で与えられる.

補題 3.1 任意の写像 $T : \Omega \to \bar{\mathbb{R}}$ に対して, つぎの性質をもつ可測関数 $T^* : \Omega \to \bar{\mathbb{R}}$ が存在する:

(i) $T^* \geq T$;

(ii) $U \geq T$ a.s. をみたすすべての可測関数 U に対して, $U \geq T^*$ a.s..

もし ET^* が存在するならば, $E^*T = ET^*$ が成り立つ.

関数 T^* は T の**極小可測優関数** (minimal measurable majorant) とよばれる. 内積分の定義に対応して, **極大可測劣関数** (maximal measurable minorant) は $T_* \equiv -(-T)^*$ で定義される. 可測関数 T_* の特徴づけは, 上の補題において T^* を T_* とし, $\geq$ を $\leq$ とすれば与えられる.

補題 3.2 任意の集合 $B \subset \Omega$ に対して, つぎの性質をもつ集合 $B^* \in \mathcal{A}$ が存在する:

(i) $B^* \supset B$;

(ii) $A \supset B$ をみたすすべての $A \in \mathcal{A}$ に対して, $A \supset B^*$.

このとき，$1_{B^*} = (1_B)^*$ a.s. および $P(B^*) = \mathrm{E}(1_B)^* = P^*(B)$ が成り立つ．

内確率の定義に対応して，$B_* \equiv \Omega - (\Omega - B)^*$ と定義する．可測集合 B_* の特徴づけは，上の補題において B^* を B_* とし，$\supset$ を $\subset$ とすれば与えられる．

補題 3.3 任意の写像 $S, T : \Omega \to \bar{\mathbb{R}}$ に対して，つぎの関係式が意味をもつならば，それは確率 1 で成り立つ：
 (i) $S_* + T^* \leq (S+T)^* \leq S^* + T^*$，もし S が可測ならばすべて等号が成立；
 (ii) $S_* + T_* \leq (S+T)_* \leq S_* + T^*$，もし T が可測ならばすべて等号が成立；
 (iii) $(S-T)^* \geq S^* - T^*$；
 (iv) $|S^* - T^*| \leq |S-T|^*$；
 (v) すべての $c \in \mathbb{R}$ に対して，$(1_{\{T>c\}})^* = 1_{\{T^*>c\}}$；
 (vi) すべての $c \in \mathbb{R}$ に対して，$(1_{\{T \geq c\}})_* = 1_{\{T_* \geq c\}}$；
 (vii) $(S \vee T)^* = S^* \vee T^*$；
(viii) $(S \wedge T)^* \leq S^* \wedge T^*$，もし S が可測ならば等号が成立．

補題 3.4 任意の集合 $A, B \subset \Omega$ に対して，
 (i) $(A \cup B)^* = A^* \cup B^*$ および $(A \cap B)_* = A_* \cap B_*$；
 (ii) $(A \cap B)^* \subset A^* \cap B^*$ および $(A \cup B)_* \supset A_* \cup B_*$，もし A, B のどちらか一方が可測ならばすべて等号が成立；
 (iii) もし $A \cap B = \emptyset$ ならば，$\mathrm{P}_*(A) + \mathrm{P}_*(B) \leq \mathrm{P}_*(A \cup B) \leq \mathrm{P}^*(A \cup B) \leq \mathrm{P}^*(A) + \mathrm{P}^*(B)$.

補題 3.5 $T : \Omega \to \mathbb{R}$ を任意の写像とし，$\phi : \mathbb{R} \to \mathbb{R}$ は単調で $\bar{\mathbb{R}}$ への拡張をもつとする．もしつぎの関係式が意味をもつならば，それは確率 1 で成り立つ：
 (1) もし ϕ が非減少ならば，
  (i) $\phi(T^*) \geq (\phi(T))^*$，もし ϕ が $[-\infty, \infty)$ 上で左連続ならば等号が成立；
  (ii) $\phi(T_*) \leq (\phi(T))_*$，もし ϕ が $(-\infty, \infty]$ 上で右連続ならば等号が成立．
 (2) もし ϕ が非増加ならば，
  (i) $\phi(T^*) \leq (\phi(T))_*$，もし ϕ が $[-\infty, \infty)$ 上で左連続ならば等号が成立；
  (ii) $\phi(T_*) \geq (\phi(T))^*$，もし ϕ が $(-\infty, \infty]$ 上で右連続ならば等号が成立．

補題 3.6 (Markov の不等式) $T : \Omega \to \mathbb{R}$ は任意の写像とし，$\phi : [0, \infty) \to [0, \infty)$ は非減少で $(0, \infty)$ 上で正値であるとする．このとき，すべての $u > 0$ に対して

$$P^*(|T| \geq u) \leq \frac{E^*\phi(|T|)}{\phi(u)}$$

が成り立つ.

写像 $T: \Omega \to \mathbb{R}$ と可測写像 $\phi: \tilde{\Omega} \to \Omega$ の合成写像
$$T \circ \phi: (\tilde{\Omega}, \tilde{\mathcal{A}}, \tilde{P}) \xrightarrow{\phi} (\Omega, \mathcal{A}, \tilde{P} \circ \phi^{-1}) \xrightarrow{T} \mathbb{R}$$
を考える. T の $\tilde{P} \circ \phi^{-1}$ に対する極小可測優関数を T^* とする. このとき, $T^* \circ \phi \geq T \circ \phi$ なので, 明らかに $(T \circ \phi)^* \leq T^* \circ \phi$ である. もしすべての有界な写像 $T: \Omega \to \mathbb{R}$ に対して $(T \circ \phi)^* = T^* \circ \phi$ が成り立つならば, 可測写像 ϕ は**完全** (perfect) とよばれる. この性質は $E^*T \circ \phi = \int^* T d\tilde{P} \circ \phi^{-1}$ の成立を保証する. とくに, すべての集合 $A \subset \Omega$ に対して $P^*(\phi \in A) = (\tilde{P} \circ \phi^{-1})^*(A)$ が成り立つ.

完全写像の重要な例は直積確率空間における座標射影である. いま写像 $T: (\Omega_1 \times \Omega_2, \mathcal{A}_1 \times \mathcal{A}_2, P_1 \times P_2) \to \mathbb{R}$ は $T = T_1 \circ \Pi_1$ と表現できるとする. ここで $\Pi_1: \Omega_1 \times \Omega_2 \to \Omega_1$ は第 1 座標への射影である. このとき, つぎの補題は $T^* = T_1^* \circ \Pi_1$ が成り立つことを示している.

補題 3.7 直積測度をもつ直積確率空間上の座標射影は完全である.

直積空間上の必ずしも可測でない写像に対する Fubini の定理を考える. しかしながら, 通常の Fubini の定理においては可測性が本質的な役割をもっているので, 外積分に対する一般的な Fubini の定理は存在しない. ここでは, 累次外積分はつねに重外積分より小さいという不等式の形で Fubini の定理のバージョンを与える. T を直積空間 $(\Omega_1 \times \Omega_2, \mathcal{A}_1 \times \mathcal{A}_2, P_1 \times P_2)$ 上で定義された実数値写像とする. このとき, すべての $\omega_1 \in \Omega_1$ に対して
$$(E_2^* T)(\omega_1) \equiv \inf\{E_2 U : U(\omega_2) \geq T(\omega_1, \omega_2) \ (\omega_2 \in \Omega_2),$$
$$U: \Omega_2 \to \bar{\mathbb{R}} \text{ は可測}, E_2 U \text{ が存在}\}$$
と定義する. つぎに, 累次外積分 $E_1^* E_2^* T$ を関数 $E_2^* T: \Omega_1 \to \bar{\mathbb{R}}$ の外積分で定義する. 累次内積分も同様に定義される.

補題 3.8 (**Fubini の定理**) T を直積確率空間上で定義された任意の実数値写像とする. このとき
$$E_* T \leq E_{1*} E_{2*} T \leq E_1^* E_2^* T \leq E^* T$$
が成り立つ.

3.1.3 弱収束

距離空間 $\mathbb{D}$ 上の Borel 確率測度を L とする．もし，すべての $\epsilon > 0$ に対して，$L(K) \geq 1 - \epsilon$ をみたすコンパクト集合 K が存在するならば，L は**タイト** (tight) あるいは**緊密**であるとよばれる．Borel 可測写像 $X : \Omega \to \mathbb{D}$ は，その分布 L^X がタイトのとき，タイトであるとよばれる．これは，$L(\tilde{K}) = 1$ または $L^X(\tilde{K}) = 1$ をみたす σ-コンパクト集合 $\tilde{K}$（可算個のコンパクト集合の和集合）が存在することと同値である．もし，可分な可測集合 $A \subset \mathbb{D}$ が存在して $L(A) = 1$ あるいは $L^X(A) = 1$ をみたすならば，L あるいは X は**可分** (separable) であるとよばれる．距離空間において σ-コンパクト集合は可分なので，可分性はタイト性よりやや弱い概念である．証明は省くが，完備な距離空間においては両者は一致する．

補題 3.9 完備距離空間上の Borel 確率測度において，可分性とタイト性は同等である．

ここで改めて，一般の写像列についての弱収束の概念を定義する．

定義 3.1 $(\Omega_n, \mathcal{A}_n, P_n)$ を確率空間の列とし，$X_n : \Omega_n \to \mathbb{D}$ を任意の写像の列とする．さらに，L を $(\mathbb{D}, \mathcal{D})$ 上の Borel 確率測度とする．もし，すべての $f \in C_b(\mathbb{D})$ に対して

$$\mathrm{E}^* f(X_n) \to \int_{\mathbb{D}} f\, dL, \qquad n \to \infty$$

が成り立つならば，X_n は L に**弱収束** (weak convergence) するといい，これを $X_n \rightsquigarrow L$ と表す．もし，上の定義において Borel 可測写像 $X : \Omega \to \mathbb{D}$ が分布 L をもつならば，X_n は X に弱収束するといい，$X_n \rightsquigarrow X$ と書く．

弱収束の定義において，基底にある確率空間 $(\Omega_n, \mathcal{A}_n, P_n)$ は外積分と外確率を決定するので極めて重要である．しかし，ここでは混乱の恐れはないので，それらを共通の記号 E^* を使って表した．以下で用いられる P^*, E_*, P_* についても同様である．本書で議論する多くの設定では，すべての $n \geq 1$ に対して $\Omega_n = \Omega$ である．

$\mathcal{F}$ を $\ell^\infty(\mathbb{D})$ の部分集合とする．もし $\mathcal{F}$ がベクトル空間で束（$f, g \in \mathcal{F}$ ならば $f \vee g, f \wedge g \in \mathcal{F}$）であるとき，$\mathcal{F}$ は**ベクトル束** (vector lattice) とよばれる．もし，任意の 2 点 $x \neq y \in \mathbb{D}$ に対して $f(x) \neq f(y)$ となる $f \in \mathcal{F}$ が存在するとき，$\mathcal{F}$ は $\mathbb{D}$ の各点を**分離**するという．すべての $x, y \in \mathbb{D}$ に対してある定数 $L > 0$ が存在して $|f(x) - f(y)| \leq L\, d(x, y)$ が成り立つとき，f は **Lipschitz**

関数とよばれる.このような L の下限を $\|f\|_{\mathrm{lip}}$ と表す.有界 Lipschitz 関数の空間 $\mathrm{BL}_1(\mathbb{D})$ は $\{f \in \ell^\infty(\mathbb{D}) : \|f\|_\infty \vee \|f\|_{\mathrm{lip}} \leq 1\}$ で定義される.

弱収束の極限の一意性はつぎの補題によって保証される.

補題 3.10 L_1 と L_2 を距離空間 $\mathbb{D}$ 上の Borel 確率測度とする.このとき (i) と (ii) は同値である:

(i) $L_1 = L_2$;

(ii) すべての $f \in C_b(\mathbb{D})$ に対して,$\int_\mathbb{D} f\, dL_1 = \int_\mathbb{D} f\, dL_2$.

もし L_1 と L_2 がともに可分であるならば,(i), (ii) はつぎの (iii) と同値である:

(iii) すべての $f \in \mathrm{BL}_1(\mathbb{D})$ に対して,$\int_\mathbb{D} f\, dL_1 = \int_\mathbb{D} f\, dL_2$.

さらに,もし L_1 と L_2 がともにタイトであるならば,$\mathcal{F} \subset C_b(\mathbb{D})$ を定数関数を含み $\mathbb{D}$ の各点を分離するベクトル束とするとき,(i)〜(iii) はつぎの (iv) と同値である:

(iv) すべての $f \in \mathcal{F}$ に対して,$\int_\mathbb{D} f\, dL_1 = \int_\mathbb{D} f\, dL_2$.

証明 ここでは前半のみを証明する.明らかに (i) ならば (ii) が成り立つ.いま (ii) を仮定する.開集合 $G \subset \mathbb{D}$ を任意に固定し,各 $m = 1, 2, \ldots$ に対して

$$f_m(x) = \{m\, d(x, \mathbb{D} - G)\} \wedge 1 \tag{3.1}$$

とおく.このとき,f_m は有界な Lipschitz 連続関数で,$m \to \infty$ のとき $0 \leq f_m \uparrow 1_G$ をみたす.よって単調収束定理から,$L_1(G) = L_2(G)$ が成り立つことがわかる.この等式は $G = \mathbb{D}$ を含むすべての開集合 $G \subset \mathbb{D}$ に対して成り立つので,$L_1(B) = L_2(B)$ をみたす Borel 集合の集まりは σ-加法族であり,少なくとも Borel σ-加法族と同じ大きさである.よって,(ii) から (i) が導かれる. □

つぎの定理は,上で述べた弱収束の定義と同値ないくつかの表現を与える.とくに,(vi) は確率の収束を使った弱収束の特徴づけである.そこにおいて,$\partial B = \bar{B} - B^\circ$ は B の境界を表している.

定理 3.11 (ポルトマント (portmanteau) 定理) 任意の写像列 $X_n : \Omega_n \to \mathbb{D}$ と $\mathbb{D}$ 上の Borel 確率測度 L に対して,つぎの (i)〜(vii) は同値である:

(i) $X_n \rightsquigarrow L$;

(ii) すべての開集合 G に対して,$\liminf \mathrm{P}_*(X_n \in G) \geq L(G)$;

(iii) すべての閉集合 F に対して,$\limsup \mathrm{P}^*(X_n \in F) \leq L(F)$;

(iv) 下に有界なすべての下半連続関数 f に対して,$\liminf \mathrm{E}_* f(X_n) \geq \int_\mathbb{D} f\, dL$;

(v) 上に有界なすべての上半連続関数 f に対して，$\limsup \mathrm{E}^* f(X_n) \leq \int_{\mathbb{D}} f\,dL$；

(vi) $L(\partial B) = 0$ をみたす任意の Borel 集合 B に対して，$\lim \mathrm{P}^*(X_n \in B) = \lim \mathrm{P}_*(X_n \in B) = L(B)$；

(vii) すべての有界で非負の Lipschitz 連続関数 f に対して，$\liminf \mathrm{E}_* f(X_n) \geq \int_{\mathbb{D}} f\,dL$.

さらに，L が可分で，Borel 可測写像 X が L を分布にもつとき，(i)～(vii) はつぎの (viii) とも同値である：

(viii) $\sup_{f \in \mathrm{BL}_1(\mathbb{D})} |\mathrm{E}^* f(X_n) - \mathrm{E}f(X)| \to 0$.

証明 ここでは，(i)～(vii) の同値性だけを示し，これらと (viii) の同値性の証明は省く．

(i) $\Rightarrow$ (vii) は弱収束の定義から明らかである．(ii) と (iii) の同値性は補集合を考えることによってわかる．(iv) と (v) の同値性は f を $-f$ で置き換えることによって示される．よって，含意関係

$$(\mathrm{ii}) \overset{(1)}{\Leftarrow} (\mathrm{vii}) \Leftarrow (\mathrm{i}) \overset{(2)}{\Leftarrow} (\mathrm{v}) \Leftrightarrow (\mathrm{iv}) \overset{(3)}{\Leftarrow} (\mathrm{ii}) \overset{(4)}{\Rightarrow} (\mathrm{vi}) \overset{(5)}{\Rightarrow} (\mathrm{iii}) \Leftrightarrow (\mathrm{ii})$$

を示せば，(i)～(vii) の同値性がわかる．

(1) (vii) を仮定する．任意に固定した開集合 G に対して，f_m を式 (3.1) で定義した有界な Lipschitz 連続関数とする．このとき，各 m に対して $\liminf \mathrm{P}_*(X_n \in G) \geq \liminf \mathrm{E}_* f_m(X_n) \geq \int f_m\,dL$ が成り立つ．ここで $m \to \infty$ とすると，$0 \leq f_m \uparrow 1_G$ なので，有界収束定理から $\int f_m\,dL \to L(G)$ を得る．よって (ii) が導かれる．

(2) (v) を（したがって (iv) も）仮定する．連続関数は同時に上半連続，下半連続なので，任意の $f \in C_b(\mathbb{D})$ に対して，$\int f\,dL \geq \limsup \mathrm{E}^* f(X_n) \geq \liminf \mathrm{E}_* f(X_n) \geq \int f\,dL$ が成り立つ．よって，(i) が得られる．

(3) (ii) が成り立つとし，f を非負の下半連続関数とする．関数列 f_m を $f_m(x) = \sum_{i=1}^{m^2} (1/m) 1_{G_i}(x)$ で定める．ただし，$G_i = \{x : f(x) > i/m\}$ である．すなわち，もし $x \in \{x : i/m < f(x) \leq (i+1)/m \leq m\} = G_i \cap (\mathbb{D} - G_{i+1})$ ならば，$f_m(x) = i/m$，もし $x \in \{x : f(x) > m\} = G_{m^2}$ ならば，$f_m(x) = m$ である．よって，$0 \leq f_m \leq f \wedge m \leq f$ をみたし，$x \in \mathbb{D} - G_{m^2}$ ならば $|f_m(x) - f(x)| \leq 1/m$ をみたす．さらに，関数の下半連続性の定義から，各 G_i は開集合であることに注意する．よって，

$$\liminf_{n \to \infty} \mathrm{E}_* f(X_n) \geq \liminf_{n \to \infty} \mathrm{E}_* f_m(X_n)$$

$$\geq \sum_{i=1}^{m^2} \frac{1}{m} \Big[\liminf_{n\to\infty} \mathrm{P}_*(X_n \in G_i) \Big]$$

$$\geq \sum_{i=1}^{m^2} \frac{1}{m} L(G_i) = \int f_m \, dL$$

を得る．ここで $m \to \infty$ とする．このとき，Fatou の補題から $\int f \, dL \leq \liminf \int f_m \, dL \leq \limsup \int f_m \, dL \leq \int f \, dL$ なので，非負の下半連続関数 f に対しては (iv) が成り立つ．下に有界な下半連続関数 f に対しては，必要に応じ定数の加算と減算を行えば，上の議論に帰着される．

(4) もし，(ii) が（したがって (iii) も）成り立つならば，任意の Borel 集合 B に対して

$$L(B^\circ) \leq \liminf_{n\to\infty} \mathrm{P}_*(X_n \in B^\circ) \leq \limsup_{n\to\infty} \mathrm{P}^*(X_n \in \bar{B}) \leq L(\bar{B})$$

が成り立つ．しかしながら，$L(\partial B) = 0$ のとき，上の不等号はすべて等号になる．よって，(vi) が導かれる．

(5) (vi) を仮定し，F を閉集合とする．任意の $\epsilon > 0$ に対して，$F^\epsilon = \{x : d(x, F) < \epsilon\}$ とおく．任意の $\epsilon_1 \neq \epsilon_2$ に対して $\partial F^{\epsilon_1} \cap \partial F^{\epsilon_2} = \emptyset$ なので，$L(\partial F^\epsilon) > 0$ となる ϵ は高々可算個である．ゆえに，数列 $\epsilon_m \downarrow 0$ を，各 $m \geq 1$ に対して $L(\partial F^{\epsilon_m}) = 0$ （したがって，$L(\partial \overline{F^{\epsilon_m}}) = 0$）をみたすように選ぶことができる．このとき，固定した m に対して，

$$\limsup_{n\to\infty} \mathrm{P}^*(X_n \in F) \leq \limsup_{n\to\infty} \mathrm{P}^*(X_n \in \overline{F^{\epsilon_m}}) = L(\overline{F^{\epsilon_m}})$$

が成り立つ．ここで $m \to \infty$ とすると，$\bigcap_{m=1}^\infty \overline{F^{\epsilon_m}} = F$ なので，(iii) が成り立つことがわかる．□

例 3.2 $\mathbb{D} = \mathbb{R}^k$ のとき，Borel σ-加法族は区間 $(a, b]$ の全体から生成される通常の σ-加法族であり，すべての Borel 確率測度はタイトである．すべての Borel 確率測度 L は，その累積分布関数 $L(x) = L\big((-\infty, x]\big)$ で一意に定まる．ポルトマント定理の特徴づけに加え，弱収束 $X_n \rightsquigarrow L$ は

(ix) 累積分布関数 L のすべての連続点において，$\lim \mathrm{P}^*(X_n \leq x) = \lim \mathrm{P}_*(X_n \leq x) = L(x)$

と同値である．もし X_n が Borel 可測な写像列ならば，それはまた

(x) すべての $t \in \mathbb{R}^k$ に対して，$\lim \mathrm{E} e^{it^T X_n} = \int e^{it^T x} \, dL(x)$

と同値である．これらの必要性は，ポルトマント定理の (vi) と弱収束の定義から直ちにわかる．逆は後述する Prohorov の定理 (69 ページ) と，$\mathbb{R}^k$ 上の分布は累積分布関数や特性関数によって一意に定まるという事実から得られる．詳細は省く．

例 3.3 (経験分布関数) $X_1, \ldots, X_n$ を 可測空間 $(\mathbb{R}, \mathcal{B})$ 上の確率測度 P にしたがう独立な実数値確率要素とし，その分布関数 $P \circ X^{-1}((-\infty, t])$ $(t \in \bar{\mathbb{R}})$ を $F(t)$ と表す．いま，$\mathcal{F} = \{1_{(-\infty, t]}(x) : t \in \bar{\mathbb{R}}\}$ とする．このとき，$\mathcal{F}$ の要素を添え字とする経験測度 $\mathbb{P}_n f$ は，$f = 1_{(\infty, t]}$ と $t \in \bar{\mathbb{R}}$ とを同一視することにより，一つの分布関数 $\mathbb{F}_n$ とみることができる．これを経験分布関数 (empirical distribution function) とよび，

$$\mathbb{F}_n(t) \equiv \mathbb{P}_n 1_{(-\infty, t]} = \frac{1}{n} \sum_{i=1}^n 1\{X_i \leq t\}, \qquad t \in [-\infty, \infty]$$

で定義する．また，

$$f \mapsto \mathbb{G}_n f \equiv \sqrt{n}(\mathbb{P}_n - P)f, \qquad f \in \mathcal{F},$$
$$t \mapsto \mathbb{G}_n(t) \equiv \sqrt{n}(\mathbb{F}_n - F)(t), \qquad t \in [-\infty, \infty]$$

を**経験過程** (empirical process) という．$\ell^\infty(\mathcal{F})$ は $\ell^\infty([-\infty, \infty])$ と同一視できる．もちろん，経験分布関数や経験過程のすべての見本過程ははるかに小さな空間 $D[-\infty, \infty]$ (区間 $[-\infty, \infty]$ 上の cadlag 関数の全体) に含まれる．しかし，この空間が一様ノルム $\|\cdot\|_\infty$ から導入される一様距離を備えている限り，例 3.1 (57 ページ) と同じ問題が生じる．後の例 3.11 (119 ページ) で示されるが，$D[\infty, \infty]$ において，一般の弱収束の意味で $\mathbb{G}_n \rightsquigarrow \mathbb{G}_F$ が成り立つ．ここで $\mathbb{G}_F$ はあるタイトな $\ell^\infty([-\infty, \infty])$ 値確率要素で，任意の有限個の点 $t_1, \ldots, t_k$ において

$$(\mathbb{G}_n(t_1), \ldots, \mathbb{G}_n(t_k)) \rightsquigarrow (\mathbb{G}_F(t_1), \ldots, \mathbb{G}_F(t_k))$$

が成り立つ．ここで，極限分布は k 変量正規分布 $N(0, \Sigma)$ で，$k \times k$ 共分散行列 Σ の (i, j) 要素は

$$E\mathbb{G}_F(t_i)\mathbb{G}_F(t_j) = P(f_{t_i} - Pf_{t_i})(f_{t_j} - Pf_{t_j}) = F(t_i \wedge t_j) - F(t_i)F(t_j)$$

で与えられる．極限過程 $\mathbb{G}_F$ は **F-Brown 橋** (F-Brownian bridge) として知られている．もし F が $[0, 1]$ 上の一様分布 λ ならば，$\mathbb{G}_\lambda$ は**標準 Brown 橋** (standard Brownian bridge) として知られている．Brown 橋は**固定端 Brown 運動** (pinned Brownian motion) ともよばれる．共分散関数の形から，F-Brown

橋 $\mathbb{G}_F$ は $\mathbb{G}_\lambda$ から $\mathbb{G}_\lambda \circ F$ で得られることがわかる.

経験分布関数の一つの重要な応用は適合度検定である. 経験分布関数 $\mathbb{F}_n$ は観測値がしたがう分布 F の自然な推定量であるので, $\mathbb{F}_n$ と F との差異を評価する測度は, 根底にある真の分布が F であることを検定するための適合度検定統計量として使われる. このための汎用的な測度として

$$\sqrt{n}\|\mathbb{F}_n - F\|_\infty \quad (\textbf{Kolmogorov–Smirnov 統計量}),$$

$$n \int (\mathbb{F}_n - F)^2 \, dF \quad (\textbf{Cramér–von Mises 統計量})$$

がよく知られている. これらの統計量を使って検定を行うには, 少なくともその極限分布が必要となる. これらが経験過程 $\mathbb{G}_n$ の連続関数になっていることに注意すると, 一般に, $\mathbb{G}_n$ の連続関数 $g(\mathbb{G}_n)$ の弱収束についての結果が必要となることは明らかである.

つぎの補題は自明ではあるが重要な結論である. 多くの応用では, 弱収束を考えることのできる距離空間 $\mathbb{D}$ としていくつかの選択肢が存在することがある. たとえば, 前例で述べた経験過程 $\mathbb{G}_n(t)$ は $\ell^\infty([-\infty, \infty])$ と $D[-\infty, \infty]$ のいずれの要素ともみることができる. しかしながら, $\mathbb{D}$ としてどちらを選択するかは弱収束の結果に影響を与えない.

補題 3.12 $\mathbb{D}_0 \subset \mathbb{D}$ を距離空間 $\mathbb{D}$ の部分距離空間とし, X と X_n は $\mathbb{D}_0$ に値をとる写像とする. このとき, $\mathbb{D}_0$ への写像として $X_n \rightsquigarrow X$ であることと, $\mathbb{D}$ への写像として $X_n \rightsquigarrow X$ であることは同値である.

証明 集合 G_0 が $\mathbb{D}_0$ において開であるための必要十分条件は, $\mathbb{D}$ のある開集合 G に対して $G_0 = G \cap \mathbb{D}_0$ と表されることである. したがって, ポルトマント定理の (ii) から直ちに結論が得られる. □

二つの距離空間 $(\mathbb{D}, d)$ と $(\mathbb{E}, e)$ に対して, 写像 $g : \mathbb{D} \to \mathbb{E}$ は連続であるとする. また, 写像列 $X_n : \Omega_n \to \mathbb{D}$ と Borel 可測写像 $X : \Omega \to \mathbb{D}$ は, $X_n \rightsquigarrow X$ をみたすとする. このとき, 任意の $f \in C_b(\mathbb{E})$ に対して, $f \circ g \in C_b(\mathbb{D})$ であるから, $\mathrm{E}^* f(g(X_n)) \to \mathrm{E} f(g(X))$ が成り立ち, したがって, $g(X_n) \rightsquigarrow g(X)$ が成り立つ. 実際には, g がほとんどすべての X の値において連続であるという条件のもとで, このことが成り立つ.

定理 3.13 (連続写像定理) 写像 $g : \mathbb{D} \to \mathbb{E}$ は部分集合 $\mathbb{D}_0 \subset \mathbb{D}$ の各点において連続であるとする. もし, $X_n \rightsquigarrow X$ で, X の値域が $\mathbb{D}_0$ に含まれるならば,

$g(X_n) \rightsquigarrow g(X)$ が成り立つ.

証明 写像 g に対して,

$$G_k^m = \{x \in \mathbb{D} : \text{ある } y, z \in B_{1/k}(x) \text{ に対して } e(g(y), g(z)) > 1/m\}$$

とおく. ここで, $B_r(a)$ は $\mathbb{D}$ の開球 $\{x : d(a,x) < r\}$ である. このとき, g のすべての不連続点の集合 D_g は $D_g = \bigcup_{m=1}^{\infty} \bigcap_{k=1}^{\infty} G_k^m$ と表すことができる. G_k^m の補集合 $\mathbb{D} - G_k^m$ は, すべての $y, z \in B_{1/k}(x)$ に対して $e(g(y), g(z)) \leq 1/m$ をみたすような点 x からなる. いま, もし点列 $\{x_n\} \subset \mathbb{D} - G_k^m$ が x に収束するならば, 任意の $y, z \in B_{1/k}(x)$ に対して, n_0 を十分大きくとれば, $n \geq n_0$ のとき $y, z \in B_{1/k}(x_n)$ をみたす. このとき $e(g(y), g(z)) \leq 1/m$ であるので, $x \in \mathbb{D} - G_k^m$ が成り立つ. よって, $\mathbb{D} - G_k^m$ は閉集合, したがって, G_k^m は開集合である. ゆえに, D_g は Borel 集合である. $F \subset \mathbb{E}$ を閉集合とし, 点列 $\{x_n\} \subset g^{-1}(F)$ は $x_n \to x$ をみたすとする. もし x が g の連続点ならば, $x \in g^{-1}(F)$ であり, そうでなければ, $x \in D_g$ である. ゆえに, $\overline{g^{-1}(F)} \subset g^{-1}(F) \cup D_g$ が成り立つ. 写像 g の $\mathbb{D} - D_g$ への制限 $\tilde{g}$ は Borel 可測である. g は X の値域上で連続なので, 写像 $g(X) = \tilde{g}(X) : \Omega \to \mathbb{E}$ は Borel 可測である. ポルトマント定理から,

$$\limsup_{n \to \infty} \mathrm{P}^*(g(X_n) \in F) \leq \limsup_{n \to \infty} \mathrm{P}^*(X_n \in \overline{g^{-1}(F)}) \leq \mathrm{P}(X \in \overline{g^{-1}(F)})$$

が成り立つ. ここで, $L^X(D_g) = 0$ に注意すると, $\mathrm{P}(X \in \overline{g^{-1}(F)}) = \mathrm{P}(g(X) \in F)$ であることがわかる. 最後に, ふたたびポルトマント定理を適用すると, $g(X_n) \rightsquigarrow g(X)$ を得る. □

例 3.4 (適合度検定統計量の極限分布) 例 3.3 (65 ページ) で述べた Kolmogorov–Smirnov 統計量と Cramér–von Mises 統計量は, それぞれ, $\|\mathbb{G}_n\|_\infty$ と $\int \mathbb{G}_n^2 dF$ と表すことができる. $D[-\infty, \infty]$ から $\mathbb{R}$ への写像 $z \mapsto \|z\|_\infty$ と $z \mapsto \int z(t)^2 dF(t)$ は, 一様ノルムに関して連続である. よって, 連続写像定理から

$$\|\mathbb{G}_n\|_\infty \rightsquigarrow \|\mathbb{G}_F\|_\infty, \quad \int \mathbb{G}_n^2 dF \rightsquigarrow \int \mathbb{G}_F^2 dF$$

が成り立つ. これら極限の確率変数の分布は, すべての連続分布 F に対して同じである. これをみるには, 極限の確率変数を Brown 橋 $\mathbb{G}_F = \mathbb{G}_\lambda \circ F$ で表し, 変数変換 $F(t) \mapsto u$ を行えばよい.

弱収束の議論において, 連続写像定理と並んで重要な定理は Prohorov の定理である. この結果を述べるために, いくつかの新しい概念が必要となる.

定義 3.2 すべての $f \in C_b(\mathbb{D})$ に対して，写像列 X_n が

$$\mathrm{E}^* f(X_n) - \mathrm{E}_* f(X_n) \to 0, \qquad n \to \infty$$

をみたすとき，X_n は**漸近的可測** (asymptotically measurable) であるとよばれる．

定義 3.3 写像列 X_n が，任意の $\epsilon > 0$ に対してコンパクト集合 K が存在して，すべての $\delta > 0$ に対して

$$\liminf_{n \to \infty} \mathrm{P}_*(X_n \in K^\delta) \geq 1 - \epsilon$$

をみたすとき，X_n は**漸近的タイト** (asymptotically tight) であるとよばれる．ここで，$K^\delta = \{x \in \mathbb{D} : d(x, K) < \delta\}$ は K を囲む δ-拡大である．

コンパクト集合の δ-拡大は，極限においてのみ $1 - \epsilon$ 以上の確率を含む必要がある．これは，一様タイト性の概念とは異なる．

定義 3.4 Borel 可測な写像列 X_n が，任意の $\epsilon > 0$ に対してコンパクト集合 K が存在して，すべての $n \geq 1$ に対して

$$\mathrm{P}(X_n \in K) \geq 1 - \epsilon$$

をみたすとき，X_n は**一様にタイト** (uniformly tight) であるとよばれる．

例 3.5 X_n は $\mathbb{R}$ 値確率変数列とする．
 (1) $L^{X_n} = N(n, 1)$ ならば，X_n は一様にタイトではない．
 (2) $L^{X_n} = N(\mu_n, 1)$ ($-\infty < a \leq \mu_n \leq b < \infty$) ならば，$X_n$ は一様にタイトである．
 (3) $L^{X_n} = N(\mu_n, \sigma_n{}^2)$ ($-\infty < a \leq \mu_n \leq b < \infty, \sigma_n{}^2 \leq c < \infty$) ならば，$X_n$ は一様にタイトである．
 (4) $L^{X_n} = N(\mu_n, \sigma_n{}^2)$ ($-\infty < a \leq \mu_n \leq b < \infty, \sigma_n{}^2 \to \infty$) ならば，$X_n$ は一様にタイトでない．

明らかに，Borel 可測な写像列 X_n が一様にタイトであるならば，それは漸近的にタイトである．$\mathbb{R}^k$ 値 Borel 可測写像列のように，ポーランド空間（可分な完備距離空間）$\mathbb{D}$ に値をとる Borel 可測写像列 X_n に対しては，逆も成り立つ．そして，一様タイトな Borel 可測列 X_n はある X に対して $X_{n_j} \rightsquigarrow X$ となるような部分列をもつ．多くの応用においては，X_n の Borel 可測性や一様タイト性は期待できない．しかしながら，少なくとも以下の定理で示されるように，"極限においてタイト"で"極限において可測"であるならば，同様な結論が成り立つ．

3.1 距離空間における弱収束

補題 3.14 $X_n : \Omega_n \to \mathbb{D}$ を任意の写像列とする.

(1) もし $X_n \rightsquigarrow X$ ならば, X_n は漸近的可測である.
(2) もし $X_n \rightsquigarrow X$ ならば, X_n が漸近的タイトであるための必要十分条件は X がタイトであることである.

証明 (1) $f \in C_b(\mathbb{D})$ を任意に固定する. X_n が X に弱収束することから, $\mathrm{E}^* f(X_n) \to \mathrm{E} f(X)$ と $\mathrm{E}_* f(X_n) = -\mathrm{E}^*[-f(X_n)] \to -\mathrm{E}[-f(X)] = \mathrm{E} f(X)$ がともに成り立つ.

(2) $\epsilon > 0$ を任意に固定する. X がタイトであると仮定し, コンパクト集合 K を $\mathrm{P}(X \in K) \geq 1 - \epsilon$ となるように選ぶ. ポルトマント定理から, $\liminf \mathrm{P}_*(X_n \in K^\delta) > \mathrm{P}(X \in K^\delta) \geq 1 - \epsilon$ がすべての $\delta > 0$ に対して成り立つ. 逆に, X_n が漸近的にタイトのとき, コンパクト集合 K を $\liminf \mathrm{P}_*(X_n \in K^\delta) \geq 1 - \epsilon$ となるように選ぶ. ふたたびポルトマント定理から, $\mathrm{P}\bigl(X \in \overline{K^\delta}\bigr) \geq \limsup \mathrm{P}^*\bigl(X_n \in \overline{K^\delta}\bigr) \geq \liminf \mathrm{P}_*\bigl(X_n \in \overline{K^\delta}\bigr) \geq 1 - \epsilon$ が成り立つ. ここで $\delta \downarrow 0$ とすればよい. □

Borel 可測写像 $X : \Omega \to \mathbb{D}$ が可分ならばプレタイト (pre-tight) である. すなわち, すべての $\epsilon > 0$ に対して, $L^X(B) \geq 1 - \epsilon$ をみたす全有界な可測集合 B が存在する. いま, 距離空間 $\mathbb{D}$ の完備化を $\tilde{\mathbb{D}}$ とし, $\tilde{\mathbb{D}}$ における B の閉包を $\bar{\bar{B}}$ とすると, $\bar{\bar{B}}$ は全有界かつ完備であり, したがってコンパクト集合である. そして, $L^X(\bar{\bar{B}}) = L^X(\bar{\bar{B}} \cap \mathbb{D}) \geq L^X(B) \geq 1 - \epsilon$ なので, $\tilde{\mathbb{D}}$ への写像として X はタイトである. したがって, 補題 3.12 と 3.14 から得られる結論として, $\mathbb{D}$ 値写像列 X_n が可分な X に弱収束するならば, X_n を完備拡大 $\tilde{\mathbb{D}}$ の中への写像列とみたとき, それは漸近的にタイトである.

つぎで与えられる Prohorov の定理は, 補題 3.14 の逆と考えられる. この定理は, 漸近的可測性と漸近的タイト性がほとんど弱収束することを保証すると述べている. この "ほとんど弱収束する" とは相対コンパクト性 (relative compactness) という概念である. もし, 写像列 X_n の任意の部分列 $X_{n'}$ のある部分列 $X_{n''}$ がタイトな Borel 確率測度に弱収束するならば, X_n は相対コンパクトであるといわれる. すべての極限 Borel 確率測度が同じであるとき, 弱収束が起こる.

定理 3.15 (Prohorov の定理) $X_n : \Omega_n \to \mathbb{D}$ を任意の写像列とする. もし, X_n が漸近的にタイトで漸近的に可測であるならば, X_n の部分列 $X_{n'}$ とタイトな Borel 確率測度 L が存在して, $X_{n'} \rightsquigarrow L$ が成り立つ.

証明は省くが，それは van der Vaart and Wellner[7]の 1.3 章でみることができる．Prohorov の定理の結論は，X_n が相対コンパクトであることを述べてはいない．しかしながら，もし X_n が漸近的に可測で漸近的にタイトならば，あらゆる部分列 $X_{n'}$ はこれらの性質を引き継ぐ．よって，Prohorov の定理をくり返して適用すると X_n の相対コンパクト性が得られる．

漸近的タイト性と漸近的可測性は連続写像によって保存される．

補題 3.16 $X_n : \Omega \to \mathbb{D}$ を $\mathbb{D}$ への写像列とし，$g : \mathbb{D} \to \mathbb{E}$ は連続であるとする．
  (1) もし X_n が漸近的タイトならば，$g(X_n)$ は漸近的タイトである．
  (2) もし X_n が漸近的可測ならば，$g(X_n)$ は漸近的可測である．

証明 (1) 任意の $\epsilon > 0$ に対して，コンパクト集合 $K \subset \mathbb{D}$ を，すべての $\eta > 0$ について $\liminf \mathrm{P}_*(X_n \in K^\eta) \geq 1 - \epsilon$ が成り立つように選ぶ．関数 $x \mapsto e\bigl(g(x), g(K)\bigr)$ は連続で K 上では値が恒等的に 0 である．よって，$\delta > 0$ を任意に与えたとき，$\eta = \eta(\delta) > 0$ を適当に選ぶと，$d(x, K) < \eta$ をみたすすべての x に対して $e\bigl(g(x), g(K)\bigr) < \delta$ が成り立つ．したがって，すべての $\delta > 0$ に対して，$\liminf \mathrm{P}_*\bigl(g(X_n) \in g(K)^\delta\bigr) \geq \liminf \mathrm{P}_*(X_n \in K^{\eta(\delta)}) \geq 1 - \epsilon$ が成り立つ．集合 $g(K) \subset \mathbb{E}$ はコンパクトなので $g(X_n)$ は漸近的にタイトである．

  (2) 任意の $f \in C_b(\mathbb{E})$ に対して $f \circ g \in C_b(\mathbb{D})$ なので，漸近的可測性の定義から明らかである． $\square$

すべての X_n に Borel 可測性を要求することに比べ，列 X_n に漸近的可測性だけを求めることは，弱収束の適用可能性をかなり広くする．しかしながら，漸近的可測性を直接確かめることは難しい．つぎの補題は，漸近的にタイトな列においては，若干の可測性をみたせば漸近的に可測になることを述べたものである．証明は van der Vaart and Wellner[7]の 1.3 章でみることができる．

$\ell^\infty(\mathbb{D})$ の部分集合 $\mathcal{F}$ がベクトル空間で積に関して閉じている ($f, g \in \mathcal{F}$ ならば $fg \in \mathcal{F}$) とき，$\mathcal{F}$ は代数 (algebra) あるいは環とよばれる．

補題 3.17 $\mathcal{F} \subset C_b(\mathbb{D})$ は代数で，$\mathbb{D}$ の各点を分離するとする．写像列 X_n は漸近的タイトで，すべての $f \in \mathcal{F}$ に対して $\mathrm{E}^* f(X_n) - \mathrm{E}_* f(X_n) \to 0$ が成り立つとする．このとき X_n は漸近的可測である．

与えられた距離空間 $(\mathbb{D}, d)$ と $(\mathbb{E}, e)$ に対して，直積 $\mathbb{D} \times \mathbb{E}$ は距離関数

$$\rho\bigl((x_1, y_1), (x_2, y_2)\bigr) = d(x_1, x_2) \vee e(y_1, y_2)$$

に関して距離空間になる．これは $\mathbb{D}\times\mathbb{E}$ に直積位相を誘導する距離関数の一つである．ほかにも，同じ位相を生成する距離関数として $\sqrt{d(x_1,x_2)^2+e(y_1,y_2)^2}$ と $d(x_1,x_2)+e(y_1,y_2)$ がある．直積距離空間には二つの自然な σ-加法族がある．一つはそれぞれの空間の Borel σ-加法族の積，もう一つは直積位相から導かれる Borel σ-加法族である．一般には，これらは同じではなく後者のほうが大きい．もし距離空間 $\mathbb{D}$ と $\mathbb{E}$ がともに可分であるならば，両者は一致する．この二つの Borel σ-加法族の大小の可能性は不便な問題を引き起こす．もし，$X:\Omega\to\mathbb{D}$ と $Y:\Omega\to\mathbb{E}$ がある可測空間 $(\Omega,\mathcal{A})$ 上で定義された Borel 可測写像ならば，写像 $(X,Y):\Omega\to\mathbb{D}\times\mathbb{E}$ は Borel σ-加法族の積に関してはつねに可測であるが，直積距離位相の Borel σ-加法族に関しては必ずしも Borel 可測でない．直積空間における弱収束の理論で使いたいのは後者のほうである．もし，X と Y がともに可分であるならば，この問題は解消する．

つぎの補題は，周辺写像列 X_n と Y_n の漸近的可測性および漸近的タイト性と，結合写像列 (X_n,Y_n) の漸近的可測性および漸近的タイト性との関係を述べたものである．

補題 3.18 $X_n:\Omega_n\to\mathbb{D}$ と $Y_n:\Omega_n\to\mathbb{E}$ を写像の列とする．このとき，

(1) X_n と Y_n がともに漸近的タイトであるための必要十分条件は，$(X_n,Y_n):\Omega_n\to\mathbb{D}\times\mathbb{E}$ が漸近的タイトになることである．

(2) 漸近的にタイトな列 X_n と Y_n がともに漸近的可測であるための必要十分条件は，$(X_n,Y_n):\Omega_n\to\mathbb{D}\times\mathbb{E}$ が漸近的可測になることである．

証明 (1) $K_1\times K_2\subset\mathbb{D}\times\mathbb{E}$ という形の集合がコンパクトであるための必要十分条件は K_1 と K_2 がともにコンパクトであることである．$\Pi_i K$, $i=1,2$ をそれぞれ K の $\mathbb{D}$ と $\mathbb{E}$ への射影とする．もし $K\subset\mathbb{D}\times\mathbb{E}$ がコンパクトなら，$\Pi_i K$, $i=1,2$ もコンパクトで，$K\subset\Pi_1 K\times\Pi_2 K$ である．また，距離関数 ρ を使うと，$(K_1\times K_2)^\delta = K_1^\delta\times K_2^\delta$ が成り立つ．このとき，補題 3.4 より

$$\mathrm{P}_*\bigl((X_n,Y_n)\in(K_1\times K_2)^\delta\bigr)\geq\mathrm{P}_*(X_n\in K_1^\delta)+\mathrm{P}_*(Y_n\in K_2^\delta)-1,$$
$$\mathrm{P}_*\bigl((X_n,Y_n)\in K^\delta\bigr)\leq\mathrm{P}_*\bigl(X_n\in(\Pi_1 K)^\delta\bigr)\wedge\mathrm{P}_*\bigl(Y_n\in(\Pi_2 K)^\delta\bigr)$$

が得られるので，漸近的タイトの定義から (1) が導かれる．

(2) ここでは十分性だけを証明する．$\Pi_1:\mathbb{D}\times\mathbb{E}\to\mathbb{D}$ を第 1 座標上への射影とする．Π_1 は連続なので，任意の $f\in C_b(\mathbb{D})$ に対して $f\circ\Pi_1\in C_b(\mathbb{D}\times\mathbb{E})$ である．よって，定義から (X_n,Y_n) が結合漸近可測ならば，X_n が漸近可測であることがわかる．同じ議論が Y_n にも適用できる． □

この補題から得られる有用な結果の一つは，つぎに与える Slutsky の定理である．この定理の証明では Prohorov の定理と連続写像定理が利用される．

定理 3.19 (Slutsky の定理) 可分な Borel 可測写像 X と固定された要素 c に対して，$X_n \rightsquigarrow X$ および $Y_n \rightsquigarrow c$ とする．このとき，
(1) $(X_n, Y_n) \rightsquigarrow (X, c)$ が成り立つ．
(2) もし X_n と Y_n が同じ線形空間に値をとるならば，$X_n + Y_n \rightsquigarrow X + c$ が成り立つ．
(3) もし Y_n がスカラーならば，$Y_n X_n \rightsquigarrow cX$ が成り立つ．また，$c \neq 0$ ならば，$X_n / Y_n \rightsquigarrow X/c$ が成り立つ．

証明 X がその値をとる距離空間を完備化することにより，X がタイトであると仮定しても一般性を失わない．このとき，補題 3.14 と 3.18 から，(X_n, Y_n) は漸近的にタイトかつ漸近的に可測となる．よって，Prohorov の定理から，(X_n, Y_n) の任意の部分列はタイトな確率要素に収束する部分列をもつ．これら極限要素の周辺法則はすべて X と c の法則と同じである．ここの状況においては，周辺法則が完全に結合法則を決定しているので，すべての極限要素の法則は一意に (X, c) の法則と一致する．よって (1) が証明された．後半の (2) と (3) は連続写像定理から直ちにわかる． □

3.1.4 確率収束と概収束

一つの確率空間 $(\Omega, \mathcal{A}, \mathrm{P})$ 上で定義された可測写像列 $X_n : \Omega \to \mathbb{D}$ と可測写像 $X : \Omega \to \mathbb{D}$ に対して，弱収束 $X_n \rightsquigarrow X$ より強い確率的収束のモードに，確率収束 $X_n \xrightarrow{\mathrm{P}} X$ と概収束 $X_n \xrightarrow{\mathrm{as}} X$ がある．いうまでもなく，それらはそれぞれ $d(X_n, X) \xrightarrow{\mathrm{P}} 0$ と $d(X_n, X) \xrightarrow{\mathrm{as}} 0$ を意味する．以下では，これらの概念の非可測な場合への拡張を考える．

定義 3.5 $X_n, X : \Omega \to \mathbb{D}$ を任意の写像とする．
(1) もし，$d(X_n, X)^* \xrightarrow{\mathrm{P}} 0$，すなわち，すべての $\epsilon > 0$ に対して
$$\lim_{n \to \infty} \mathrm{P}\bigl(d(X_n, X)^* > \epsilon\bigr) = \lim_{n \to \infty} \mathrm{P}^*\bigl(d(X_n, X) > \epsilon\bigr) = 0$$
ならば，X_n は X に **外確率収束** (convergence in outer probability) するといい，$X_n \xrightarrow{\mathrm{P}^*} X$ と表す．
(2) もし，$d(X_n, X)$ の極小可測優関数の一つのバージョン $d(X_n, X)^*$ に対して $d(X_n, X)^* \xrightarrow{\mathrm{as}} 0$，すなわち

$$\mathrm{P}\Big(\lim_{n\to\infty} d(X_n, X)^* = 0\Big) = 1$$

ならば，X_n は X に**外概収束** (convergence outer almost surely) するといい，$X_n \overset{\mathrm{as}^*}{\to} X$ と表す．

定義 3.6　$X_n : \Omega_n \to \mathbb{D}$ を任意の写像列とし，$c \in \mathbb{D}$ とする．このとき，もしすべての $\epsilon > 0$ に対して $\mathrm{P}^*\big(d(X_n, c) > \epsilon\big) \to 0$ ならば，X_n は c に**外確率収束** (convergence in outer probability) するといい，$X_n \overset{\mathrm{P}^*}{\to} c$ と表す．

これらの収束モード間の関係は可測な場合と同様である．証明も同様に行うことができる．

補題 3.20　X は Borel 可測とする．
(1) $X_n \overset{\mathrm{as}^*}{\to} X$ ならば $X_n \overset{\mathrm{P}^*}{\to} X$ である．
(2) $X_n \overset{\mathrm{P}^*}{\to} X$ であるための必要十分条件は，すべての部分列 $X_{n'}$ がさらにその部分列 $X_{n''}$ で $X_{n''} \overset{\mathrm{as}^*}{\to} X$ をみたすものをもつことである．

補題 3.21　X_n, Y_n を任意の写像列とし，X を Borel 可測写像とする．
(1) $X_n \rightsquigarrow X$ かつ $d(X_n, Y_n) \overset{\mathrm{P}^*}{\to} 0$ ならば $Y_n \rightsquigarrow X$ である．
(2) $X_n \overset{\mathrm{P}^*}{\to} X$ ならば $X_n \rightsquigarrow X$ である．
(3) $X_n \overset{\mathrm{P}^*}{\to} c$ であるための必要十分条件は $X_n \rightsquigarrow c$ である．

連続写像定理（定理 3.13）においては，固定された g に対して $g(X_n)$ の弱収束を示したが，一般的な $g_n(X_n)$ に対する結果はつぎで与えられる．

定理 3.22 (拡張された連続写像定理)　$\mathbb{D}_0, \mathbb{D}_n \subset \mathbb{D}$ とし，写像 $g : \mathbb{D}_0 \to \mathbb{E}$ と $g_n : \mathbb{D}_n \to \mathbb{E}$ はつぎの性質をもつとする：すべての n と $x \in \mathbb{D}_0$ に対して，もし $x_n \in \mathbb{D}_n$ が $x_n \to x$ ならば，$g_n(x_n) \to g(x)$ をみたす．写像 X_n は $\mathbb{D}_n$ に値をとり，可分な Borel 可測写像 X は $\mathbb{D}_0$ に値をとるとする．このとき，
(1) $X_n \rightsquigarrow X$ ならば $g_n(X_n) \rightsquigarrow g(X)$ である．
(2) $X_n \overset{\mathrm{P}^*}{\to} X$ ならば $g_n(X_n) \overset{\mathrm{P}^*}{\to} X$ である．
(3) $X_n \overset{\mathrm{as}^*}{\to} X$ ならば $g_n(X_n) \overset{\mathrm{as}^*}{\to} X$ である．

3.2　有界関数の空間

T を任意の集合とし，$\ell^\infty(T)$ をその上のすべての実数値有界関数からなる空間

とする．関数 $z: T \to \mathbb{R}$ のノルム $\|z\|_T$ を $\|z\|_T \equiv \sup_{t \in T} |z(t)|$ と定義すると，$\ell^\infty(T) = \{z : \|z\|_T < \infty\}$ は一様距離 $d(z_1, z_2) = \|z_1 - z_2\|_T$ に関して距離空間となる．

空間 $\ell^\infty(T)$, あるいはその部分集合は，有界な見本過程をもつ確率過程にとっては自然な枠組みである．**確率過程 (stochastic process)** $X = \{X(t) : t \in T\}$ とは，任意の集合 T を添え字にもち，ある確率空間 $(\Omega, \mathcal{A}, \mathrm{P})$ 上で定義された確率変数（可測写像 $X(t) : \Omega \to \mathbb{R}$）の集まりである．各 $\omega \in \Omega$ を固定したとき，写像 $t \mapsto X(t, \omega)$ は**見本過程 (sample path)** とよばれる．確率過程 X を確率変数の集まりと考えるよりは，むしろ見本過程を実現値とするランダム関数と考えるほうが有用である．もしすべての見本過程が有界な関数ならば，X を写像 $X : \Omega \to \ell^\infty(T)$ と見なすことができる．しばしば，見本過程が連続性や可測性といった性質をもつことがある．その場合，X を $\ell^\infty(T)$ の部分集合への写像と考えるのが有益である．もしどちらの場合においても一様距離が使われるならば，弱収束の結果に違いがないことは補題 3.12 で示したとおりである．

多くの場合，写像 $X : \Omega \to \ell^\infty(T)$ は確率過程である．このとき，任意の有限次元の周辺写像 $(X(t_1), \ldots, X(t_k)) : \Omega \to \mathbb{R}^k$ が重要な意味をもつ．いま，座標射影 $\Pi_{(t_1, \ldots, t_k)} : \ell^\infty(T) \to \mathbb{R}^k$ を

$$\Pi_{(t_1, \ldots, t_k)} z \equiv (z(t_1), \ldots, z(t_k)), \qquad \{t_1, \ldots, t_k\} \subset T, \ k \in \mathbb{N}$$

と定義する．$\Pi_{(t_1, \ldots, t_k)}$ は連続写像なので，もし写像 X が Borel 可測ならば，$(X(t_1), \ldots, X(t_k)) : \Omega \to \mathbb{R}^k$ も Borel 可測（したがって，確率過程）で，その周辺分布 $L^{(X(t_1), \ldots, X(t_k))}$ は $L^X \circ \Pi^{-1}_{(t_1, \ldots, t_k)}$ で与えられる．二つの確率過程 $X = \{X(t) : t \in T\}$ と $Y = \{Y(t) : t \in T\}$（これらは同じ確率空間上で定義されている必要はない）について，互いに対応するすべての有限次元分布が一致するとき，すなわち，すべての有限集合 $\{t_1, \ldots, t_k\} \subset T$ に対して $L^{(X(t_1), \ldots, X(t_k))} = L^{(Y(t_1), \ldots, Y(t_k))}$ が成り立つとき，一方を他方の**バージョン (version)** あるいは**表現**であるという．

写像列 $X_n = \{X_n(t) : t \in T\}$ の空間 $\ell^\infty(T)$ における弱収束は，漸近的タイト性と周辺写像の弱収束をあわせて特徴づけされる．

補題 3.23 写像列 $X_n : \Omega_n \to \ell^\infty(T)$ は漸近的タイトとする．このとき，X_n が漸近的可測であるための必要十分条件は，各 $t \in T$ に対して $X_n(t)$ が漸近的可測となることである．

補題 3.24 X と Y はともに $\ell^\infty(T)$ へのタイトな Borel 可測写像とする．このとき，$L^X = L^Y$ であるための必要十分条件は，すべての $\{t_1,\ldots,t_k\} \subset T$，$k \in \mathbb{N}$ に対して $L^{(X(t_1),\ldots,X(t_k))} = L^{(Y(t_1),\ldots,Y(t_k))}$ が成り立つことである．

証明 両方の補題を証明するため，つぎの形で表される関数 $f : \ell^\infty(T) \to \mathbb{R}$ の全体 $\mathcal{F}$ を考える：各 $k \in \mathbb{N}$，$\{t_1,\ldots,t_k\} \subset T$ および $g \in C_b(\mathbb{R}^k)$ に対して

$$f(z) \equiv g \circ \Pi_{(t_1,\ldots,t_k)}(z) = g(z(t_1),\ldots,z(t_k)).$$

容易に，$\mathcal{F}$ は代数であり，定数関数を含み $\ell^\infty(T)$ の各点を分離するベクトル束であることがわかる．

〈補題 3.23 の証明〉 X_n は漸近的可測とする．任意の $g \in C_b(\mathbb{R})$ に対して，$g(z(t)) = g \circ \Pi_t(z) \in C_b(\ell^\infty(T))$ なので，各 $t \in T$ において $E^* g(X_n(t)) - E_* g(X_n(t)) \to 0$ が成り立つ．逆に，各 $t \in T$ に対して $X_n(t)$ は漸近的可測とする．座標射影 $\Pi_{(t_1,\ldots,t_k)} : \ell^\infty(T) \to \mathbb{R}^k$ は連続写像なので，補題 3.16 (1) と 3.18 から，$\Pi_{(t_1,\ldots,t_k)} X_n = (X_n(t_1),\ldots,X_n(t_k))$ は漸近的タイトになり，したがって，漸近的可測となる．よって，各 $f \in \mathcal{F}$ に対して $E^* f(X_n) - E_* f(X_n) \to 0$ が成り立つので，補題 3.17 から X_n は漸近的可測となることがわかる．

〈補題 3.24 の証明〉 $L^X = L^Y$ ならば，任意の $g \in C_b(\mathbb{R}^k)$ に対して，$\int_{\mathbb{R}^k} g\, dL^X \circ \Pi_{(t_1,\ldots,t_k)}^{-1} = \int_{\mathbb{R}^k} g\, dL^Y \circ \Pi_{(t_1,\ldots,t_k)}^{-1}$ が成り立つ．逆に，任意の $\{t_1,\ldots,t_k\} \subset T$ に対して $L^{(X(t_1),\ldots,X(t_k))} = L^{(Y(t_1),\ldots,Y(t_k))}$ が成り立つならば，すべての $f \in \mathcal{F}$ に対して $\int_{\ell^\infty(T)} f\, dL^X = \int_{\ell^\infty(T)} f\, dL^Y$ が成り立つ．よって補題 3.10 (iv) から $L^X = L^Y$ が得られる． □

定理 3.25 $X_n : \Omega_n \to \ell^\infty(T)$ を任意の写像列とする．このとき，

(1) X_n が $\ell^\infty(T)$ におけるタイト Borel 確率測度に弱収束するための必要十分条件は，X_n が漸近的タイトで，すべての有限部分集合 $\{t_1,\ldots,t_k\} \subset T$ に対して周辺写像 $(X_n(t_1),\ldots,X_n(t_k))$ が弱収束することである．

(2) もし，X_n が漸近的タイトで，そのすべての周辺写像 $(X_n(t_1),\ldots,X_n(t_k))$ がある確率過程 X の周辺確率ベクトル $(X(t_1),\ldots,X(t_k))$ に弱収束するならば，X のバージョンで $\ell^\infty(T)$ に属する見本過程をもつような $\tilde{X}$ が存在し，$X_n \rightsquigarrow \tilde{X}$ となる．

証明 (1) 必要性の前半は補題 3.14 (2) から，後半は $\Pi_{(t_1,\ldots,t_k)} X_n$ に連続写像定理を適用することで得られる．十分性を示す．各 $t \in T$ に対して $X_n(t)$ が弱収束するならば，補題 3.14 (1) から $X_n(t)$ は漸近的可測である．したがって，X_n が漸近

的タイトで周辺写像が弱収束するならば，補題 3.23 から X_n は漸近的可測である．Prohorov の定理から X_n は相対コンパクトとなるので，弱収束を証明するには，すべての収束部分列の極限が一致することを示せば十分である．いま X_n の任意の二つの部分列 X_m と X_l に対して，それぞれのある部分列 $X_{m'}$ と $X_{l'}$ が，あるタイト Borel 確率測度 L と G にそれぞれ弱収束するとする．このとき，連続写像定理から $(X_{m'}(t_1), \ldots, X_{m'}(t_k)) \rightsquigarrow L \circ \Pi_{(t_1,\ldots,t_k)}^{-1}$ および $(X_{l'}(t_1), \ldots, X_{l'}(t_k)) \rightsquigarrow G \circ \Pi_{(t_1,\ldots,t_k)}^{-1}$ が成り立つ．仮定より $(X_n(t_1), \ldots, X_n(t_k))$ は弱収束しているので，$L \circ \Pi_{(t_1,\ldots,t_k)}^{-1} = G \circ \Pi_{(t_1,\ldots,t_k)}^{-1}$ が成り立つ．したがって，補題 3.24 より $L = G$ である．

(2) 直前に証明したように，X_n は $\ell^\infty(T)$ におけるタイト Borel 確率測度 L に弱収束する．写像 $\tilde{X}$ を $\mathbb{D} = \ell^\infty(T)$ から $\ell^\infty(T)$ への恒等写像とする．このとき，$\tilde{X}$ は確率空間 $(\mathbb{D}, \mathcal{D}, L)$ 上の $\ell^\infty(T)$ 値確率要素と見なすことができ，$L^{\tilde{X}} = L$ が成り立つ．そして任意の $\{t_1, \ldots, t_k\} \subset T$ に対して，$(X(t_1), \ldots, X(t_k))$ の周辺分布 $L^{(X(t_1),\ldots,X_n(t_k))} = L \circ \Pi_{(t_1,\ldots,t_k)}^{-1}$ は $(\tilde{X}(t_1), \ldots, \tilde{X}(t_k))$ の周辺分布 $L^{(\tilde{X}(t_1),\ldots,\tilde{X}_n(t_k))} = L^{\tilde{X}} \circ \Pi_{(t_1,\ldots,t_k)}^{-1}$ と一致する． □

周辺写像の収束は，Euclid 空間上の弱収束を証明するためのよく知られた方法のどれかを使って確かめることができる．タイト性は，見本過程の有限近似による特徴づけと見本過程の連続性による特徴づけのいずれかを，具体的に調べることで確認できる．

有限近似の考え方は，任意の $\epsilon > 0$ に対して，添え字集合 T の有限分割を，どの区画においても見本過程 $t \mapsto X_n(t)$ の変動が ϵ 以下となるように作ることができることを要求する．正確には，すべての $\epsilon, \eta > 0$ に対して T の有限分割 $T = \bigcup_{i=1}^k T_i$ が存在して

$$\limsup_{n \to \infty} P^* \Big(\sup_{1 \leq i \leq k} \sup_{s,t \in T_i} |X_n(s) - X_n(t)| > \epsilon \Big) < \eta \tag{3.2}$$

成り立つと仮定する．このとき，X_n の動きは任意に固定した点 $t_i \in T_i$ に対応する周辺写像 $(X_n(t_1), \ldots, X_n(t_k))$ の動きで近似的に記述できる．もし周辺写像が漸近的タイトならば，X_n は漸近的タイトとなる．

もう一つの特徴づけは，漸近的タイトの概念を見本過程の漸近的連続性と関連づけるものである．ρ を T 上の準距離とする．写像列 $X_n: \Omega_n \to \ell^\infty(T)$ が，すべての $\epsilon, \eta > 0$ に対して $\delta > 0$ が存在して

$$\limsup_{n \to \infty} P^* \Big(\sup_{\rho(s,t) < \delta} |X_n(s) - X_n(t)| > \epsilon \Big) < \eta \tag{3.3}$$

をみたすとき，X_n は漸近的 ρ-同程度一様確率連続 (asymptotically uniformly ρ-equicontinuous in probability) であるという．

定理 3.26　$X_n : \Omega_n \to \ell^\infty(T)$ を任意の写像列とする．このとき，つぎの (i)〜(iii) は同値である:
- (i) X_n は漸近的タイトである；
- (ii) 各 $t \in T$ に対して $X_n(t)$ は $\mathbb{R}$ において漸近的タイトで，すべての $\epsilon, \eta > 0$ に対して T の有限分割 $T = \bigcup_{i=1}^k T_i$ が存在して式 (3.2) が成り立つ；
- (iii) 各 $t \in T$ に対して $X_n(t)$ は $\mathbb{R}$ において漸近的タイトで，T 上の準距離 ρ が存在して (T, ρ) が全有界となり，そして X_n は漸近的 ρ-同程度一様確率連続となる．

証明　(i) $\overset{(1)}{\Rightarrow}$ (iii) $\overset{(2)}{\Rightarrow}$ (ii) $\overset{(3)}{\Rightarrow}$ (i) の順に証明する．

(1) X_n が漸近的タイトならば，補題 3.16 (1) から，各 $t \in T$ に対する座標射影 $X_n(t) = \Pi_t X_n$ は漸近的タイトである．

$\ell^\infty(T)$ のコンパクト集合の列 $K_1 \subset K_2 \subset \cdots$ を，すべての $\epsilon > 0$ に対して $\liminf P_*(X_n \in K_m^\epsilon) \geq 1 - 1/m$ をみたすようにとる．各 m に対して T 上の準距離 ρ_m を
$$\rho_m(s, t) \equiv \sup_{z \in K_m} |z(s) - z(t)|, \qquad s, t \in T$$
で定義する．このとき (T, ρ_m) は全有界となる．実際，K_m を $z_1, \ldots, z_k$ を中心とし任意に小さい半径 η の球で覆い，写像 $\gamma_m : T \to \mathbb{R}^k$ を $\gamma_m(t) = (z_1(t), \ldots, z_k(t))$ で定める．さらに $\mathbb{R}^k$ を一辺の長さが η の区間に分割し，各区間 C に $\gamma_m(t) \in C$ となるような点 $t \in T$ を高々一つ対応させる．$z_1, \ldots, z_k$ は一様に有界であるから，このような点は有限個 $t_1, \ldots, t_p$ であり，すべての $z \in K_m$ と $t \in T$ に対して
$$|z(t) - z(t_i)| \leq 2 \min_{1 \leq j \leq k} \|z - z_j\|_T + \max_{1 \leq j \leq k} |z_j(t) - z_j(t_i)|, \qquad i = 1, \ldots, p$$
が成り立つ．いま $t \in T$ を任意にとる．もし $\gamma_m(t)$ が $\gamma_m(t_i)$ と同じ区間に入っているならば，
$$\rho_m(t, t_i) \leq 2 \sup_{z \in K_m} \min_{1 \leq j \leq k} \|z - z_j\|_T + \max_{1 \leq j \leq k} |z_j(t) - z_j(t_i)| < 3\eta$$
となる．したがって，$T \subset \bigcup_{i=1}^p \{t : \rho_m(t, t_i) < 3\eta\}$ が成り立ち，(T, ρ_m) が全有界であることがわかる．つぎに T 上の準距離 ρ を

$$\rho(s,t) \equiv \sum_{m=1}^{\infty} 2^{-m} \bigl(\rho_m(s,t) \wedge 1\bigr) \tag{3.4}$$

と定義する．任意に $\eta > 0$ を固定し，m を $2^{-m} < \eta$ をみたす自然数とする．T を半径 η の有限個の ρ_m-球で覆い，それらの球の中心を $t_1, \ldots, t_p$ とする．$\rho_1 \leq \rho_2 \leq \cdots$ であるから，t が中心 t_i の球の中にあるならば

$$\rho(t,t_i) \leq \sum_{k=1}^{m} 2^{-k} \rho_k(t,t_i) + \sum_{k=m+1}^{\infty} 2^{-k} < 2\eta$$

となる．したがって (T,ρ) は ρ に対しても全有界である．

定義からすべての $z \in K_m$ に対して $|z(s) - z(t)| \leq \rho_m(s,t)$ であるので，任意の $\tilde{z} \in K_m^\epsilon$ と任意の $s,t \in T$ に対して，$|\tilde{z}(s) - \tilde{z}(t)| < 2\epsilon + \rho_m(s,t)$ が成り立つ．ここで $\rho_m(s,t) \wedge 1 \leq 2^m \rho(s,t)$ に注意すると，$0 < \epsilon < 1$ に対して

$$K_m^\epsilon \subset \left\{ z : \sup_{\rho(s,t) < 2^{-m}\epsilon} |z(s) - z(t)| \leq 3\epsilon \right\}$$

が導かれる．よって，与えられた ϵ と m に対して，そして $\delta < 2^{-m}\epsilon$ に対して

$$\liminf_{n \to \infty} \mathrm{P}_* \left(\sup_{\rho(s,t) < \delta} |X_n(s) - X_n(t)| \leq 3\epsilon \right) \geq 1 - \frac{1}{m}$$

が成り立つ．これより X_n は漸近的 ρ-同程度一様確率連続であることがわかる．

(2) T 上の準距離 ρ に対して (T,ρ) は全有界であり，与えられた $\epsilon, \eta > 0$ に対して $\delta > 0$ は式 (3.3) をみたすとする．T は直径 δ の有限個の球で被覆されるので，これらを互いに交わらないように再構成したものを $T_1, \ldots, T_k$ とすれば，式 (3.3) から式 (3.2) が導かれる．

(3) 式 (3.2) をみたす任意の分割に対して，$t_i \in T_i$ を任意に固定すると $\|X_n\|_T \leq \sup_i \sup_{t \in T_i} |X_n(t) - X_n(t_i)| + \max_i |X_n(t_i)|$ なので，少なくとも $1 - \eta$ の内確率で $\|X_n\|_T$ は $\max_i |X_n(t_i)| + \epsilon$ で抑えられる．各 i に対して実写像 $X_n(t_i)$ は漸近的タイトなので，$\max_i |X_n(t_i)|$ は漸近的タイトであり，したがって $\|X_n\|_T$ は $\mathbb{R}$ で漸近的タイトであることがわかる．

$\zeta > 0$ を固定し，$\epsilon_m \downarrow 0$ とする．定数 M を $\limsup \mathrm{P}^*(\|X_n\|_T > M) < \zeta$ となるように定め，$\epsilon = \epsilon_m$ と $\eta = 2^{-m}\zeta$ に対して分割 $T = \bigcup_{i=1}^{k} T_i$ を式 (3.2) が成り立つようにとる．各 T_i 上で一定で，定数 $0, \pm\epsilon_m, \ldots, \pm\lfloor M/\epsilon_m \rfloor \epsilon_m$ のいずれかをその値としている関数の総数は有限なので，それらを $z_1, \ldots, z_{p(m)}$ とする．これらを中心とする半径 ϵ_m の閉球体の和集合を K_m とする．このとき，$M < \lfloor M/\epsilon_m \rfloor \epsilon_m + \epsilon_m$ に注意すると，二つの条件 $\|X_n\|_T \leq M$ と

$\sup_i \sup_{s,t \in T_i} |X_n(s) - X_n(t)| \leq \epsilon_m$ から $X_n \in K_m$ を得る．

$K = \bigcap_{m=1}^{\infty} K_m$ とおく．明らかに K は閉集合であるが，全有界でもある．実際，任意の $\epsilon > 0$ に対して $\epsilon_m < \epsilon$ となる m をとると，K_m は $z_1, \ldots, z_{p(m)}$ を中心とする半径 ϵ の閉球体で覆われるので，$K \subset K_m$ もそれらで覆われる．その上，$\ell^\infty(T)$ は完備であるので，K はコンパクト集合である．さらに，すべての $\delta > 0$ に対して $K^\delta \supset \bigcap_{i=1}^m K_i$ となるような m が存在する．もしそうでないとすると，すべての m に対して $\{\ell^\infty(T) - K^\delta\} \cap \left(\bigcap_{i=1}^m K_i\right) \neq \emptyset$ となるような $\delta > 0$ が存在する．したがって，列 $\tilde{z}_m$ を各 m に対して $\tilde{z}_m \notin K^\delta$ しかし $\tilde{z}_m \in \bigcap_{i=1}^m K_i$ をみたすようにとることができる．すべての m に対して $\tilde{z}_m \in K_1$ であり K_1 は $p(1)$ 個の半径 ϵ_1 の閉球体の有限和からなるので，列 $\tilde{z}_m$ はそれらのうちの一つに含まれる部分列 $\tilde{z}_{m_1}$ をもつ．さらに，この部分列は K_2 を構成する $p(2)$ 個の ϵ_2 閉球体のどれか一つに含まれる部分列 $\tilde{z}_{m_2}$ をもつ．これをくり返し，第 j 部分列の第 j 項 $\tilde{z}_{m_j(j)}$ によって構成される対角列を考えると，この列はすべての j に対して一つの ϵ_j 閉球体に含まれる．よって Cauchy 列であり，その極限点は K に属する．これは，すべての j に対して $\tilde{z}_{m_j(j)} \notin K^\delta$ であるという事実に矛盾する．

したがって，ある m に対して，$X_n \notin K^\delta$ ならば $X_n \notin \bigcap_{i=1}^m K_i$ である．このとき

$$\limsup_{n \to \infty} P^*(X_n \notin K^\delta) \leq \limsup_{n \to \infty} P^*\left(X_n \notin \bigcap_{i=1}^m K_i\right)$$
$$\leq \limsup_{n \to \infty} P^*(\|X_n\|_T > M)$$
$$+ \limsup_{n \to \infty} \sum_{i=1}^m P^*\left(\sup_{1 \leq j \leq k} \sup_{s,t \in T_j} |X_n(s) - X_n(t)| > \epsilon_i\right)$$
$$\leq \zeta + \sum_{i=1}^m 2^{-i} \zeta < 2\zeta$$

が成り立つ．よって X_n は漸近的タイトである．□

定理 3.25 と 3.26 をまとめると，X_n が $\ell^\infty(T)$ においてタイトな X に弱収束するための条件はつぎの系で与えられる．

系 3.27 任意の写像列 $X_n : \Omega_n \to \ell^\infty(T)$ が $\ell^\infty(T)$ においてタイトな Borel 可測写像 X に弱収束するための必要十分条件は，つぎの (i) と (ii) が成り立つことである：

(i) すべての有限部分集合 $\{t_1,\ldots,t_k\} \subset T$ に対して
$$\bigl(X_n(t_1),\ldots,X_n(t_k)\bigr) \rightsquigarrow \bigl(X(t_1),\ldots,X(t_k)\bigr);$$

(ii) T が全有界となるような準距離 ρ が存在して，すべての $\epsilon > 0$ に対して
$$\lim_{\delta\downarrow 0}\limsup_{n\to\infty} \mathrm{P}^*\Bigl(\sup_{\rho(s,t)<\delta}\bigl|X_n(s)-X_n(t)\bigr| > \epsilon\Bigr) = 0.$$

さらに注目すべきは，タイトな確率要素 X の見本過程はある種の連続性をもっているという事実である．これを正確に述べるため，一様に ρ-連続な $z \in \ell^\infty(T)$ の全体からなる集合を $UC(T,\rho)$ とする．すなわち
$$UC(T,\rho) \equiv \Bigl\{z \in \ell^\infty(T) : \lim_{\delta\downarrow 0}\sup_{\rho(s,t)<\delta}\bigl|z(s)-z(t)\bigr| = 0\Bigr\}$$

と定義する．このとき，系 3.27 の条件 (ii) をみたす準距離 ρ に対して $P(X \in UC(T,\rho)) = 1$ が成り立つことが定理 3.28 で示される．また，(T,ρ) が全有界な準距離空間のとき，$UC(T,\rho)$ は一様距離に関して可分で完備な部分距離空間（ポーランド空間）となることを示すのは容易である．したがって $UC(T,\rho)$ が σ-コンパクトとなることも示すことができる．

定理 3.28 写像列 X_n は $\ell^\infty(T)$ において $X_n \rightsquigarrow X$ をみたすとし，さらに準距離 ρ が存在して (T,ρ) は全有界になると仮定する．このとき，つぎの (i) と (ii) は同値である：

(i) X_n は漸近的 ρ-同程度一様確率連続である；

(ii) $\mathrm{P}(X \in UC(T,\rho)) = 1$.

証明 (i) が成り立つとする．いま，写像 $g : \ell^\infty(T) \to \ell^\infty((0,1))$ を，$z \in \ell^\infty(T)$ に対して
$$\Pi_\delta g(z) = g(z)(\delta) \equiv \sup_{\rho(s,t)<\delta}\bigl|z(s)-z(t)\bigr|, \qquad 0 < \delta < 1$$

と定義する．この写像は連続である．これは
$$\bigl\|g(y)-g(z)\bigr\|_\infty = \sup_{0<\delta<1}\bigl|\Pi_\delta g(y) - \Pi_\delta g(z)\bigr| \le 2\|y-z\|_T$$

からわかる．したがって，座標射影 $\Pi_\delta g(\cdot) : \ell^\infty((0,1)) \to \mathbb{R}$ も連続となり，連続写像定理から $\Pi_\delta g(X_n) \rightsquigarrow \Pi_\delta g(X)$ が成り立つ．よってポルトマント定理から，すべての $0 < \delta < 1$ に対して $\liminf \mathrm{P}_*(\Pi_\delta g(X_n) > \epsilon) \ge \mathrm{P}(\Pi_\delta g(X) > \epsilon)$

が成り立つ．この不等式の左辺に条件 (i) を適用すると，すべての $\epsilon, \eta > 0$ に対して $\mathrm{P}(\Pi_\delta g(X) > \epsilon) < \eta$ が成り立つように $\delta > 0$ を定めることができる．いま，各 $m \in \mathbb{N}$ に対して $\epsilon = \eta = 2^{-m}$ ととり，それに対応して $\delta_m \downarrow 0$ を定めると，Borel–Cantelli の補題より

$$\mathrm{P}\bigl(\Pi_{\delta_m} g(X) > 2^{-m} \text{ i.o.}\bigr) = \mathrm{P}\Bigl(\sup_{\rho(s,t)<\delta_m} |X(s)-X(t)| > 2^{-m} \text{ i.o.}\Bigr) = 0$$

を得る．すなわち，ほとんどすべての $\omega \in \Omega$ に対して，$|X(s,\omega) - X(t,\omega)| \leq 2^{-m}$ が，すべての $\rho(s,t) < \delta_m$ と十分大きなすべての m に対して成り立つ．このことは，X のほとんどすべての見本過程が $UC(T,\rho)$ に含まれることを示している．

(ii) を仮定する．$UC(T,\rho)$ はポーランド空間なので，ここに値をとる確率要素 X はタイトである．したがって，補題 3.14 (2) より X_n は漸近的タイトであり，すべての $\eta > 0, \epsilon > 0$ に対して，コンパクト集合 $K \subset UC(T,\rho)$ を

$$\mathrm{P}(X \in K) \geq 1 - \eta, \qquad \liminf \mathrm{P}_*(X_n \in K^\epsilon) \geq 1 - \eta$$

をみたすように選ぶことができる．コンパクト集合は全有界であるので，K は有限個の点 $z_1, \ldots, z_p \in UC(T,\rho)$ を中心とする半径 $\epsilon/3$ の開球で覆われる．また，すべての z_i, $i = 1, \ldots, p$ に対して，$\delta > 0$ を $\rho(s,t) < \delta$ ならば $|z_i(s) - z_i(t)| < \epsilon/3$ をみたすように選ぶことができる．よって，任意の $z \in K$ に対して z_i を $\|z - z_i\|_T < \epsilon/3$ をみたす点とすると，$\rho(s,t) < \delta$ ならば $|z(s) - z(t)| \leq 2\epsilon/3 + |z_i(s) - z_i(t)| < \epsilon$ が成り立つ．すなわち，K は同程度一様連続である．いま，$\tilde{z} \in K^\epsilon$ に対して $z \in K$ を $\|\tilde{z} - z\|_T < \epsilon$ をみたすようにとると，$\rho(s,t) < \delta$ ならば $|\tilde{z}(s) - \tilde{z}(t)| \leq 2\epsilon + |z(s) - z(t)| < 3\epsilon$ が成り立つので，

$$K^\epsilon \subset \Bigl\{ z : \sup_{\rho(s,t)<\delta} |z(s) - z(t)| \leq 3\epsilon \Bigr\}$$

が得られる．したがって，すべての $\eta > 0, \epsilon > 0$ に対して適当に $\delta > 0$ を選ぶと，

$$\liminf_{n \to \infty} \mathrm{P}_*\Bigl(\sup_{\rho(s,t)<\delta} |X_n(s) - X_n(t)| \leq 3\epsilon\Bigr) \geq 1 - \eta$$

が成り立つ． □

写像列 X_n の極限 X の候補は周辺写像の収束から同定できる．つぎに，定理 3.28 によれば，T を全有界にし X の見本過程を一様連続にするような準距離 ρ を見つける必要がある．そのような準距離の候補として，準距離の族

$$\rho_r(s,t) = \left(\mathrm{E}|X(s) - X(t)|^r\right)^{1/(r\vee 1)}, \qquad 0 < r < \infty$$

に属するある ρ_r を考えることはしばしば有用である．この準距離と定理 3.28 をみたす準距離との間には興味深い関連がある．いま，$\ell^\infty(T)$ の過程 X と T 上の準距離 ρ に対して，$\rho(s_n, t_n) \to 0$ のときつねに $\mathrm{E}|X(s_n) - X(t_n)|^r \to 0$ が成り立つならば X は **r 次平均 ρ-一様連続** (uniformly ρ-continuous in rth mean) であるとよばれる．

補題 3.29 X を $\ell^\infty(T)$ に値をとるタイトな Borel 可測写像とする．このとき，T 上に準距離 ρ が存在して (T, ρ) は全有界となり，$\mathrm{P}(X \in UC(T, \rho)) = 1$ が成り立つ．さらに，ある $0 < r < \infty$ に対して X が r 次平均 ρ-一様連続ならば，準距離 ρ_r に対して (T, ρ_r) は全有界となり $\mathrm{P}(X \in UC(T, \rho_r)) = 1$ が成り立つ．

証明 写像列 $X_n \equiv X$ は漸近的タイトであるので，補題の最初の主張は定理 3.26 と 3.28 から直ちに導かれる．

写像 $t \mapsto X(t)$ は r 次平均 ρ-一様連続なので，すべての $\epsilon > 0$ に対して $\delta > 0$ を適当に選べば，$\rho(s, t) < \delta$ のときつねに $\rho_r(s, t) < \epsilon$ が成り立つ．したがって，T が ρ に関して全有界ならば ρ_r に関しても同様である．簡単のため X のすべての見本過程は ρ-一様連続であるとする．一般に，準距離空間の部分集合上で定義された一様連続関数は，その定義域の閉包上の連続関数への一意的な拡張をもつ．したがって，すべての見本過程 $X(t, \omega)$ は $(\tilde{T}, \tilde{\rho})$ 上の連続関数 $\tilde{X}(t, \omega)$ に拡張される．ここで，$(\tilde{T}, \tilde{\rho})$ は T の ρ に関する完備化である．$\tilde{T}$ は全有界であるのでコンパクト空間である．

いま，見本過程 $t \mapsto X(t, \omega)$ は ρ_r-一様連続でないとする．このとき，ある $\epsilon > 0$ と $\rho_r(s_n, t_n) \to 0$ をみたすある点列 $s_n, t_n \in T$ が存在して，すべての n において $|X(s_n, \omega) - X(t_n, \omega)| \geq \epsilon$ となる．$\tilde{T}$ のコンパクト性から，点列 s_n, t_n はそれぞれある $s, t \in \tilde{T}$ に収束する部分列 $s_{n'}, t_{n'}$ をもつ．したがって，まず $X(s_{n'}, \omega) - X(t_{n'}, \omega) \to \tilde{X}(s, \omega) - \tilde{X}(t, \omega) \neq 0$ が成り立つ．つぎに，$s_{n'}$ は (T, ρ) における基本列なので，X の r 次平均 ρ-一様連続性から，$X(s_{n'})$ は $L_r(\mathrm{P})$ 空間における基本列になる．したがって，$s_{n'} \to s$ のとき $X(s_{n'})$ はある $\check{X} \in L_r(\mathrm{P})$ に r 次平均収束する．一方，すべての ω に対して $X(s_{n'}, \omega) \to \tilde{X}(s, \omega)$ なので，ほとんどすべての ω に対して $\check{X}(\omega) = \tilde{X}(s, \omega)$ である．よって，$\rho_r(s_{n'}, s) \to 0$ が成り立つ．同様にして $\rho_r(t_{n'}, t) \to 0$ が示される．したがって，$\rho_r(s, t) \leq \rho_r(s_{n'}, s) + \rho_r(t_{n'}, t) + \rho_r(s_{n'}, t_{n'})$ より，$\rho_r(s, t) = 0$ が成り立つ．以上より，$\rho_r(s, t) = 0$ しかし $\tilde{X}(s, \omega) \neq \tilde{X}(t, \omega)$ となるような点

$s, t \in \tilde{T}$ をもたない見本過程 $X(t, \omega)$ は ρ_r-一様連続である.

いま,N をそのような s, t をもつ見本過程を与える ω の集合とする.また,A を $\{(s,t) \in \tilde{T} \times \tilde{T} : \rho_r(s,t) = 0\}$ の ρ に関する稠密な可算部分集合とする.$\tilde{X}(t, \omega)$ は $\tilde{\rho}$-連続であるから,N はまた $X(s, \omega) \neq X(t, \omega)$ となるような $(s,t) \in A$ をもつ見本過程を与える ω の集合でもある.ρ_r の定義から,任意に固定した $(s,t) \in A$ において,ほとんどすべての ω に対して $X(s, \omega) = X(t, \omega)$ が成り立つので,N は零集合である.よって,ほとんどすべての見本過程は ρ_r-一様連続である.□

$\ell^\infty(T)$ において最も多く出現する極限過程は Gauss 過程である.確率過程 $X = \{X(t) : t \in T\}$ のすべての有限次元周辺確率ベクトル $(X(t_1), \ldots, X(t_k))$ が $\mathbb{R}^k$ 上の多変量正規分布にしたがうとき,X は **Gauss 過程** (Gaussian process) とよばれる.この場合,X から自然に構成される 2 次モーメント準距離 ρ_2 が最も取り扱いやすい.一般にはつぎが成り立つ.

定理 3.30 $\ell^\infty(T)$ に値をとる Gauss 過程 X がタイトであるための必要十分条件は,ある $r > 0$ に対して(このとき,すべての $r > 0$ に対して)(T, ρ_r) が全有界となり,$\mathrm{P}(X \in UC(T, \rho_r)) = 1$ となることである.

証明 全有界な準距離空間 (T, ρ_r) に対して,$UC(T, \rho_r) \subset \ell^\infty(T)$ はポーランド空間であることに注意すると,十分性は明らかである.

いま,X はタイトであるとする.補題 3.29 から,T 上の準距離 ρ が存在して,(T, ρ) が全有界で $\mathrm{P}(X \in UC(T, \rho)) = 1$ となる.もし,X が r 次平均 ρ-一様連続ならば,この補題の後半から必要性が導かれる.X が Gauss 過程の場合はこの一様連続性が自動的に成り立つ.実際,$\rho(s_n, t_n) \to 0$ のとき,ほとんどすべての ω に対して $|X(s_n, \omega) - X(t_n, \omega)| \to 0$ なので,$X(s_n) - X(t_n) \rightsquigarrow 0$ である.すべての $X(s_n) - X(t_n)$ は正規分布にしたがっているので,これが成り立つのは $\mathrm{E}(X(s_n) - X(t_n)) \to 0$, $\mathrm{Var}(X(s_n) - X(t_n)) \to 0$ の場合に限られる.正規分布においては r 次絶対モーメントは 1 次と 2 次のモーメントの連続関数であるから,したがって $\mathrm{E}|X(s_n) - X(t_n)|^r \to 0$ となる.□

以上の議論をまとめると,X_n が $\ell^\infty(T)$ において Gauss 過程 X のタイトなバージョンに弱収束するための条件は,つぎの系で与えられる.

系 3.31 X を Gauss 過程とし,それから構成される自然な準距離を ρ_r とする.

$X_n : \Omega_n \to \ell^\infty(T)$ を任意の写像列とする．このとき，X のバージョンであるような $\ell^\infty(T)$ 値タイト Borel 可測写像 $\tilde{X}$ が存在して，$X_n \rightsquigarrow \tilde{X}$ となるための必要十分条件は，ある $r > 0$ に対して（このとき，すべての $r > 0$ に対して）つぎの (i)〜(iii) が成り立つことである：

(i) すべての有限部分集合 $\{t_1, \ldots, t_k\} \subset T$ に対して
$$(X_n(t_1), \ldots, X_n(t_k)) \rightsquigarrow (X(t_1), \ldots, X(t_k));$$

(ii) X_n は漸近的 ρ_r-同程度一様確率連続である；

(iii) (T, ρ_r) は全有界な準距離空間である．

証明 十分性は，定理 3.26 の漸近的タイトの特徴づけ (iii) と定理 3.25 (2) から直ちに示される．必要性を示すため，仮定をみたす $\tilde{X}$ に対して $X_n \rightsquigarrow \tilde{X}$ とする．このとき，定理 3.25 から (i) が導かれる．つぎに，$\tilde{X}$ はタイト Gauss 過程であるから，定理 3.30 より任意の $r > 0$ に対して (iii) と $P(\tilde{X} \in UC(T, \rho_r)) = 1$ が成り立つことがわかる．最後に，定理 3.28 から (ii) が得られる．   □

一般の Banach 空間 $\mathbb{B}$ に対して，X を $\mathbb{B}$ 上の Borel 可測確率要素とする．このとき，すべての連続線形写像 $\phi : \mathbb{B} \to \mathbb{R}$ に対して，言い換えると，すべての $\phi \in \mathbb{B}^*$（$\mathbb{B}$ の共役空間）に対して，$\phi(X)$ が正規分布にしたがうならば，X は Banach 空間 $\mathbb{B}$ 上の **Gauss 過程** とよばれる．ある集合 T に対して $\mathbb{B} = \ell^\infty(T)$ であるとき，座標射影の線形結合だけはなく，すべての連続線形汎関数を使うので，この定義は 83 ページで与えた Gauss 過程の定義に矛盾する．実際，この二つの定義は一般に一致しない．しかしながら，X がタイトならば両者は同値である．証明は van der Vaart and Wellner[7] の 3.9.2 節と Kosorok[3] の 7.1 節の中で与えられている．

命題 3.32 X は $\ell^\infty(T)$ へのタイトな Borel 可測写像とする．このとき，つぎの (i)〜(iii) は同値である：

(i) すべての有限集合 $\{t_1, \ldots, t_k\} \subset T$ に対して，$(X_{t_1}, \ldots, X_{t_k})$ は多変量正規分布にしたがう；

(ii) すべての連続線形写像 $\phi : \ell^\infty(T) \to \mathbb{R}$ に対して，$\phi(X)$ は正規分布にしたがう；

(iii) 任意の Banach 空間 $\mathbb{B}$ へのすべての連続線形写像 $\phi : \ell^\infty(T) \to \mathbb{B}$ に対して，$\phi(X)$ は $\mathbb{B}$ 上の Gauss 過程である．

3.3 Glivenko–Cantelli クラスと Donsker クラス

3.3.1 序

ここでは，例 3.3 (65 ページ) で取り扱った経験過程をより一般的な枠組みで議論する．標本空間 $(\mathcal{X}, \mathcal{B})$ に値をとる確率要素のサンプルを $X_1, \ldots, X_n$ とするとき，その**経験測度** (empirical measure) $\mathbb{P}_n$ は

$$\mathbb{P}_n(C) \equiv \frac{1}{n} \sum_{i=1}^n 1\{X_i \in C\}, \qquad C \in \mathcal{B}$$

で定義される．または，観測点 X_i における Dirac 測度 δ_{X_i} を用いると，それは重み n^{-1} の線形結合 $\mathbb{P}_n = n^{-1} \sum_{i=1}^n \delta_{X_i}$ として表すことができる．いま，$\mathcal{F}$ を可測関数 $f : \mathcal{X} \to \mathbb{R}$ の一つの集合とする．このとき，経験測度は $\mathcal{F}$ から $\mathbb{R}$ への写像

$$f \mapsto \mathbb{P}_n f = \frac{1}{n} \sum_{i=1}^n f(X_i)$$

を導く．サンプル $X_1, \ldots, X_n$ の共通の分布を P とするとき，この写像の中心とスケールをあわせたバージョン $\mathbb{G}_n$ を

$$f \mapsto \mathbb{G}_n f \equiv \sqrt{n}(\mathbb{P}_n - P)f = \frac{1}{\sqrt{n}} \sum_{i=1}^n \bigl(f(X_i) - Pf\bigr)$$

で定義する．これを $\mathcal{F}$ で添え字づけされた**経験過程** (empirical process) とよぶ．しばしば，符号つき測度 $\mathbb{G}_n = n^{-1/2} \sum_{i=1}^n (\delta_{X_i} - P)$ は経験過程と同一視される．ここで，符号つき測度 Q と可測関数 f に対して $\int f \, dQ$ を Qf と略記する．

与えられた f に対して，もし $P|f| < \infty$ あるいは $Pf^2 < \infty$ ならば，大数の法則と中心極限定理から，それぞれ

$$\mathbb{P}_n f \overset{\text{as}}{\to} Pf,$$
$$\mathbb{G}_n f \rightsquigarrow N\bigl(0, P(f - Pf)^2\bigr)$$

が成り立つことが知られている．ここでは，これら二つの収束に関する主張を $f \in \mathcal{F}$ に関して一様なものに強めることに関心がある．

いま，符号つき測度 Q に対して $\|Q\|_{\mathcal{F}} = \sup\{|Qf| : f \in \mathcal{F}\}$ と定めると，一様性を考慮した大数の法則は

$$\|\mathbb{P}_n - P\|_{\mathcal{F}} \overset{\text{as}^*}{\to} 0$$

となる.もしクラス $\mathcal{F}$ がこの収束をみたすならば,$\mathcal{F}$ は **Glivenko–Cantelli** クラスとよばれる.測度 P との関連を強調するため **P-Glivenko–Cantelli** クラスということもある.もし上の収束が外確率収束 $\xrightarrow{P^*}$ で成り立つならば,$\mathcal{F}$ は **弱 Glivenko–Cantelli** クラスとよばれる.

中心極限定理の一様収束を議論するため,すべての $x \in \mathcal{X}$ に対して

$$\sup_{f \in \mathcal{F}} |f(x) - Pf| < \infty$$

と仮定する.この条件のもとで経験過程 $\mathbb{G}_n = \{\mathbb{G}_n f : f \in \mathcal{F}\}$ は $\ell^\infty(\mathcal{F})$ への写像とみることができる.したがって,$\ell^\infty(\mathcal{F})$ において $\mathbb{G}_n$ があるタイトな $\ell^\infty(\mathcal{F})$ 値 Borel 可測写像 $\mathbb{G}$ に弱収束する,すなわち

$$\mathbb{G}_n = \sqrt{n}(\mathbb{P}_n - P) \rightsquigarrow \mathbb{G} \tag{3.5}$$

となる条件を明らかにする必要がある.もしクラス $\mathcal{F}$ が $\ell^\infty(\mathcal{F})$ において弱収束 (3.5) をみたすならば,$\mathcal{F}$ は **Donsker** クラスまたは **P-Donsker** クラスとよばれる.

極限過程の性質はその周辺分布から導かれる.もし $Pf^2 < \infty$ ならば,周辺写像 $\mathbb{G}_n f$ は収束し,その場合多次元中心極限定理から,すべての有限集合 $\{f_1, \ldots, f_k\} \subset \mathcal{F}$ に対して

$$(\mathbb{G}_n f_1, \ldots, \mathbb{G}_n f_k) \rightsquigarrow N(0, \Sigma)$$

が成り立つ.ここで,$N(0, \Sigma)$ は k 変量正規分布で,$k \times k$ 行列 Σ の (i,j) 要素は $P(f_i - Pf_i)(f_j - Pf_j)$ である.空間 $\ell^\infty(\mathcal{F})$ における収束は周辺写像の収束をともなうので,極限過程 $\mathbb{G} = \{\mathbb{G}f : f \in \mathcal{F}\}$ は平均 0,共分散関数

$$\mathrm{E}[\mathbb{G}f \mathbb{G}g] = P[(f - Pf)(g - Pg)] = P[fg] - PfPg \tag{3.6}$$

の Gauss 過程となるはずである.補題 3.24 によれば,この事実とタイト性が $\mathbb{G}$ の $\ell^\infty(\mathcal{F})$ における分布を完全に決定している.この極限過程 $\mathbb{G}$ を **P-Brown 橋** (P-Brownian bridge) とよぶ.

後の 3.3.7 項の注意(119 ページ)で示されるように,すべての Donsker クラスは Glivenko–Cantelli クラスである.逆は必ずしも成り立たない.なお,Glivenko–Cantelli クラスと Donsker クラスの定義において,外積分を考える基準の確率空間として直積空間 $(\mathcal{X}^\infty, \mathcal{B}^\infty, P^\infty)$ をとり,$X_1, \ldots, X_n$ は $\mathcal{X}^\infty$ の $\mathcal{X}^n$ 上への射影と考えている.

3.3 Glivenko–Cantelli クラスと Donsker クラス

例 3.6 (**Donsker の定理**) $X_1, \ldots, X_n$ は独立で同一の分布にしたがう $\mathbb{R}^d$ 値確率要素とし，$\mathcal{F}$ を $\mathbb{R}^d$ のすべての下側区間 $(-\infty, t] = (-\infty, t_1] \times \cdots \times (-\infty, t_d]$ の定義関数からなる集合 $\mathcal{F} = \{1_{(-\infty, t]}(x) : t \in \bar{\mathbb{R}}^d\}$ とする．このとき，$\mathcal{F}$ の要素で添え字づけされた経験測度 $\mathbb{P}_n f$ は，d 次元の経験分布関数

$$t \mapsto \mathbb{P}_n 1_{(-\infty, t]} = \frac{1}{n} \sum_{i=1}^n 1\{X_i \leq t\}$$

と同一視できる．1 次元の場合は例 3.3 (65 ページ) で取り扱った．この下側区間のクラス $\mathcal{F}$ が $X_1, \ldots, X_n$ の任意の分布 P に対して Donsker クラスとなることは，Donsker による古典的な結果として知られている．この事実は，例 3.11 (119 ページ) で述べられるように，より一般的な関数の集合で添え字づけされた経験過程に対する結果から得られる．

例 3.7 標本空間 $(\mathcal{X}, \mathcal{B})$ の可測集合からなる一つの集合族を $\mathcal{C}$ とし，クラス $\mathcal{F}$ は $\mathcal{C}$ の要素の定義関数からなる集合とする．この場合，$C \in \mathcal{C}$ と $1_C \in \mathcal{F}$ を同一視すると，集合を添え字とする経験過程

$$C \mapsto \mathbb{P}_n(C) = \frac{1}{n} \sum_{i=1}^n 1\{X_i \in C\}$$

が得られる．したがって，もし $\|\mathbb{P}_n - P\|_\mathcal{C} \xrightarrow{P^*} 0$ または $\xrightarrow{as^*} 0$ ならば，$\mathcal{C}$ をそれぞれ弱 Glivenko–Cantelli クラスまたは Glivenko–Cantelli クラスとよび，もし $\sqrt{n}(\mathbb{P}_n - P)$ が $\ell^\infty(\mathcal{C})$ においてあるタイトな極限に弱収束するならば，$\mathcal{C}$ を Donsker クラスとよぶ．

$L_2(P)$ の各要素 f に対して，$f(X)$ の標準偏差

$$\rho_P(f) = \{P(f - Pf)^2\}^{1/2}$$

を考える．関数 $f \mapsto \rho_P(f)$ は，任意の $\alpha \in \mathbb{R}$ と $f, g \in L_2(P)$ に対して
 (i) $\rho_P(\alpha f) = |\alpha| \rho_P(f)$;
 (ii) $\rho_P(f + g) \leq \rho_P(f) + \rho_P(g)$
をみたしている．すなわち，ρ_P は $L_2(P)$ 上の半ノルムとなる．明らかに，$d_P(f, g) \equiv \rho_P(f - g)$ は $L_2(P)$ 上の準距離となる．

クラス $\mathcal{F} \subset L_2(P)$ に対して，$\{\mathbb{G}f : f \in \mathcal{F}\}$ を平均 0，共分散関数 (3.6) をもつ Gauss 過程とする．Kolmogorov の存在定理から，このような過程はつねに存在する．このとき，$\rho_2(f, g) = \{\mathrm{E}|\mathbb{G}f - \mathbb{G}g|^2\}^{1/2} = \rho_P(f - g)$ が成り立つ．したがって，系 3.31 からつぎの結果が導かれる．

系 3.33 $\mathcal{F} \subset L_2(P)$ が Donsker クラスであるための必要十分条件は，つぎの (i) と (ii) が成り立つことである：

(i) $(\mathcal{F}, d_P)$ は全有界な準距離空間である；

(ii) すべての $\epsilon > 0$ に対して

$$\lim_{\delta \downarrow 0} \limsup_{n \to \infty} \mathrm{P}^* \Big(\sup_{\rho_P(f-g) < \delta} |\mathbb{G}_n(f-g)| > \epsilon \Big) = 0.$$

注意：$\mathcal{F}_\delta = \{f - g : f, g \in \mathcal{F}, \rho_P(f-g) < \delta\}$ という表記を用いると，条件 (ii) はつぎの主張と同等である：すべての減少列 $\delta_n \downarrow 0$ に対して

$$\|\mathbb{G}_n\|_{\mathcal{F}_{\delta_n}} \xrightarrow{\mathrm{P}^*} 0.$$

この節の主たる関心は，この漸近的同程度連続条件の確認である．証明は省くが，つぎの結果は，条件 $\|P\|_\mathcal{F} < \infty$ のもとでは ρ_P-半ノルムの代わりに $L_2(P)$-ノルム $\|\cdot\|_{P,2}$ を使うことができることを示している．

系 3.34 $\|P\|_\mathcal{F} < \infty$ ならば，$\mathcal{F} \subset L_2(P)$ が Donsker であるための必要十分条件はつぎの (i) と (ii) が成り立つことである：

(i) $\mathcal{F}$ は $\|\cdot\|_{P,2}$ から導入される距離に関して全有界である；

(ii) すべての $\delta_n \downarrow 0$ に対して，$\|\mathbb{G}_n\|_{\mathcal{F}_{\delta_n}} \xrightarrow{\mathrm{P}^*} 0$ である．ここで $\mathcal{F}_\delta = \{f - g : f, g \in \mathcal{F}, \|f - g\|_{P,2} < \delta\}$ である．

3.3.2 最大不等式と被覆数

ここでは，経験過程の漸近的同程度連続性を示すために有用な**最大不等式** (maximal inequality) とよばれる不等式のクラスを導出する．しかし，これらの不等式は広範な応用可能性をもっているので，経験過程を離れ一般的な枠組みで記述する．

いま，関数 $\psi : [0, \infty) \to [0, \infty)$ は $\psi(0) = 0$ と $\psi \not\equiv 0$ をみたす非減少凸関数とし，X は確率変数とする．このとき，X の **Orlicz** ノルムまたは **ψ-**ノルム $\|X\|_\psi$ は

$$\|X\|_\psi \equiv \inf \Big\{ c > 0 : \mathrm{E}\psi\Big(\frac{|X|}{c}\Big) \leq 1 \Big\}$$

で定義される．ここで，もし $\mathrm{E}\psi(|X|/c) \leq 1$ をみたす $c < \infty$ が存在しないならば，$\|X\|_\psi = \infty$ と定める．Jensen の不等式を使うと，$\|\cdot\|_\psi$ は実際 $\|X\|_\psi < \infty$ をみたす確率変数の集合上のノルムとなることが示される．このノルムの最もよく知られた例は，関数 $x \mapsto x^r$ $(r \geq 1)$ に対応する Orlicz ノルムである：それ

は正に L_r-ノルム $\|X\|_r \equiv (\mathrm{E}|X|^r)^{1/r}$ である．最大不等式の議論においては，X の尾部の動きを強調する関数 $\psi_r(x) = e^{x^r} - 1 \ (r \geq 1)$ を使って定義される Orlicz ノルムにとくに関心がある．明らかに，$x^r \leq \psi_r(x)$ なので，各 r に対して $\|X\|_r \leq \|X\|_{\psi_r}$ である．すべての ψ_r-Orlicz ノルムが任意の L_r-ノルムより大きいというのは正しくない．しかしながら，すべての $1 \leq r \leq s$ に対して

$$\|X\|_r \leq \lceil r \rceil! \, \|X\|_{\psi_1}, \qquad \|X\|_{\psi_r} \leq \|X\|_{\psi_s} (\log 2)^{1/s - 1/r} \tag{3.7}$$

が成り立つことが示される．ここでの目的においては不等式の定数は意味をもたないので，この二つの不等式の関係は，ψ_r-Orlicz ノルムに関する上界は任意の L_r ノルムに関する上界より良い結果を与えることを示している．

収束に関しても Orlicz ノルムは L_r-ノルムと同様な性質をもっている．

補題 3.35 関数 $\psi : [0, \infty) \to [0, \infty)$ は $\psi(0) = 0$ と $\psi \not\equiv 0$ をみたす非減少凸関数とし，X_n を任意の確率変数列とする．
(1) ほとんど確実に $0 \leq X_n \uparrow X$ ならば，$\|X_n\|_\psi \uparrow \|X\|_\psi$ である．
(2) $\|X_n\|_\psi \to 0$ ならば $X_n \xrightarrow{\mathrm{P}} 0$ である．

任意の Orlicz ノルムは分布の尾部を評価するために使われる．Markov の不等式から

$$\mathrm{P}(|X| > x) \leq \mathrm{P}\left(\psi\left(\frac{|X|}{\|X\|_\psi}\right) \geq \psi\left(\frac{x}{\|X\|_\psi}\right)\right) \leq 1 \wedge \psi\left(\frac{x}{\|X\|_\psi}\right)^{-1} \tag{3.8}$$

が成り立つことがわかる．つぎの結果は，$\psi_r(x) = e^{x^r} - 1$ にもとづく Orlicz ノルムがどのように尾部確率と関連しているかを述べたものである．

補題 3.36 確率変数 X と任意の $r \geq 1$ に対して，つぎの (i) と (ii) は同値である：
(i) $\|X\|_{\psi_r} < \infty$;
(ii) 定数 $0 < C, K < \infty$ が存在して，すべての $x > 0$ に対して

$$\mathrm{P}(|X| > x) \leq K e^{-Cx^r}. \tag{3.9}$$

さらに，もし条件 (i), (ii) のどちらかが成り立つならば，$K = 2$ と $C = \|X\|_{\psi_r}^{-r}$ が式 (3.9) をみたす．また，式 (3.9) をみたす任意の $0 < C, K < \infty$ に対して，$\|X\|_{\psi_r} \leq ((1+K)/C)^{1/r}$ が成り立つ．

証明 (i) を仮定する．このとき，すべての $u > 0$ に対して，$1 \wedge (e^u - 1)^{-1} \leq 2e^{-u}$

が成り立つことに注意すると，式 (3.8) の右端の項が $2\exp(-\|X\|_{\psi_r}^{-r}x^r)$ 以下であることがわかる．よって，(ii) と残りの主張の前半が得られる．つぎに (ii) を仮定する．Fubini の定理を使うと，任意の $c\in(0,C)$ に対して

$$\mathrm{E}\bigl(e^{c|X|^r}-1\bigr) = \mathrm{E}\int_0^{|X|^r} ce^{cs}\,ds = \int_0^\infty \mathrm{P}(|X|>s^{1/r})ce^{cs}\,ds$$
$$\leq \int_0^\infty Ke^{-Cs}ce^{cs}\,ds = \frac{Kc}{C-c}$$

となることがわかる．いま，c が $c\leq C/(1+K)$，言い換えるならば，$c^{-1/r}\geq ((1+K)/C)^{1/r}$ をみたしているならば，つねに $Kc/(C-c)\leq 1$ である．よって，$\|X\|_{\psi_r}\leq ((1+K)/C)^{1/r}<\infty$ が成り立つ． $\square$

Orlicz ノルムの重要な用途は最大量の動きの評価である．有限個の確率変数 $X_1,\dots,X_m$ の最大量 $\max_i X_i$ について，単純な不等式 $\max_i |X_i|^r \leq \sum_i |X_i|^r$ から，L_r-ノルムに関して

$$\Bigl\|\max_{1\leq i\leq m} X_i\Bigr\|_r \leq \Bigl(\mathrm{E}\Bigl[\max_{1\leq i\leq m}|X_i|^r\Bigr]\Bigr)^{1/r} \leq m^{1/r}\max_{1\leq i\leq m}\|X_i\|_r$$

が成り立つことが容易にわかる．つぎの補題は Orlicz ノルムに関しても同様な結果が成り立つことを示している．

補題 3.37 (最大不等式)　関数 $\psi:[0,\infty)\to[0,\infty)$ は $\psi(0)=0$ と $\psi\not\equiv 0$ をみたす非減少凸関数で，ある $c>0$ に対して $\limsup_{x,y\to\infty}\psi(x)\psi(y)/\psi(cxy)<\infty$ をみたすとする．このとき，任意の確率変数 $X_1,\dots,X_m$ に対して

$$\Bigl\|\max_{1\leq i\leq m} X_i\Bigr\|_\psi \leq \Bigl\|\max_{1\leq i\leq m}|X_i|\Bigr\|_\psi \leq K\psi^{-1}(m)\max_{1\leq i\leq m}\|X_i\|_\psi$$

が成り立つ．ここで，K は ψ のみに関係する定数である．

証明　最初に，関数 ψ をすべての $x,y\geq 1$ に対して $\psi(x)\psi(y)/\psi(cxy)\leq 1$ および $\psi(1)\leq 1/2$ をみたすものに限定する．このとき，すべての $x\geq y\geq 1$ に対して $\psi(x/y)\leq \psi(cy)/\psi(y)$ が成り立つ．ゆえに，すべての $y\geq 1$ と $a>0$ に対して

$$\max_{1\leq i\leq m}\psi\Bigl(\frac{|X_i|}{ay}\Bigr) \leq \max_{1\leq i\leq m}\Bigl[\frac{\psi(c|X_i|/a)}{\psi(y)}+\psi\Bigl(\frac{|X_i|}{ay}\Bigr)1\Bigl\{\frac{|X_i|}{ay}<1\Bigr\}\Bigr]$$
$$\leq \sum_{i=1}^m \frac{\psi(c|X_i|/a)}{\psi(y)}+\psi(1)$$

となる．総和の各項において $a=c\max_i\|X_i\|_\psi$ とおき，両辺の期待値をとると，

3.3 Glivenko–Cantelli クラスと Donsker クラス

$\mathrm{E}\psi(|X_i|/\max_i \|X_i\|) \leq \mathrm{E}\psi(|X_i|/\|X_i\|) \leq 1$ から

$$\mathrm{E}\psi\left(\frac{\max_{1\leq i\leq m}|X_i|}{ay}\right) \leq \frac{m}{\psi(y)} + \psi(1)$$

を得る．ここで $y = \psi^{-1}(2m)$ とすると，右辺は 1 以下であるので，

$$\left\|\max_{1\leq i\leq m}|X_i|\right\|_\psi \leq c\psi^{-1}(2m)\max_{1\leq i\leq m}\|X_i\|_\psi$$

が成り立つ．関数 ψ の凸性と $\psi(0) = 0$ という事実から，$\psi(2\psi^{-1}(m))/2 \geq \psi(\psi^{-1}(m)) = m$，したがって，$\psi^{-1}(2m) \leq 2\psi^{-1}(m)$ であるので，最初に限定した ψ に対しては $K = 2c$ で補題の主張が成立する．

補題の仮定をみたす ψ に対して，定数 $0 < \sigma \leq 1$ と $\tau > 0$ を，すべての $x, y \geq 1$ に対して $\sigma\psi(\tau x)\psi(\tau y)/\psi(c(\tau x)(\tau y)) \leq 1$ および $\sigma\psi(\tau) \leq 1/2$ をみたすように定める．このとき，$\phi(x) = \sigma\psi(\tau x)$ とおくと，これは定数 $\tilde{c} = \tau c$ に対して最初に述べた制約をみたす関数となる．さらに，この ϕ に対しては，すべての $u > 0$ において $\phi^{-1}(u) = \psi^{-1}(u/\sigma)/\tau \leq \psi^{-1}(u)/(\sigma\tau)$ が成り立ち，任意の確率変数 X に対しては，$\|X\|_\psi \leq \|X\|_\phi/(\sigma\tau) \leq \|X\|_\psi/\sigma$ が成り立つ．ゆえに

$$\sigma\tau\left\|\max_{1\leq i\leq m}X_i\right\|_\psi \leq \left\|\max_{1\leq i\leq m}X_i\right\|_\phi \leq 2\tilde{c}\phi^{-1}(m)\max_{1\leq i\leq m}\|X_i\|_\phi$$
$$\leq \frac{2\tilde{c}}{\sigma}\psi^{-1}(m)\max_{1\leq i\leq m}\|X_i\|_\psi$$

となる．したがって，$K = 2c/\sigma^2$ とすれば求める結果が得られる． □

補題 3.37 の重要性は，有界な ψ-ノルムをもつ m 個の確率変数の最大量の増大レートを $\psi^{-1}(m)$ で評価しているというところにある．任意の $r \geq 1$ に対して，ψ_r は補題 3.37 の条件を $c = 1$ に対してみたしている．この場合 $\psi_r^{-1}(m) = \left(\log(m+1)\right)^{1/r}$ なので，最大量の増大のレートは対数関数的であるという結論が得られる．

いま，m 個の確率変数 $X_1, \ldots, X_m$ を考える．それらの尾部確率 $\mathrm{P}(|X_i| > x)$, $i = 1, \ldots, m$ は，ある共通の $a, b \geq 0$ とすべての $x > 0$ に対して

$$\mathrm{P}(|X_i| > x) \leq 2e^{-\frac{1}{2}\frac{x^2}{b+ax}} \tag{3.10}$$

をみたしているとする．$a, b > 0$ のとき，この不等式の上界は，大きな x に対しては指数タイプ $\exp(-x/(4a))$ であり，0 に近い x に対しては正規タイプ $\exp(-x^2/(4b))$ である．このことは，最大量 $\max_i X_i$ が ψ_1-と ψ_2-Orlicz ノルムで評価されることを示唆している．

補題 3.38 確率変数 $X_1, \ldots, X_m$ は，ある $a, b \geq 0$ に対して条件 (3.10) をみたすとする．このとき，
$$\left\| \max_{1 \leq i \leq m} |X_i| \right\|_{\psi_1} \leq K \left\{ a \log(1+m) + \sqrt{b} \sqrt{\log(1+m)} \right\}$$
が成り立つ．ここで，K は a, b および確率変数に無関係な普遍定数である．

証明 まず $a, b > 0$ とする．条件 (3.10) より，$x \leq b/a$ のとき $b + ax \leq 2b$ なので，$\mathrm{P}(|X_i| > x) \leq 2 \exp(-x^2/(4b))$；$x > b/a$ のとき $b/x + a \leq 2a$ なので，$\mathrm{P}(|X_i| > x) \leq 2 \exp(-x/(4a))$ を得る．これから，すべての $x > 0$ に対して $\mathrm{P}(|X_i| 1\{|X_i| \leq b/a\} > x) \leq 2 \exp(-x^2/(4b))$ と $\mathrm{P}(|X_i| 1\{|X_i| > b/a\} > x) \leq 2 \exp(-x/(4a))$ が導かれる．補題 3.36 から，Orlicz ノルム $\||X_i| 1\{|X_i| \leq b/a\}\|_{\psi_2}$ と $\||X_i| 1\{|X_i| > b/a\}\|_{\psi_1}$ はそれぞれ $\sqrt{12b}$ と $12a$ を超えない値となる．よって，補題 3.37 と不等式
$$\left\| \max_{1 \leq i \leq m} |X_i| \right\|_{\psi_1} \leq (\log 2)^{-1/2} \left\| \max_{1 \leq i \leq m} |X_i| 1\{|X_i| \leq b/a\} \right\|_{\psi_2}$$
$$+ \left\| \max_{1 \leq i \leq m} |X_i| 1\{|X_i| > b/a\} \right\|_{\psi_1}$$
を結びつけると求める結果が得られる．ここで，右辺第 1 項における ψ_1-ノルムの ψ_2-ノルムとの置き換えは関係式 (3.7) にもとづいている．

いま，$a > 0$ しかし $b = 0$ とする．このとき，尾部確率の上界 (3.10) はすべての $b > 0$ に対して成り立つので，補題の結果はすべての $b > 0$ に対して真である．したがって，求める結果は $b \downarrow 0$ とすれば得られる．同様な議論をすれば，$a = 0$ で $b > 0$ の場合の結果も示される．最後に，$a = b = 0$ のときは確率 1 で $X_i = 0, i = 1, \ldots, m$ なので，結論は自明である． □

有界な範囲に値をとる確率変数 $Y_1, Y_2, \ldots$ は独立で平均が 0 であるとする．このとき，和 $X_n = \sum_{i=1}^n Y_i, n = 1, \ldots, m$ は，大きな n に対して，近似的に分散 $v = \mathrm{Var}(Y_1 + \cdots + Y_n)$ の正規分布にしたがう．正規変量 $N(0, v)$ の尾部確率の上界は $\exp(-x^2/(2v))$ である．もし，すべての Y_i の値域が $[-M, M]$ に含まれるならば，つぎの不等式は X_n に対して条件 (3.10) タイプの上界を与える．

補題 3.39 (Bernstein の不等式) 確率変数 $Y_1, \ldots, Y_n$ は独立で平均 0 をもち，それらの値域は共通の有界区間 $[-M, M]$ に含まれているとする．このとき，すべての $x > 0$ と $v \geq \mathrm{Var}(Y_1 + \cdots + Y_n)$ に対して
$$\mathrm{P}(|Y_1 + \cdots + Y_n| > x) \leq 2 e^{-\frac{1}{2} \frac{x^2}{v + Mx/3}}$$
が成り立つ．

証明 $S = Y_1 + \cdots + Y_n$ とおく．任意の $x, t > 0$ に対して，$P(S \geq x) \leq e^{-tx}\mathrm{E}e^{tS} = e^{-tx}\prod_{i=1}^{n}\mathrm{E}e^{tY_i}$ が成り立つことに注意する．各 i に対して，

$$\mathrm{E}e^{tY_i} = 1 + t\mathrm{E}Y_i + \sum_{k=2}^{\infty}\frac{t^k}{k!}\mathrm{E}(Y_i^2 Y_i^{k-2}) \leq 1 + \mathrm{Var}(Y_i)\sum_{k=2}^{\infty}\frac{t^k}{k!}M^{k-2}$$

であるので，$g(t) = (e^{tM} - 1 - tM)/M^2$ とおくと，$\mathrm{E}e^{tY_i} \leq \exp\{\mathrm{Var}(Y_i)g(t)\}$ を得る．したがって，上の注意から $P(S \geq x) \leq \exp\{vg(t) - tx\}$ が導かれる．同様な議論から，$P(-S \geq x) \leq \exp\{vg(t) - tx\}$ も成り立つことがわかる．よって

$$P(|S| > x) \leq 2\inf_{t>0}\exp\{vg(t) - tx\} = 2\exp\left\{-\frac{1}{2}\frac{x^2 B(Mx/v)}{v}\right\}$$

となる．ここで，$B(\lambda) = 2\{(1+\lambda)\log(1+\lambda) - \lambda\}/\lambda^2$ である．ところで，すべての $\lambda > 0$ に対して $B(\lambda) \geq (1+\lambda/3)^{-1}$ が成り立つ．実際，$(1+\lambda/3)B(\lambda)$ に Cauchy の平均値の定理をくり返して適用し，つぎに $\log(1+\lambda) \geq \lambda/(1+\lambda)$ を利用すると，ある $0 < \lambda^* < \lambda$ に対して $(1+\lambda/3)B(\lambda) = (1+\lambda^*/3)/(1+\lambda^*) + 2\log(1+\lambda^*)/3 \geq 1$ となる．したがって，前述の不等式において $B(Mx/v)$ を $(1 + Mx/(3v))^{-1}$ で置き換えたもので上から評価すると，求める結果が得られる． □

一般に確率過程 $X = \{X(t) : t \in T\}$ に対しては，それが無限に多くの確率変数を含んでいるので，補題 3.37 は役に立たない．しかしながら，**連鎖** (chaining) とよばれる方法で有限集合の問題に帰着させ，補題 3.37 を適用することで，確率過程に対する最大不等式を得ることが可能となる．この手法は，添え字集合 T の準距離 $d(s,t) = \|X(s) - X(t)\|_\psi$ にもとづく**計量エントロピー** (metric entropy) に依存している．この概念の一般的な定義はつぎで与えられる．

定義 3.7 (T, d) を任意の準距離空間とする．このとき，T を被覆するために必要な半径 ϵ の閉球の最小個数を**被覆数** (covering number) とよび，$N(\epsilon, T, d)$ で表す．S を T の点の集まりとするとき，S のどの 2 点間の距離も ϵ 以下となることがないならば，S は **ϵ-分離的** (ϵ-separated) であるとよばれる．ϵ-分離的である T の点の最大個数を T の**パッキング数** (packing number) とよび，$D(\epsilon, T, d)$ で表す．もし T の 2 点からなるどのような集合も ϵ-分離的でないならば，$D(\epsilon, T, d) = 1$ と定める．被覆数およびパッキング数の対数を，それぞれに対応する**エントロピー数** (entropy number) とよぶ．

明らかに (T, d) が全有界であるための必要十分条件は，すべての $\epsilon > 0$ に対して $N(\epsilon, T, d) < \infty$ である．これは $D(\epsilon, T, d) < \infty$ と同値であること，および，

$\epsilon\downarrow 0$ における被覆数とパッキング数の性質は本質的に同等であることが，つぎの不等式を通してわかる：

$$N(\epsilon,T,d) \leq D(\epsilon,T,d) \leq N(\epsilon/2,T,d).$$

これを確認するため，$D = D(\epsilon,T,d)$ とおく．このとき，ϵ-分離的な部分集合 $\{x_1,\ldots,x_D\} \subset T$ が存在するが，これに任意の $x \in T - \{x_1,\ldots,x_D\}$ をつけ加えると，その集合は ϵ-分離的でなくなる．すなわち，T は $x_1,\ldots,x_D$ を中心とする半径 ϵ の閉球で覆われる．したがって，$N(\epsilon,T,d) \leq D(\epsilon,T,d)$ である．いま，$N = N(\epsilon/2,T,d)$ とおく．このとき T は半径 $\epsilon/2$ の N 個の閉球によって被覆される．しかし，これらのどの閉球も ϵ-分離的な $\{x_1,\ldots,x_D\}$ の点を 2 個以上含むことができない．もし同じ $\epsilon/2$-閉球に含まれる 2 点が存在するならば，その 2 点間の距離が ϵ 以下になり矛盾がおこる．したがって，N 個の閉球のうち，$\{x_1,\ldots,x_D\}$ の被覆には少なくとも D 個の $\epsilon/2$-閉球が必要である．よって，$D(\epsilon,T,d) \leq N(\epsilon/2,T,d)$ である．

確率過程に対する一般的な最大不等式はつぎの定理で与えられる．いま，$X = \{X(t) : t \in T\}$ をある確率空間 $(\Omega, \mathcal{A}, P)$ 上の確率過程とし，添え字集合 T には準距離 d が備えられているとする．このとき，もし P-零集合 N および T の可算部分集合 T_* が存在して，すべての $\omega \notin N, t \in T, \epsilon > 0$ に対して

$$X(t,\omega) \in \overline{\{X(s,\omega) : s \in T_*,\ d(t,s) < \epsilon\}}$$

が成り立つならば，確率過程 X は**可分** (separable) であるとよばれる．この場合，X はすべての $\delta > 0$ に対して確率 1 で

$$\sup_{s,t \in T : d(s,t)<\delta} |X(s) - X(t)| = \sup_{s,t \in T_* : d(s,t)<\delta} |X(s) - X(t)| \tag{3.11}$$

をみたす．たとえば，$\mathbb{R}$ の閉区間 $[a,b]$ を添え字集合とする cadlag 確率過程 $X : \Omega \to D[a,b]$ は可分である．これは，部分集合 $[a,b] \cap \mathbb{Q}$ の稠密性から容易にわかる．

定理 3.40（一般最大不等式） 関数 $\psi : [0,\infty) \to [0,\infty)$ は補題 3.37 の条件をみたすとする．確率過程 $\{X(t) : t \in T\}$ は T 上のある準距離 d に関して可分で，すべての $s, t \in T$ とある定数 $r < \infty$ に対して $\|X(s) - X(t)\|_\psi \leq r\, d(s,t)$ をみたすとする．このとき，すべての $\eta, \delta > 0$ に対して

$$\left\| \sup_{d(s,t) \leq \delta} |X(s) - X(t)| \right\|_\psi \leq K \left[\int_0^\eta \psi^{-1}\bigl(D(\epsilon,T,d)\bigr) d\epsilon + \delta \psi^{-1}\bigl(D(\eta,T,d)^2\bigr) \right]$$

が成り立つ．ここで，$K < \infty$ は ψ と r のみに関係する定数である．さらに，
$$\left\| \sup_{s,t \in T} |X(s) - X(t)| \right\|_\psi \leq 2K \int_0^{\mathrm{diam}\, T} \psi^{-1}(D(\epsilon, T, d))\, d\epsilon$$
が成り立つ．ここで，$\mathrm{diam}\, T \equiv \sup_{s,t \in T} d(s,t)$ は T の直径である．

証明 もし最初の積分が無限大ならば，不等式の成立は自明なので，パッキング数とそれに関連する積分は有限であると仮定しても一般性を失わない．いま，有限集合の増大列 $T_0 \subset T_1 \subset \cdots \subset T$ をつぎのように構成する：各 T_j は $\eta 2^{-j}$-分離的である；各 T_j は，新たな点をつけ加えると $\eta 2^{-j}$-分離性がなくなるという意味で極大である．このときパッキング数の定義から，T_j の点の個数は $D(\eta 2^{-j}, T, d)$ 以下である．

各 $t_{j+1} \in T_{j+1}$ に対して $d(t_j, t_{j+1}) \leq \eta 2^{-j}$ をみたす点 $t_j \in T_j$ をただ一つ選び，連結 $t_{j+1} \to t_j$ を作る．つぎに，すべての T_j の点を T_{j-1} の点と連結する．この手順をくり返すと，すべての $t_{j+1} \in T_{j+1}$ に対して，それを T_0 のある点とつなぐ連鎖 $t_{j+1} \to t_j \to \cdots \to t_0$ が得られる．任意の点 $s_{k+1}, t_{k+1} \in T_{k+1}$ に対して，s_0, t_0 に至るそれらのそれぞれの連鎖に沿っての増分の差は
$$\left| \{X(s_{k+1}) - X(t_{k+1})\} - \{X(s_0) - X(t_0)\} \right|$$
$$= \left| \sum_{j=0}^k \{X(s_{j+1}) - X(s_j)\} - \sum_{j=0}^k \{X(t_{j+1}) - X(t_j)\} \right|$$
$$\leq 2 \sum_{j=0}^k \max_{T_{j+1} \to T_j} |X(u) - X(v)|$$
のように最後の式を超えない．ここで，各 j に対して $\max_{T_{j+1} \to T_j}$ は T_{j+1} から T_j へのすべての連結 $u \to v$ 上でとることを表している．この連結の個数は高々 T_{j+1} の要素数であり，各連結は $r d(u,v) \leq r\eta 2^{-j}$ を超えない ψ-ノルム $\|X(u) - X(v)\|_\psi$ をもつ．したがって補題 3.37 を適用すると，ψ と r のみに関係した定数 $K_0 < \infty$ に対して
$$\left\| \max_{s,t \in T_{k+1}} |\{X(s) - X(s_0)\} - \{X(t) - X(t_0)\}| \right\|_\psi$$
$$\leq K_0 \sum_{j=0}^k \psi^{-1}(D(\eta 2^{-j-1}, T, d)) \eta 2^{-j}$$
$$= 4K_0 \sum_{j=0}^k \psi^{-1}(D(\eta 2^{-k+j-1}, T, d)) \eta 2^{-k+j-2}$$

$$\leq 4\eta K_0 \int_0^1 \psi^{-1}\bigl(D(\eta u, T, d)\bigr)\,du$$
$$= 4K_0 \int_0^\eta \psi^{-1}\bigl(D(\epsilon, T, d)\bigr)\,d\epsilon \tag{3.12}$$

を得る.ここで,左辺における s_0 と t_0 はそれぞれ s と t から始まる連鎖の終点である.

すべての $s_{k+1}, t_{k+1} \in T_{k+1}$ に関する増分 $|X(s_{k+1}) - X(t_{k+1})|$ の最大値は,式 (3.12) 左辺の最大値と連鎖の終点における $|X(s_0) - X(t_0)|$ の最大値との和を超えない.いま,互いの距離が δ より小さな T_{k+1} の 2 点から始まる連鎖の終点の組を考える.そのようなすべての終点の組 $s_0, t_0 \in T_0$ に対して,それぞれ一組だけ互いの距離が δ より小さな始点の組 $s_{k+1}, t_{k+1} \in T_{k+1}$ を選び出す.T_0 の定義より,このような組の個数は高々 $D(\eta, T, d)^2$ 組である.三角不等式

$$|X(s_0) - X(t_0)| \leq \bigl|\{X(s_0) - X(s_{k+1})\} - \{X(t_0) - X(t_{k+1})\}\bigr|$$
$$+ |X(s_{k+1}) - X(t_{k+1})| \tag{3.13}$$

において,上の条件をみたす終点 s_0, t_0 のすべての組に関する左辺の最大化を考える.式 (3.13) の右辺第 1 項の最大値は,式 (3.12) 左辺の最大値を超えない.その最大値の ψ-ノルムは式 (3.12) の右辺以下である.以上の議論に再び不等式 (3.12) を適用すると,

$$\Bigl\|\max_{s,t\in T_{k+1}: d(s,t)<\delta} |X(s) - X(t)|\Bigr\|_\psi$$
$$\leq 8K_0 \int_0^\eta \psi^{-1}\bigl(D(\epsilon, T, d)\bigr)\,d\epsilon + \Bigl\|\max_{s_{k+1}, t_{k+1}} |X(s_{k+1}) - X(t_{k+1})|\Bigr\|_\psi \tag{3.14}$$

を得る.ここで,右辺第 2 項の最大化は上で選んだ高々 $D(\eta, T, d)^2$ 個の組 s_{k+1}, t_{k+1} に関するものである.その組に対してはつねに $\|X(s_{k+1}) - X(t_{k+1})\|_\psi \leq r\delta$ であるので,補題 3.37 よりある定数 C が存在して,式 (3.14) の右辺第 2 項は $C\delta\psi^{-1}\bigl(D(\eta, T, d)^2\bigr)$ 以下となる.よって式 (3.14) の右辺は,k に無関係な $8K_0 \int_0^\eta \psi^{-1}\bigl(D(\epsilon, T, d)\bigr)\,d\epsilon + C\delta\psi^{-1}\bigl(D(\eta, T, d)^2\bigr)$ を超えない.補題 3.35 (1) の Orlicz ノルムに関する単調収束性より,式 (3.14) 左辺の T_{k+1} を $T_\infty = \bigcup_{j=0}^\infty T_j$ で置き換えても不等号は不変なので,$K = (8K_0) \vee C$ とおくと

$$\Bigl\|\sup_{s,t\in T_\infty: d(s,t)<\delta} |X(s) - X(t)|\Bigr\|_\psi$$
$$\leq K\left[\int_0^\eta \psi^{-1}\bigl(D(\epsilon, T, d)\bigr)\,d\epsilon + \delta\psi^{-1}\bigl(D(\eta, T, d)^2\bigr)\right]$$

が成り立つ．もし T_∞ 上の上限と T 上の上限が同じならば，$\delta_1 > \delta$ にこの不等式を適用し $\delta_1 \downarrow \delta$ とすれば定理の最初の結論が得られる．

確率過程 $\{X(t) : t \in T\}$ は可分なので，可算集合 $T_* \subset T$ が存在して，すべての $\delta > 0$ に対して確率 1 で式 (3.11) が成り立つ．また T_∞ は T で稠密だから，互いの距離が δ より小さな T_* の 2 点 s, t に対して，T_∞ の点列 s_n, t_n で $d(s_n, t_n) < \delta$ および $d(s_n, s) \to 0$, $d(t_n, t) \to 0$ をみたすものが存在する．このとき仮定から $\|X(s_n) - X(s)\|_\psi \to 0$ および $\|X(t_n) - X(t)\|_\psi \to 0$ であるので，補題 3.35 (2) より $X(s_n) - X(s) \xrightarrow{\mathrm{P}} 0$ および $X(t_n) - X(t) \xrightarrow{\mathrm{P}} 0$ が成り立つ．よって，部分列 $s_{n'}, t_{n'}$ を $X(s_{n'}) - X(s) \xrightarrow{\mathrm{as}} 0$ および $X(t_{n'}) - X(t) \xrightarrow{\mathrm{as}} 0$ をみたすように選べば，確率 1 で

$$\sup_{s,t \in T_* : d(s,t) < \delta} |X(s) - X(t)| \leq \sup_{s,t \in T_\infty : d(s,t) < \delta} |X(s) - X(t)|$$

が成り立つことがわかる．一方，明らかに

$$\sup_{s,t \in T : d(s,t) < \delta} |X(s) - X(t)| \geq \sup_{s,t \in T_\infty : d(s,t) < \delta} |X(s) - X(t)|$$

なので，式 (3.11) より T_∞ 上で上限をとることと T 上で上限をとることは同値である．

定理の後半の結論は，前の結果において $\delta = \eta = \mathrm{diam}\, T$ とおき，そしてこの場合 $D(\eta, T, d)^2 = D(\eta, T, d) = 1$ であることに注意すれば導かれる．実際

$$\delta \psi^{-1}\bigl(D(\eta, T, d)^2\bigr) = \int_0^\eta \psi^{-1}\bigl(D(\eta, T, d)\bigr) d\epsilon \leq \int_0^\eta \psi^{-1}\bigl(D(\epsilon, T, d)\bigr) d\epsilon$$

から，第 2 の結果の成立がわかる．□

補題 3.35 の (2) と補題 3.20 の (2) より，ある $\eta > 0$ に対して，もし $\int_0^\eta \psi^{-1}\bigl(D(\epsilon, T, d)\bigr) d\epsilon < \infty$ ならば，定理 3.40 は X がほとんど確実に d-一様連続な見本過程をもつことを示している．また，任意に選んだ $t_0 \in T$ に対して $\|\sup_{t \in T} |X(t)|\|_\psi \leq \|X(t_0)\|_\psi + \|\sup_{s,t \in T} |X(s) - X(t)|\|_\psi$ なので，定理 3.40 の後半の結果から X は確率 1 で $UC(T, d)$ に値をとることがわかる．(T, d) は全有界な準距離空間なので $UC(T, d)$ は σ-コンパクトであり，したがって，もし X が Borel 可測ならば，それはタイトである．

3.3.3 劣 Gauss 過程

標準正規変量 X は $\mathrm{P}(X > x) = O\bigl(x^{-1} e^{-x^2/2}\bigr)$ $(x \to \infty)$ の尾部確率をもち，

すべての $x > 0$ に対して $\mathrm{P}(|X| > x) \leq 2e^{-x^2/2}$ をみたす．ここでは同じような尾部限界をみたす確率過程について考える．

準距離 d をもつ T を添え字集合とする確率過程 $X = \{X(t) : t \in T\}$ が，すべての $s, t \in T$ と $x > 0$ に対して

$$\mathrm{P}(|X(s) - X(t)| > x) \leq 2e^{-\frac{1}{2}x^2/d(s,t)^2}$$

をみたすとき，X は d に関して劣 **Gauss** 過程 (sub-Gaussian process) とよばれる．平均 0 の Gauss 過程は明らかに標準偏差準距離 $d(s,t) = \sigma(X(s) - X(t)) = \mathrm{Var}(X(s) - X(t))^{1/2}$ に関して劣 Gauss 過程である．さらにそれがタイトならば，定理 3.30 から，それは可分であることがわかる．具体例として，区間 $[0,1]$ 上の Brown 運動は $d(s,t) = |s-t|^{1/2}$ に関して可分な劣 Gauss 過程である．

経験過程の議論において重要な役割をもつ劣 Gauss 過程は **Rademacher 過程** (Rademacher process) である．いま，$\epsilon_1, \ldots, \epsilon_n$ を独立で同一の分布 $\mathrm{P}(\epsilon = -1) = \mathrm{P}(\epsilon = 1) = 1/2$ にしたがう Rademacher 確率変数とする．このとき，Rademacher 過程 $\{X(a) : a \in \mathbb{R}^n\}$ は

$$X(a) \equiv \sum_{i=1}^{n} \epsilon_i a_i, \qquad a = (a_1, \ldots, a_n)^T \in \mathbb{R}^n$$

で定義される．Hoeffding の不等式として知られているつぎの結果は，この過程が実際 Euclid 距離 $d(a,b) = \|a - b\|$ に関して可分な劣 Gauss 過程であることを示している．ここで $\|\cdot\|$ は Euclid ノルムである．

補題 3.41 (Hoeffding の不等式) $\epsilon_1, \ldots, \epsilon_n$ を独立な Rademacher 確率変数とする．このとき，すべての $a = (a_1, \ldots, a_n)^T \in \mathbb{R}^n$ と $x > 0$ に対して

$$\mathrm{P}\left(\left|\sum_{i=1}^{n} \epsilon_i a_i\right| > x\right) \leq 2e^{-\frac{1}{2}x^2/\|a\|^2}$$

が成り立つ．したがって，$\left\|\sum_{i=1}^{n} \epsilon_i a_i\right\|_{\psi_2} \leq \sqrt{6} \|a\|$ が成り立つ．

証明 任意の λ と Rademacher 確率変数 ϵ に対して，$\mathrm{E} e^{\lambda \epsilon} = (e^\lambda + e^{-\lambda})/2 = \sum_{i=0}^{\infty} \lambda^{2i}/(2i)! \leq e^{\lambda^2/2}$ が成り立つ．直前の不等式は関係 $(2i)! \geq 2^i i!$ から得られる．ゆえに Markov の不等式から，任意の $\lambda > 0$ に対して

$$\mathrm{P}\left(\sum_{i=1}^{n} \epsilon_i a_i > x\right) \leq e^{-\lambda x} \mathrm{E}\left[e^{\lambda \sum_{i=1}^{n} \epsilon_i a_i}\right] \leq e^{\frac{\lambda^2}{2}\|a\|^2 - \lambda x}$$

が成り立つ．最良の上界は $\lambda = x/\|a\|^2$ のとき得られる．$\epsilon_1, \ldots, \epsilon_n$ に -1 をか

けても結合分布は不変なので，$\mathrm{P}\bigl(\sum_{i=1}^n \epsilon_i a_i < -x\bigr) = \mathrm{P}\bigl(\sum_{i=1}^n \epsilon_i a_i > x\bigr)$ である．よって求める結果が導かれる．ψ_2-ノルムの上界は補題 3.36 から直ちに得られる． □

準距離 d に関する劣 Gauss 過程 X は $\|X(s) - X(t)\|_{\psi_2} \leq \sqrt{6}\,d(s,t)$ をみたす．ψ_2 関数の逆関数は $\psi_2^{-1}(x) = \sqrt{\log(1+x)}$ なので，劣 Gauss 過程に対する一般最大不等式はエントロピー積分を使って与えられる．

系 3.42 $\{X(t): t \in T\}$ を準距離 d に関して可分な劣 Gauss 過程とする．このとき，すべての $\delta > 0$ に対して
$$\mathrm{E}\Bigl(\sup_{d(s,t)\leq \delta} |X(s) - X(t)|\Bigr) \leq K \int_0^\delta \sqrt{\log D(\epsilon, T, d)}\, d\epsilon$$
が成り立つ．ここで K は普遍定数である．また，任意の $t_0 \in T$ に対して
$$\mathrm{E}\Bigl(\sup_{t\in T} |X(t)|\Bigr) \leq \mathrm{E}|X(t_0)| + K \int_0^{\mathrm{diam}\, T} \sqrt{\log D(\epsilon, T, d)}\, d\epsilon$$
が成り立つ．

証明 定理 3.40 を $\psi = \psi_2$ および $\eta = \delta$ ととり適用する．$\psi_2^{-1}\bigl(D(\delta, T, d)^2\bigr) \leq \sqrt{2}\,\psi_2^{-1}\bigl(D(\delta, T, d)\bigr)$ なので，一般最大不等式の右辺の第 2 項は
$$\sqrt{2}\,\delta \psi_2^{-1}\bigl(D(\delta, T, d)\bigr) \leq \sqrt{2} \int_0^\delta \psi_2^{-1}\bigl(D(\epsilon, T, d)\bigr)\, d\epsilon$$
で置き換えることができる．よって，必要に応じ大きく設定した普遍定数 K に対して，
$$\Bigl\|\sup_{d(s,t)\leq \delta} |X(s) - X(t)|\Bigr\|_{\psi_2} \leq K \int_0^\delta \sqrt{\log\bigl(1 + D(\epsilon, T, d)\bigr)}\, d\epsilon$$
が成り立つ．すべての $0 < \epsilon < \mathrm{diam}\, T$ に対して $D(\epsilon, T, d) \geq 2$ であること，および，すべての $m \geq 2$ に対して $\log(1 + m) \leq 2\log m$ であることに注意すると，$\delta < \mathrm{diam}\, T$ ならば K をふたたび大きく定めることで，対数の中の 1 を削除できることがわかる．よって，すべての $\delta \leq \mathrm{diam}\, T$ に対してもそれがあてはまる．さらに関係式 (3.7) を使って ψ_2-ノルムを L_1-ノルムで下から評価すると，すべての $s, t \in T$ に対して $d(s,t) \leq \mathrm{diam}\, T$ であるので，最初の不等式が導かれる．後半の不等式は，$\delta = \mathrm{diam}\, T$ ととることにより，最初の結論から容易に得られる． □

3.3.4 対称化不等式と可測性

経験過程の極限の性質を調べるため,ここでは経験過程

$$f \mapsto (\mathbb{P}_n - P)f = \frac{1}{n}\sum_{i=1}^{n}\bigl(f(X_i) - Pf\bigr)$$

の代わりに,対称化された経験過程

$$f \mapsto \mathbb{P}_n^\circ f = \frac{1}{n}\sum_{i=1}^{n}\epsilon_i f(X_i)$$

を考える.ここで,$\epsilon_1,\ldots,\epsilon_n$ は独立な Rademacher 確率変数で,それらは $X_1,\ldots,X_n$ とも独立であるとする.どちらの過程も平均関数 0 をもつ.この方法の基本的な意図は,固定された $X_1,\ldots,X_n$ に対して,対称化された経験過程は一つの Rademacher 過程となり,したがって劣 Gauss 過程なので系 3.42 が適用できるという点にある.

一般に経験過程の上限は可測ではない.その際必要となる外積分を定義するためには,考えている確率空間を明確にする必要がある.ここでは,$X_1,\ldots,X_n$ は直積空間 $(\mathcal{X}^n, \mathcal{B}^n, P^n)$ 上への座標射影とする.ここで,$(\mathcal{X}, \mathcal{B}, P)$ は大きさ 1 の標本に対する確率空間,$\mathcal{B}^n$ は $B_1 \times \cdots \times B_n$ $(B_1,\ldots,B_n \in \mathcal{B})$ という形の集合から生成される直積 σ-加法族である.もし $X_1,\ldots,X_n$ と独立な補助的な確率変数が含まれているなら,基礎となる確率空間は $(\mathcal{X}^n, \mathcal{B}^n, P^n) \times (\mathcal{Z},\mathcal{C},Q) = (\mathcal{X}^n \times \mathcal{Z}, \mathcal{B}^n \times \mathcal{C}, P^n \times Q)$ であると仮定する.ここで $\mathcal{B}^n \times \mathcal{C}$ は前と同じように定義される直積 σ-加法族である.よって,$X_1,\ldots,X_n$ は最初の n 個の座標への射影,付加的な変数は $(n+1)$ 番目の座標への射影である.

定理 3.43 (対称化不等式) すべての非減少凸関数 $\Phi: \mathbb{R} \to \mathbb{R}$ と可測関数の族 $\mathcal{F}$ に対して

$$\mathrm{E}^*\Phi\bigl(\|\mathbb{P}_n - P\|_\mathcal{F}\bigr) \leq \mathrm{E}^*\Phi\bigl(2\|\mathbb{P}_n^\circ\|_\mathcal{F}\bigr)$$

が成り立つ.ここで外積分は上のパラグラフで述べた直積 σ-加法族に基づき計算される.

証明 $Y_1,\ldots,Y_n$ を $X_1,\ldots,X_n$ の独立な複写とする.形式的には,$Y_1,\ldots,Y_n$ は直積空間 $(\mathcal{X}^n, \mathcal{B}^n, P^n) \times (\mathcal{Z},\mathcal{C},Q) \times (\mathcal{X}^n, \mathcal{B}^n, P^n)$ の最後の n 組の座標への座標写像である.ここで,$(\mathcal{Z},\mathcal{C},Q)$ は $\mathbb{P}_n^\circ$ で使われる n 個の独立な Rademacher 確率変数 $\epsilon_1,\ldots,\epsilon_n$ に対する確率空間である.補題 3.7 より座標射影は完全なので,定理の記述にある外積分はこの直積確率空間の拡大による影響は受けない.

3.3 Glivenko–Cantelli クラスと Donsker クラス

固定した $X_1, \ldots, X_n$ に対して,

$$\|\mathbb{P}_n - P\|_\mathcal{F} = \sup_{f \in \mathcal{F}} \frac{1}{n}\Big|\sum_{i=1}^n \big(f(X_i) - \mathrm{E}f(Y_i)\big)\Big|$$

$$\leq \mathrm{E}_Y^* \Big[\sup_{f \in \mathcal{F}} \frac{1}{n}\Big|\sum_{i=1}^n \big(f(X_i) - f(Y_i)\big)\Big|\Big]$$

が成り立つ. ここで, E_Y^* は $X_1, \ldots, X_n$ を定数と取り扱い, 確率空間 $(\mathcal{X}^n, \mathcal{B}^n, P^n)$ を使って計算する $Y_1, \ldots, Y_n$ に関する外積分である. E_X^* も同様に定義する. 非減少凸関数 Φ は連続なので, Jensen の不等式と補題 3.5 の結果を適用すると

$$\Phi\big(\|\mathbb{P}_n - P\|_\mathcal{F}\big) \leq \mathrm{E}_Y \Phi\Big(\Big\|\frac{1}{n}\sum_{i=1}^n \big(f(X_i) - f(Y_i)\big)\Big\|_\mathcal{F}^{*Y}\Big)$$

$$= \mathrm{E}_Y^* \Phi\Big(\Big\|\frac{1}{n}\sum_{i=1}^n \big(f(X_i) - f(Y_i)\big)\Big\|_\mathcal{F}\Big)$$

が成り立つことがわかる. ここで, $*Y$ は $X_1, \ldots, X_n$ を固定したときの $Y_1, \ldots, Y_n$ に関する極小可測優関数を表す. つぎに $X_1, \ldots, X_n$ に関して両辺の期待値をとると

$$\mathrm{E}^* \Phi\big(\|\mathbb{P}_n - P\|_\mathcal{F}\big) \leq \mathrm{E}_X^* \mathrm{E}_Y^* \Phi\Big(\Big\|\frac{1}{n}\sum_{i=1}^n \big(f(X_i) - f(Y_i)\big)\Big\|_\mathcal{F}\Big)$$

が得られる. 外積分に関する Fubini の定理 (補題 3.8) から, 右辺の累次外積分は重外積分 $\mathrm{E}_{X,Y}^*$ を超えることはない.

任意の $2n$ 変数関数 $g(X_1, \ldots, X_n, Y_1, \ldots, Y_n)$ の外積分は, 基礎となっている確率空間の直積構造からこれらの変数の置換に関して不変である. 項 $f(X_i) - f(Y_i)$ の前にマイナス符号をつけることは X_i と Y_i を互いに交換するように作用する. よって, 任意の n 要素の組 $(e_1, \ldots, e_n) \in \{-1, 1\}^n$ に対して $\big\|n^{-1}\sum_{i=1}^n e_i\big(f(X_i) - f(Y_i)\big)\big\|_\mathcal{F}$ は $g(X_1, \ldots, X_n, Y_1, \ldots, Y_n) \equiv \big\|n^{-1}\sum_{i=1}^n \big(f(X_i) - f(Y_i)\big)\big\|_\mathcal{F}$ の一つの置換である. ゆえに

$$\mathrm{E}^* \Phi\big(\|\mathbb{P}_n - P\|_\mathcal{F}\big) \leq \mathrm{E}_\epsilon \mathrm{E}_{X,Y}^* \Phi\Big(\Big\|\frac{1}{n}\sum_{i=1}^n \epsilon_i \big(f(X_i) - f(Y_i)\big)\Big\|_\mathcal{F}\Big)$$

が成り立つ. 右辺の $X_i, i = 1, \ldots, n$ と $Y_i, i = 1, \ldots, n$ を分けるため三角不等式を使い, つぎに Φ の凸性を使うと, 前の式は

$$\frac{1}{2}\mathrm{E}_\epsilon \mathrm{E}_{X,Y}^* \Phi\Big(2\Big\|\frac{1}{n}\sum_{i=1}^n \epsilon_i f(X_i)\Big\|_\mathcal{F}\Big) + \frac{1}{2}\mathrm{E}_\epsilon \mathrm{E}_{X,Y}^* \Phi\Big(2\Big\|\frac{1}{n}\sum_{i=1}^n \epsilon_i f(Y_i)\Big\|_\mathcal{F}\Big)$$

以下であることがわかる．座標射影の完全性から，二つの項における期待値 $\mathrm{E}^*_{X,Y}$ はそれぞれ E^*_X および E^*_Y と同じである．最後にふたたび Fubini の定理を適用して累次積分 $\mathrm{E}_\epsilon \mathrm{E}^*_X$ と $\mathrm{E}_\epsilon \mathrm{E}^*_Y$ を重積分 E^* で上から評価すると，求める不等式が得られる．□

上の対称化の結果が最も有用となるのは，上限 $\|\mathbb{P}^\circ_n\|_\mathcal{F}$ が可測で，Fubini の定理により，最初に与えられた $X_1,\ldots,X_n$ のもとで $\epsilon_1,\ldots,\epsilon_n$ に関して，つぎに $X_1,\ldots,X_n$ に関して期待値をとることが許される場合である．この可測性がないと補題 3.8 の弱い形の Fubini の定理しか適用できず，必要とされる期待値の順序交換が成り立たない．この問題を回避するため，定理の右辺にある被積分関数が $(X_1,\ldots,X_n,\epsilon_1,\ldots,\epsilon_n)$ に関して可測であることを仮定する．Rademacher 確率変数は離散的なので，これはすべての n 要素の組 $(e_1,\ldots,e_n) \in \{-1,1\}^n$ に対して

$$(X_1,\ldots,X_n) \mapsto \Big\|\sum_{i=1}^n e_i f(X_i)\Big\|_\mathcal{F} \tag{3.15}$$

が可測であることと同値である．Fubini の定理の所期の適用に対しては，これが $(\mathcal{X}^n, \mathcal{B}^n, P^n)$ の完備化に関して可測であれば十分である．

定義 3.8 (可測クラス)　$\mathcal{F}$ を確率空間 $(\mathcal{X}, \mathcal{B}, P)$ 上の可測関数 $f: \mathcal{F} \to \mathbb{R}$ のあるクラスとする．このとき，すべての n とすべての $(e_1,\ldots,e_n) \in \mathbb{R}^n$ に対して関数 (3.15) が $(\mathcal{X}^n, \mathcal{B}^n, P^n)$ の完備化に関して可測ならば，$\mathcal{F}$ は **P-可測クラス** (P-measurable class) とよばれる．

P-可測性よりは強いが，統計的な応用において確認しやすいもう一つの $\mathcal{F}$ に対する仮定は，つぎに述べる可測性である．

定義 3.9 (各点可測クラス)　もし可算部分集合 $\mathcal{G} \subset \mathcal{F}$ が存在して，任意の $f \in \mathcal{F}$ に対して $\{g_m\} \subset \mathcal{G}$ を適当に選ぶと，すべての $x \in \mathcal{X}$ において $g_m(x) \to f(x)$ が成り立つならば，$\mathcal{F}$ は**各点可測クラス** (pointwise measurable class) とよばれる．

もし $\mathcal{F}$ が各点可測クラスならば，すべての $(e_1,\ldots,e_n) \in \mathbb{R}^n$ に対して $\big\|\sum_{i=1}^n e_i f(X_i)\big\|_\mathcal{F} = \big\|\sum_{i=1}^n e_i f(X_i)\big\|_\mathcal{G}$ が成り立つ．したがって，$\mathcal{F}$ はすべての P に対して P-可測である．

例 3.8　定義関数のクラス $\mathcal{F} = \{1_{(-\infty,t]}(x) : t \in \mathbb{R}\}$ を考える．ここで標本空

間は $\mathcal{X} = \mathbb{R}$ である．$\mathcal{G} = \{1_{(-\infty,t]}(x) : t \in \mathbb{Q}\}$ とし，任意の $t_0 \in \mathbb{R}$ に対して関数 $x \mapsto f(x) = 1_{(-\infty,t_0]}(x)$ を固定する．クラス $\mathcal{G}$ は可算であることに注意する．いま有理数列 $\{t_m\}$ を $t_m \geq t_0$ および $t_m \downarrow t_0$ のように定める．このとき，$x \mapsto g_m(x) = 1_{(-\infty,t_m]}(x)$ は $\{g_m\} \subset \mathcal{G}$ であり，すべての $x \in \mathbb{R}$ に対して $g_m(x) \to f(x)$ をみたす．t_0 は任意なので，$\mathcal{F}$ は各点可測であることが示された．したがって，すべての P に対して $\mathcal{F}$ は P-可測である．

各点可測クラスの族は可測性の保存に関していくつかの有用な特徴を備えている．$\mathcal{F}_1$ と $\mathcal{F}_2$ が各点可測クラスのとき，$\mathcal{F}_1 \cup \mathcal{F}_2$ も同様であるという事実はその自明な例である．つぎの補題は各点可測性の保存に関する一般的な結果を与える．与えられたクラス $\mathcal{F}_1, \ldots, \mathcal{F}_k$ と関数 $\phi : \mathbb{R}^k \to \mathbb{R}$ に対して，新たなクラスを

$$\phi \circ (\mathcal{F}_1, \ldots, \mathcal{F}_k) \equiv \{\phi \circ f(x) : f = (f_1, \ldots, f_k) \in \mathcal{F}_1 \times \cdots \times \mathcal{F}_k\} \tag{3.16}$$

で定義する．

補題 3.44 $\mathcal{X}$ 上の実数値可測関数のクラス $\mathcal{F}_1, \ldots, \mathcal{F}_k$ はすべて各点可測であるとする．このとき，連続関数 $\phi : \mathbb{R}^k \to \mathbb{R}$ に対して，クラス $\phi \circ (\mathcal{F}_1, \ldots, \mathcal{F}_k)$ は各点可測である．

証明 $\mathcal{H} \equiv \phi \circ (\mathcal{F}_1, \ldots, \mathcal{F}_k)$ とおく．任意に $h = \phi(f_1, \ldots, f_k) \in \mathcal{H}$ を固定する．仮定から，各 $\mathcal{F}_j$ は可算な部分集合 $\mathcal{G}_j \subset \mathcal{F}_j$ をもち，列 $\{g_m^j\} \subset \mathcal{G}_j$ を適当に選べば，すべての $x \in \mathcal{X}$ と $j = 1, \ldots, k$ に対して $g_m^j(x) \to f_j(x)$ $(m \to \infty)$ が成り立つ．ϕ の連続性から，すべての $x \in \mathcal{X}$ において $\phi(g_m^1(x), \ldots, g_m^k(x)) \to \phi(f_1(x), \ldots, f_k(x)) = h(x)$ $(m \to \infty)$ を得る．h の選択は任意なので，集合 $\phi(\mathcal{G}_1, \ldots, \mathcal{G}_k)$ は $\mathcal{H}$ を各点可測にする $\mathcal{H}$ の可算部分集合である． □

例 3.9 補題 3.44 は自動的に各点可測性に関する多くの保存結果を与える．$\mathcal{F}_1$ と $\mathcal{F}_2$ を各点可測クラスとする．このとき，
(1) $\mathcal{F}_1 \wedge \mathcal{F}_2 = \{f_1 \wedge f_2 : f_1 \in \mathcal{F}_1, f_2 \in \mathcal{F}_2\}$ は各点可測クラスである．
(2) $\mathcal{F}_1 \vee \mathcal{F}_2 = \{f_1 \vee f_2 : f_1 \in \mathcal{F}_1, f_2 \in \mathcal{F}_2\}$ は各点可測クラスである．
(3) $\mathcal{F}_1 \pm \mathcal{F}_2 = \{f_1 \pm f_2 : f_1 \in \mathcal{F}_1, f_2 \in \mathcal{F}_2\}$ は各点可測クラスである．
(4) $\mathcal{F}_1 \cdot \mathcal{F}_2 = \{f_1 \cdot f_2 : f_1 \in \mathcal{F}_1, f_2 \in \mathcal{F}_2\}$ は各点可測クラスである．

クラス $\mathcal{F}$ の Donsker 性を示すためには，$\mathcal{F}$ に付随するクラス $\mathcal{F}_\delta \equiv \{f - g : f, g \in \mathcal{F}, \|f - g\|_{P,2} < \delta\}$ $(0 < \delta \leq \infty)$ と $\mathcal{F}_\infty^2 \equiv \{h^2 : h \in \mathcal{F}_\infty\}$ の P-可測性が必要となる．ここで $\|\cdot\|_{P,2}$ は $L_2(P)$-ノルムである．つぎの命題はこれらの

クラスの各点可測性に関する結果を与えている．クラス $\mathcal{F}$ の包絡関数 (envelope function) とは，すべての $x \in \mathcal{X}$ と $f \in \mathcal{F}$ に対して $|f(x)| \leq F(x)$ をみたす関数 $x \mapsto F(x)$ である．最小の包絡関数は $x \mapsto \sup_{f \in \mathcal{F}}|f(x)|$ である．

命題 3.45 $\mathcal{F}$ を確率空間 $(\mathcal{X}, \mathcal{B}, P)$ 上の可測関数 $f : \mathcal{X} \to \mathbb{R}$ のあるクラスとする．もし $\mathcal{F}$ が各点可測で，その一つの包絡関数 F が $P^* F^2 < \infty$ をみたすならば，すべての $0 < \delta \leq \infty$ に対して $\mathcal{F}_\delta$ および $\mathcal{F}_\infty^2$ は各点可測である．

証明 クラス $\mathcal{F}_\infty$ と $\mathcal{F}_\infty^2$ がともに各点可測であることは補題 3.44 から直ちにわかる．包絡関数 F は可測であると仮定しても一般性を失わない．もしそうでないときは F を F^* と取り替えればよい．$\mathcal{F}_\infty$ は各点可測なので，可算部分集合 $\mathcal{H} \subset \mathcal{F}_\infty$ が存在して，任意の $g \in \mathcal{F}_\infty$ に対して適当に $\{h_m\} \subset \mathcal{H}$ を選べば，すべての $x \in \mathcal{X}$ に対して $h_m(x) \to g(x)$ が成り立つ．いま，$\delta > 0$ と $h \in \mathcal{F}_\delta$ を固定し，列 $\{g_m\} \subset \mathcal{H}$ をすべての $x \in \mathcal{X}$ に対し $g_m(x) \to h(x)$ をみたすものとする．すべての $m \geq 1$ に対して $|g_m|^2 \leq F^2$ なので，優収束定理よりほとんどすべての $m \geq 1$ に対して $\|g_m\|_{P,2} < \delta$ である．よって，列 $\{\tilde{g}_m\} \subset \mathcal{H}_\delta \equiv \{g \in \mathcal{H} : \|g\|_{P,2} < \delta\}$ が存在して，すべての $x \in \mathcal{X}$ に対して $\tilde{g}_m(x) \to h(x)$ が成り立つ．h は任意で $\mathcal{H}_\delta$ は h に無関係であり，さらに δ も任意なので，すべての $0 < \delta \leq \infty$ に対して $\mathcal{F}_\delta$ は各点可測クラスである． □

つぎに，クラス

$$\mathcal{F} \equiv \{1\{Y - \theta^T Z \leq t\} : \theta \in \mathbb{R}^k, t \in \mathbb{R}\} \tag{3.17}$$

の P-可測性を考える．ここで，P は $X \equiv (Y, Z) \in \mathcal{X} \equiv \mathbb{R} \times \mathbb{R}^k$ の任意の分布である．このクラスの性質は 2.3 節で議論したセミパラメトリック回帰モデルを分析するときに必要となる．

補題 3.46 $\mathcal{F}$ を式 (3.17) で定義されるクラスとする．このとき，$\mathcal{X}$ 上の任意の確率測度 P に対してクラス $\mathcal{F}, \mathcal{F}_\delta$ および $\mathcal{F}_\infty^2$ はいずれも P-可測である．

証明 最初に，ある定数 $M < \infty$ に対して $\|Z\| \leq M$ であると仮定する．よって標本空間は $\mathcal{X}_M \equiv \{(y, z) : (y, z) \in \mathcal{X}, \|z\| \leq M\}$ である．可算集合 $\mathcal{G} = \{1\{Y - \theta^T Z \leq t\} : \theta \in \mathbb{Q}^k, t \in \mathbb{Q}\}$ を考える．$\theta \in \mathbb{R}^k$ と $t \in \mathbb{R}$ を固定し，列 $\{(\theta_m, t_m)\}$ をつぎのように構成する：各 $m \geq 1$ に対して，$\theta_m \in \mathbb{Q}^k$ を $\|\theta_m - \theta\| < 1/(2mM)$ のように選び，$t_m \in \mathbb{Q}$ を $t_m \in (t + 1/(2m), t + 1/m]$ のように選ぶ．いま，任意の $(y, z) \in \mathcal{X}_M$ に対して，$1\{y - \theta_m^T z \leq t_m\} = 1\{y - \theta^T z \leq t_m + (\theta_m - \theta)^T z\}$ である．構成から $|(\theta_m - \theta)^T z| < 1/(2m)$ なので，すべての

$m \geq 1$ に対して $r_m \equiv t_m + (\theta_m - \theta)^T z - t > 0$ であり，$m \to \infty$ のとき $r_m \to 0$ となる．関数 $t \mapsto 1\{u \leq t\}$ は右連続であるから，すべての $(y, z) \in \mathcal{X}_M$ に対して $1\{y - \theta_m^T z \leq t_m\} \to 1\{y - \theta^T z \leq t\}$ が示された．よって，$\mathcal{F}$ は可算集合 $\mathcal{G}$ に関して各点可測である．

同様に，制限された標本空間 $\mathcal{X}_M$ において $\mathcal{F}_\delta$ と $\mathcal{F}_\infty^2$ は各点可測クラスである．$\mathcal{F}_\delta$ に対してこれを確認するため，$f_1, f_2 \in \mathcal{F}$ は $\|f_1 - f_2\|_{P,2} < \delta$ をみたし，$\{g_{m,1}\}, \{g_{m,2}\} \subset \mathcal{G}$ は $\mathcal{X}_M$ の各点で $g_{m,1} \to f_1$, $g_{m,2} \to f_2$ をみたすとする．有界収束定理から $\|g_{m,1} - g_{m,2}\|_{P,2} \to \|f_1 - f_2\|_{P,2}$ であるので，ほとんどすべての $m \geq 1$ に対して $\|g_{m,1} - g_{m,2}\| < \delta$ が成り立つ．よって，$\{\tilde{g}_{m,1}\}, \{\tilde{g}_{m,2}\} \subset \mathcal{G}$ が存在して，すべての $m \geq 1$ に対して $\tilde{g}_{m,1} - \tilde{g}_{m,2} \in \mathcal{G}_\delta \equiv \{f - g : f, g \in \mathcal{G}, \|f - g\|_{P,2} < \delta\}$ であり，$\mathcal{X}_M$ の各点で $\tilde{g}_{m,1} - \tilde{g}_{m,2} \to f_1 - f_2$ をみたす．f_1, f_2 は任意なので，$\mathcal{G}_\delta$ は $\mathcal{F}_\delta$ を各点可測にする可算部分集合である．クラス $\mathcal{F}_\infty^2$ が各点可測であることは補題 3.44 から直ちに導かれる．

いま，$J_M(x_1, \ldots, x_n) = \prod_{i=1}^n 1\{\|z_i\| \leq M\}$ とおく．ここで $x_i = (y_i, z_i)$, $i = 1, \ldots, n$ である．定数 M は任意なので，直前の二つのパラグラフで示した結果から，すべての n 要素の組 $(e_1, \ldots, e_n) \in \mathbb{R}^n$ とすべての $M < \infty$ に対して

$$(X_1, \ldots, X_n) \mapsto \Big\|\sum_{i=1}^n e_i f(X_i)\Big\|_{\mathcal{H}} J_M(X_1, \ldots, X_n), \qquad \mathcal{H} = \mathcal{F}, \mathcal{F}_\delta, \mathcal{F}_\infty^2$$

は可測である．すべての $(x_1, \ldots, x_n) \in \mathcal{X}^n$ に対して，$M \to \infty$ のとき $J_M(x_1, \ldots, x_n) \uparrow 1$ なので，上の写像は J_M を 1 で置き換えても可測である．よって，$\mathcal{F}, \mathcal{F}_\delta$ および $\mathcal{F}_\infty^2$ はすべて $\mathcal{X}$ 上の任意の測度 P に対して P-可測クラスとなる．　□

3.3.5　ブラケットエントロピー

与えられたクラス $\mathcal{F}$ が Glivenko–Cantelli クラスまたは Donsker クラスであるかどうかは，そのクラスの大きさに依存する．クラス $\mathcal{F}$ の大きさを測る比較的簡単な方法はエントロピー数 (entropy number) を使うことである．$\mathcal{F}$ の ϵ-エントロピーは，本質的には $\mathcal{F}$ を大きさ ϵ の "球" (ball) または "括弧" (bracket) で覆うときに必要となるそれらの最小個数の対数である．

$(\mathcal{F}, \|\cdot\|)$ を実数値関数 $f : \mathcal{X} \to \mathbb{R}$ からなるあるノルム空間の部分集合とする．多くの場合，確率測度 Q に対する $L_r(Q)$-ノルム空間を考える．

定義 3.10 (被覆数)　集合 $\mathcal{F}$ を ϵ-球 $\{f : \|f - g\| \leq \epsilon\}$ で覆うときに必要となる ϵ-球の最小個数を $\mathcal{F}$ の**被覆数** (covering number) とよび $N(\epsilon, \mathcal{F}, \|\cdot\|)$ で表す．ϵ-球の中心は $\mathcal{F}$ に属する必要はないが，それ自身のノルムは有限であるとする．被覆数の対数 $\log N(\epsilon, \mathcal{F}, \|\cdot\|)$ を（ブラケットなし）エントロピー (entropy (without bracketing)) とよぶ．部分集合 $\mathcal{G} \subset \mathcal{F}$ が $(\mathcal{F}, \|\cdot\|)$ の ϵ-**網** (ϵ-net) であるとは，任意の $f \in \mathcal{F}$ に対して $\inf_{g \in \mathcal{G}} \|f - g\| < \epsilon$ が成り立つことをいう．

定義 3.11 (ブラケット数)　与えられた関数の組 $l \leq u$ に対して，**ブラケット** (bracket) $[l, u]$ とは集合 $\{f : l \leq f \leq u\}$ である．ブラケット $[l, u]$ が $\|u - l\| \leq \epsilon$ をみたすとき ϵ-**ブラケット**とよばれる．$\mathcal{F}$ を覆うために必要な ϵ-ブラケットの最小個数を $\mathcal{F}$ の**ブラケット数** (bracketing number) とよび $N_{[\,]}(\epsilon, \mathcal{F}, \|\cdot\|)$ で表す．ブラケットの下端 l，上端 u は $\mathcal{F}$ に属する必要はないが，それら自身のノルムは有限であるとする．ブラケット数の対数 $\log N_{[\,]}(\epsilon, \mathcal{F}, \|\cdot\|)$ を**ブラケットエントロピー** (bracketing entropy) とよぶ．

$L_r(Q)$-ノルム $\|f\|_{Q,r} \equiv (Q|f|^r)^{1/r}$ に関する被覆数とブラケット数をそれぞれ $N(\epsilon, \mathcal{F}, L_r(Q))$ と $N_{[\,]}(\epsilon, \mathcal{F}, L_r(Q))$ で表す．$L_r(Q)$-ノルムのように，興味のあるノルムの多くは **Riesz** の性質：$|f| \leq |g| \Rightarrow \|f\| \leq \|g\|$ をもっている．この場合にはつねにブラケット数は被覆数以上である．

補題 3.47　$\mathcal{F}$ を $\mathcal{X}$ 上の実数値関数の任意のクラスとし，$\mathcal{F}$ 上のノルム $\|\cdot\|$ は Riesz の性質をもつとする．このとき，すべての $\epsilon > 0$ に対して

$$N(\epsilon, \mathcal{F}, \|\cdot\|) \leq N_{[\,]}(2\epsilon, \mathcal{F}, \|\cdot\|)$$

が成り立つ．

証明　もし f が 2ϵ-ブラケット $[l, u]$ の中にあるならば，それは中心 $(l+u)/2$ の ϵ-球の中にある．　□

一般にはこの補題の逆の不等式は成り立たないが，一様ノルム $\|\cdot\|_\infty$ については上の不等式は等式となる．一般的には，$\|\cdot\|_\infty$ によって優越される任意のノルム $\|\cdot\|$（すべての $f \in \mathcal{F}$ に対して $\|f\| \leq \|f\|_\infty$）に関してつぎの不等式が成り立つ：

補題 3.48　$\mathcal{F}$ を $\mathcal{X}$ 上の実数値関数の任意のクラスとし，$\mathcal{F}$ 上のノルム $\|\cdot\|$ は一様ノルム $\|\cdot\|_\infty$ によって優越されるとする．このとき，すべての $\epsilon > 0$ に対

して
$$N_{[\,]}\bigl(2\epsilon,\mathcal{F},\|\cdot\|\bigr)\leq N\bigl(\epsilon,\mathcal{F},\|\cdot\|_\infty\bigr)$$
が成り立つ．

証明 $\mathcal{F}$ を被覆する一様 ϵ-網を $f_1,\ldots,f_m$ とする．このとき，$\|\cdot\|$ に関する 2ϵ-ブラケット $[f_1-\epsilon,f_1+\epsilon],\ldots,[f_m-\epsilon,f_m+\epsilon]$ は $\mathcal{F}$ を覆う．□

応用上，添え字 $t\in T$ に関して Lipschitz 連続であるような関数 $x\mapsto f_t(x)$ のクラスのブラケットを考えることが必要となる．クラス $\mathcal{F}=\{f_t:t\in T\}$ は，添え字集合 T 上のある距離 d，標本空間 $\mathcal{X}$ 上のある実数値関数 $F(x)$，およびすべての $x\in\mathcal{X}$ に対して

$$\bigl|f_s(x)-f_t(x)\bigr|\leq d(s,t)F(x) \tag{3.18}$$

をみたすとする．このとき，補題 3.48 の一般化であるつぎの結果が成り立つ：

定理 3.49 クラス $\mathcal{F}=\{f_t:t\in T\}$ は，すべての $s,t\in T$ とある固定された関数 F に対して条件 (3.18) をみたすとする．このとき，すべての $\epsilon>0$ に対して

$$N_{[\,]}\bigl(2\epsilon\|F\|,\mathcal{F},\|\cdot\|\bigr)\leq N(\epsilon,T,d)$$

が成り立つ．ここで，$\|\cdot\|$ は $\mathcal{F}$ 上の任意のノルムで，$\|F\|<\infty$ をみたすとする．

証明 距離 d に関して T を被覆する任意の ϵ-網 $t_1,\ldots,t_k$ に対して，ブラケット $[f_{t_1}-\epsilon F,f_{t_1}+\epsilon F],\ldots,[f_{t_k}-\epsilon F,f_{t_k}+\epsilon F]$ は $\mathcal{F}$ を被覆する．これらのブラケットの大きさは $2\epsilon\|F\|$ である．□

もし $\|\cdot\|$ が $\|\cdot\|_\infty$ で優越されるならば，この定理は $T=\mathcal{F}$，$d=\|\cdot\|_\infty$（したがって自動的に $F=1$）のとき補題 3.48 に帰着する．

つぎの補題は二つのクラスの和と積に関するブラケット数の評価についての結果を与える．証明は容易である．

補題 3.50 $\mathcal{F}$ と $\mathcal{G}$ を $\mathcal{X}$ 上の可測関数のクラスとし，Q を $\mathcal{X}$ 上の任意の確率測度とする．このとき，

(1) すべての $1\leq r\leq\infty$ とすべての $\epsilon>0$ に対して

$$N_{[\,]}\bigl(2\epsilon,\mathcal{F}+\mathcal{G},L_r(Q)\bigr)\leq N_{[\,]}\bigl(\epsilon,\mathcal{F},L_r(Q)\bigr)N_{[\,]}\bigl(\epsilon,\mathcal{G},L_r(Q)\bigr)$$

が成り立つ．

(2) $\mathcal{F}$ と $\mathcal{G}$ が $\sup_{f\in\mathcal{F}}\|f\|_\infty \leq 1$ と $\sup_{g\in\mathcal{G}}\|g\|_\infty \leq 1$ をみたすとき,すべての $1 \leq r \leq \infty$ とすべての $\epsilon > 0$ に対して

$$N_{[\,]}(2\epsilon, \mathcal{F}\cdot\mathcal{G}, L_r(Q)) \leq N_{[\,]}(\epsilon, \mathcal{F}, L_r(Q))N_{[\,]}(\epsilon, \mathcal{G}, L_r(Q)).$$

が成り立つ.

3.3.6 Glivenko–Cantelli 型定理

本項においては二つのタイプの Glivenko–Cantelli 型の定理を示す. 最初の定理は最も簡単なものでブラケットエントロピーに関する条件で与えられる. その証明の本質は有限近似と大数の法則である. もう一つのタイプの定理はランダムエントロピーあるいは一様エントロピーに関する条件で述べられ, 最大不等式と対称化を通して証明される.

定理 3.51 可測関数のクラス $\mathcal{F}$ がすべての $\epsilon > 0$ に対して $N_{[\,]}(\epsilon, \mathcal{F}, L_1(P)) < \infty$ をみたすとする. このとき $\mathcal{F}$ は P-Glivenko–Cantelli である.

証明 $\epsilon > 0$ を固定する. L_1-ブラケットエントロピーが有限なので, $P(u-l) \leq \epsilon$ をみたす有限個の ϵ-ブラケット $[l_1, u_1], \ldots, [l_N, u_N]$ で $\mathcal{F}$ を覆うことができる. このとき, 任意の $f \in \mathcal{F}$ に対して, それを含む ϵ-ブラケット $[l_i, u_i]$ が存在して $(\mathbb{P}_n - P)f \leq (\mathbb{P}_n - P)u_i + P(u_i - f) \leq (\mathbb{P}_n - P)u_i + \epsilon$ となるので, 対数の強法則により

$$\sup_{f\in\mathcal{F}}(\mathbb{P}_n - P)f \leq \max_{1\leq i\leq N}(\mathbb{P}_n - P)u_i + \epsilon \xrightarrow{\text{as}} \epsilon$$

が成り立つ. l_i にも同様な議論を適用すると

$$\inf_{f\in\mathcal{F}}(\mathbb{P}_n - P)f \geq \min_{1\leq i\leq N}(\mathbb{P}_n - P)l_i - \epsilon \xrightarrow{\text{as}} -\epsilon$$

が得られる. よって, 確率 1 で $\limsup_{n\to\infty}\|\mathbb{P}_n - P\|_{\mathcal{F}}^* \leq \epsilon$ が成り立つ. $\epsilon > 0$ は任意なので, 求める結果が得られる. □

例 3.10 (Glivenko–Cantelli の定理) 例 3.3 (65 ページ) で定義したように, 経験分布関数 $\mathbb{F}_n(t)$ は定義関数のクラス $\mathcal{F} = \{1_{(-\infty,t]}(x) : t \in \bar{\mathbb{R}}\}$ から $[0,1]$ への写像 $f \mapsto \mathbb{P}_n f = n^{-1}\sum_{i=1}^n 1_{(-\infty,t]}(X_i)$ と同一視できる. 任意の $0 < \epsilon \leq 1$ に対して, 分割 $-\infty = t_0 < t_1 < \cdots < t_k = \infty$ をすべての i に対して $F(t_i-) - F(t_{i-1}) = P(1_{(-\infty,t_i)} - 1_{(-\infty,t_{i-1}]}) \leq \epsilon$ であるようにとることができる. 明らかに ϵ を超えるジャンプをもつ F の不連続点は分点となる. 任意の

3.3 Glivenko–Cantelli クラスと Donsker クラス 109

$1_{(-\infty,t]} \in \mathcal{F}$ は,$t_{i-1} \leq t < t_i$ ならば ϵ-ブラケット $[1_{(-\infty,t_{i-1}]}, 1_{(-\infty,t_i)}]$ に含まれる.このブラケットの総数 k は $k \leq 1+\lfloor 1/\epsilon \rfloor \leq 2/\epsilon$ をみたすように選ぶことができるので $N_{[\,]}(\epsilon, \mathcal{F}, L_1(P)) < \infty$ となり,したがって $\mathcal{F}$ は Glivenko–Cantelli クラスである.これは Glivenko–Cantelli の定理としてよく知られている経験分布関数に対する一様収束性 $\|\mathbb{F}_n - F\|_\infty \overset{\text{as}}{\to} 0$ の証明を与える.

つぎの定理で与えられる Glivenko–Cantelli 性のための十分条件は,ブラケット数を使った条件よりはるかに複雑ではあるが多くのクラスに適用できる.

定理 3.52 可測関数のクラス $\mathcal{F}$ は P-可測クラスで,その包絡関数 F は $\mathrm{E}^*F < \infty$ をみたすとする.$M > 0$ に対して $\mathcal{F}_M \equiv \{f1\{F < M\} : f \in \mathcal{F}\}$ と定義する.もし,すべての $\epsilon > 0$ と $M < \infty$ に対して $\log N(\epsilon, \mathcal{F}_M, L_1(\mathbb{P}_n)) = o_P^*(n)$ であるならば,$\mathrm{E}\|\mathbb{P}_n - P\|_\mathcal{F}^* \to 0$ かつ $\|\mathbb{P}_n - P\|_\mathcal{F}^* \overset{\text{as}}{\to} 0$ が成り立つ.したがって,とくに $\mathcal{F}$ は P-Glivenko–Cantelli クラスである.

証明 $\Psi(x) = x$ として定理 3.43(対称化不等式)を適用すると,$\mathcal{F}$ の P-可測性と Fubini の定理から,すべての $M > 0$ に対して

$$\mathrm{E}^*\|\mathbb{P}_n - P\|_\mathcal{F} \leq 2\mathrm{E}_X \mathrm{E}_\epsilon \Big\|\frac{1}{n}\sum_{i=1}^n \epsilon_i f(X_i)\Big\|_\mathcal{F}$$

$$\leq 2\mathrm{E}_X^* \mathrm{E}_\epsilon \Big\|\frac{1}{n}\sum_{i=1}^n \epsilon_i f1\{F \leq M\}(X_i)\Big\|_\mathcal{F}$$

$$+ 2\mathrm{E}_X^* \mathrm{E}_\epsilon \Big\|\frac{1}{n}\sum_{i=1}^n \epsilon_i f1\{F > M\}(X_i)\Big\|_\mathcal{F}$$

$$\leq 2\mathrm{E}_X^* \mathrm{E}_\epsilon \Big\|\frac{1}{n}\sum_{i=1}^n \epsilon_i f(X_i)\Big\|_{\mathcal{F}_M} + 2\mathrm{E}^*[F1\{F > M\}]$$

が成り立つ.最後の項は M を十分大きくとることにより任意に小さくすることができる.よって平均収束をいうためには,最初の項が各 M に対して 0 に収束することを示せばよい.ふたたび $X_1, \ldots, X_n$ を固定したとき,$\mathcal{G} \subset \mathcal{F}_M$ を $(\mathcal{F}_M, L_1(\mathbb{P}_n))$ の δ-網とする.このとき,任意の $f \in \mathcal{F}_M$ に対して $g \in \mathcal{G}$ が存在して,$\big|n^{-1}\sum_{i=1}^n \epsilon_i f(X_i) - n^{-1}\sum_{i=1}^n \epsilon_i g(X_i)\big| \leq \mathbb{P}_n|f - g| < \delta$ なので

$$\mathrm{E}_\epsilon \Big\|\frac{1}{n}\sum_{i=1}^n \epsilon_i f(X_i)\Big\|_{\mathcal{F}_M} \leq \mathrm{E}_\epsilon \Big\|\frac{1}{n}\sum_{i=1}^n \epsilon_i g(X_i)\Big\|_\mathcal{G} + \delta \tag{3.19}$$

が成り立つ.エントロピー数の定義から,$\mathcal{G}$ の濃度が $N(\delta, \mathcal{F}_M, L_1(\mathbb{P}_n))$ と等し

くなるように選ぶことができる．右辺の L_1-ノルムを $\psi_2(x) = e^{x^2} - 1$ に対する Orlicz ノルムで評価すると，最初の項は $\left\|\max_{g \in \mathcal{G}} |n^{-1} \sum_{i=1}^n \epsilon_i g(X_i)|\right\|_{\psi_2|X}$ を超えない．ここで，Orlicz ノルム $\|\cdot\|_{\psi_2|X}$ は $X_1, \ldots, X_n$ を固定して $\epsilon_1, \ldots, \epsilon_n$ に関してとったものである．そして，補題 3.37（最大不等式）を使うと，直前に表示された不等式の右辺は

$$K\sqrt{1 + \log N(\delta, \mathcal{F}_M, L_1(\mathbb{P}_n))} \max_{g \in \mathcal{G}} \left\|\frac{1}{n} \sum_{i=1}^n \epsilon_i g(X_i)\right\|_{\psi_2|X} + \delta$$

以下であることがわかる．補題 3.41（Hoeffding の不等式）から，この Orlicz ノルムは $\sqrt{6/n}(\mathbb{P}_n g^2)^{1/2} \leq \sqrt{6/n} M$ 以下である．よって，直前の式は

$$\sqrt{6} KM \sqrt{\frac{1 + \log N(\delta, \mathcal{F}_M, L_1(\mathbb{P}_n))}{n}} + \delta \xrightarrow{\mathrm{P}^*} \delta$$

で上から評価される．よって式 (3.19) の左辺は 0 に外確率収束する．また，それは M 以下なので，有界収束定理からその極大可測優関数の期待値も 0 に収束する．M は任意なので，$\mathrm{E}^* \|\mathbb{P}_n - P\|_{\mathcal{F}} \to 0$ を得る．これから $\mathcal{F}$ が弱 P-Glivenko–Cantelli クラスであることが導かれる．

以下で示される補題 3.53 から，ある定数 c に概収束する $\|\mathbb{P}_n - P\|_{\mathcal{F}}^*$ のバージョンの存在が保証される．すでに $\|\mathbb{P}_n - P\|_{\mathcal{F}}^* \xrightarrow{\mathrm{P}} 0$ がわかっているので，$c = 0$ でなければならない．よって求める結果が得られる． □

補題 3.53 可測関数 $f: \mathcal{X} \to \mathbb{R}$ のクラス $\mathcal{F}$ は包絡関数 F をもち，$\mathrm{E}^* F < \infty$ をみたすとする．フィルトレーション Σ_n を，最初の n 個の変数の任意の順列 $\sigma: (x_1, \ldots, x_n) \mapsto (x_{\sigma(1)}, \ldots, x_{\sigma(n)})$ に関して対称なすべての可測関数 $h: \mathcal{X}^\infty \to \mathbb{R}$ から生成される σ-加法族で定義する．このとき

$$\mathrm{E}\big(\|\mathbb{P}_n - P\|_{\mathcal{F}}^* \mid \Sigma_{n+1}\big) \geq \|\mathbb{P}_{n+1} - P\|_{\mathcal{F}}^*, \quad \text{a.s.}$$

が成り立つ．さらに，$\|\mathbb{P}_n - P\|_{\mathcal{F}}^*$ のバージョンでこのフィルトレーション Σ_n に適合するものが存在する．このようなバージョンはすべて逆進劣マルチンゲールとなり，ある一つの定数に確率 1 で収束する．

証明 $(\mathbb{P}_n - P)f = \mathbb{P}_n(f - Pf)$ なので，すべての f に対して $Pf = 0$ と仮定しても一般性を失わない．順列対称な関数 $h: \mathcal{X}^n \to \mathbb{R}$ を $h(x_1, \ldots, x_n) = \left\|n^{-1} \sum_{i=1}^n f(x_i)\right\|_{\mathcal{F}}$ で定義する．P^n に関する h の極小可測優関数 h^* としてやはり順列対称なものを選ぶことができる．実際，h の一つの極小可測優関数 $\tilde{h}$

に対して $h^* = \min_\sigma \tilde{h} \circ \sigma$ とおけばよい.このとき $h^*(X_1, \ldots, X_n)$ は $\|\mathbb{P}_n\|_\mathcal{F}^*$ のバージョンで,Σ_n-可測である.

いま $X_1, \ldots, X_{i-1}, X_{i+1}, \ldots, X_{n+1}$ の経験測度を $\mathbb{P}_n^i$ とする.このとき,すべての $f \in \mathcal{F}$ に対して $\mathbb{P}_{n+1} f = (n+1)^{-1} \sum_{i=1}^{n+1} \mathbb{P}_n^i f$ なので,

$$\|\mathbb{P}_{n+1}\|_\mathcal{F}^* \leq \frac{1}{n+1} \sum_{i=1}^{n+1} \|\mathbb{P}_n^i\|_\mathcal{F}^*, \quad \text{a.s.}$$

が成り立つ.この不等式は任意の可測なバージョンに対しても正しいので,左辺に Σ_{n+1}-可測なものを選び Σ_{n+1} に関する条件つき期待値をとると

$$\|\mathbb{P}_{n+1}\|_\mathcal{F}^* \leq \frac{1}{n+1} \sum_{i=1}^{n+1} \mathrm{E}\bigl(\|\mathbb{P}_n^i\|_\mathcal{F}^* | \Sigma_{n+1}\bigr), \quad \text{a.s.}$$

を得る.右辺の和の各項は,$\|\mathbb{P}_n^i\|_\mathcal{F}^*$ を別のバージョンに取り替えても高々確率 0 の集合上で異なるだけであるので,$\|\mathbb{P}_n^i\|_\mathcal{F}^*$ のバージョンとして上で与えた h^* を用い $h^*(X_1, \ldots, X_{i-1}, X_{i+1}, \ldots, X_{n+1})$ ととる.関数 h^* は順列対称なので,その対称性から条件つき期待値は i に無関係な

$$\mathrm{E}\bigl(\|\mathbb{P}_n^i\|_\mathcal{F}^* | \Sigma_{n+1}\bigr) = \frac{1}{n+1} \sum_{j=1}^{n+1} h^*(X_1, \ldots, X_{j-1}, X_{j+1}, \ldots, X_{n+1}), \quad \text{a.s.}$$

で与えられる.したがって,確率 1 で $\|\mathbb{P}_{n+1}\|_\mathcal{F}^* \leq \mathrm{E}\bigl(\|\mathbb{P}_n^{n+1}\|_\mathcal{F}^* | \Sigma_{n+1}\bigr) = \mathrm{E}\bigl(\|\mathbb{P}_n\|_\mathcal{F}^* | \Sigma_{n+1}\bigr)$ が成り立ち,$\{\|\mathbb{P}_n\|_\mathcal{F}^*; \Sigma_n\}$ は逆進劣マルチンゲールである.逆進劣マルチンゲールに関する収束定理から,可測な確率変数 $W = W(X_1, X_2, \ldots)$ が存在して $\|\mathbb{P}_n\|_\mathcal{F}^* \xrightarrow{\text{as}} W$ となる.さらに W は $X_1, X_2, \ldots$ の任意の有限個の並べ替えに関して対称であるので,Hewitte–Savage の 0-1 法則により,ある定数 c が存在して確率 1 で $W = c$ が成り立つ. □

定理 3.52 におけるクラス $\mathcal{F}_M$ の被覆数はもとのクラス $\mathcal{F}$ の被覆数以下である.よって,条件 $\mathrm{E}^* F < \infty$ と条件 $\log N(\epsilon, \mathcal{F}, L_1(\mathbb{P}_n)) = o_P^*(n)$ は $\mathcal{F}$ が Glivenko–Cantelli クラスであるためには十分である.

$\mathcal{X}$ の有限個の点上だけに重みをもつ確率測度を有限離散確率測度という.$\mathcal{X}$ 上の有限離散確率測度 Q は可測関数のクラス $\mathcal{F}$ の包絡関数 F に対して $\|F\|_{Q,r} > 0$ をみたすとし,このような Q の全体を $\mathcal{Q}_{F,r}$ とする.このとき,$\sup_{Q \in \mathcal{Q}_{F,r}} N(\epsilon \|F\|_{Q,r}, \mathcal{F}, L_r(Q))$ を一様被覆数 (uniform covering number) とよび,その対数 $\log \sup_{Q \in \mathcal{Q}_{F,r}} N(\epsilon \|F\|_{Q,r}, \mathcal{F}, L_r(Q))$ を一様エントロピー (uniform entropy) とよぶ.これらはデータに対する確率測度 P に無関係である.

つぎの定理は $\mathcal{F}$ が Glivenko–Cantelli であるための一様エントロピー条件を与える．

定理 3.54 可測関数のクラス $\mathcal{F}$ は P-可測クラスで包絡関数 F をもつとし，すべての $\epsilon > 0$ に対して $\sup_{Q \in \mathcal{Q}_{F,1}} N(\epsilon \|F\|_{Q,1}, \mathcal{F}, L_1(Q)) < \infty$ をみたすとする．このとき，もし $\mathrm{E}^* F < \infty$ ならば，$\mathcal{F}$ は P-Glivenko–Cantelli クラスである．

証明 もし $\mathrm{E}^* F = 0$ ならば結論は自明であるので，$\mathrm{E}^* F > 0$ と仮定する．大数の強法則から，ある $0 < \eta < \infty$ が存在して，確率 1 で十分大きな n に対して $\|F\|_{\mathbb{P}_n,1} \leq \|F^*\|_{\mathbb{P}_n,1} \leq \eta$ が成り立つ．$\epsilon > 0$ を任意に固定する．$K = \log \sup_{Q \in \mathcal{Q}_{F,1}} N(\epsilon \|F\|_{Q,1}, \mathcal{F}, L_1(Q))$ とおくと，$\|F\|_{\mathbb{P}_n,1} > 0$ なるすべての経験測度 $\mathbb{P}_n$ に対して $\log N(\epsilon \|F\|_{\mathbb{P}_n,1}, \mathcal{F}, L_1(\mathbb{P}_n)) \leq K$ が成り立つ．したがって，確率 1 で十分大きな n に対して $\log N(\epsilon \eta, \mathcal{F}, L_1(\mathbb{P}_n)) \leq K$ が成り立つ．$\|F\|_{\mathbb{P}_n,1} = 0$ の場合，$\operatorname{diam} \mathcal{F} = \sup_{f,g \in \mathcal{F}} \|f - g\|_{\mathbb{P}_n,1} = 0$ であるから $\log N(\epsilon \eta, \mathcal{F}, L_1(\mathbb{P}_n)) = 0$ となり，やはりこの不等式は正しい．$\epsilon > 0$ は任意であるから，すべての $\epsilon > 0$ に対して $\log N(\epsilon, \mathcal{F}, L_1(\mathbb{P})) = O_P^*(1)$ を得る．任意の $f, g \in \mathcal{F}$ に対して $\|(f-g)1\{F \leq M\}\|_{\mathbb{P}_n,1} \leq \|f-g\|_{\mathbb{P}_n,1}$ なので，$N(\epsilon, \mathcal{F}_M, L_1(\mathbb{P}_n)) \leq N(\epsilon, \mathcal{F}, L_1(\mathbb{P}_n))$ である．したがって，すべての $\epsilon >$ と $M < \infty$ に対して $\log N(\epsilon, \mathcal{F}_M, L_1(\mathbb{P}_n)) = O_P^*(1)$ が成り立つので，求める結論は定理 3.52 から導かれる． $\square$

3.3.7 Donsker 型定理

ここでは二つの Donsker 型の定理を示す．最初の定理では可測関数のクラス $\mathcal{F}$ が Donsker であるための十分条件が一様エントロピーを使って与えられ，2 番目の定理ではブラケットエントロピーを使って与えられる．

可測関数のクラス $\mathcal{F}$ は包絡関数 F をもつとする．このとき，前項で定義された一様エントロピーを用いた積分

$$J(\delta, \mathcal{F}, L_r) \equiv \int_0^\delta \sqrt{\log \sup_{Q \in \mathcal{Q}_{F,r}} N(\epsilon \|F\|_{Q,r}, \mathcal{F}, L_r(Q))} \, d\epsilon, \qquad 0 < \delta \leq \infty$$

を一様エントロピー積分 (uniform entropy integral) とよぶ．

任意の定数 $c > 0$ に対して $F_c = F + c$ とおくと，これも $\mathcal{F}$ の包絡関数であり，すべての確率測度 Q に対して $\|F_c\|_{Q,r} \geq c$ である．$\mathcal{X}$ 上の有限離散確率測度の全体を $\mathcal{Q}$ とする．$\|F_c\|_{Q,r} \geq \|F\|_{Q,r}$ であるので，もし $Q \in \mathcal{Q}_{F,r}$ ならば，$N(\epsilon \|F_c\|_{Q,r}, \mathcal{F}, L_r(Q)) \leq N(\epsilon \|F\|_{Q,r}, \mathcal{F}, L_r(Q))$ であり，もし $Q \in \mathcal{Q} - \mathcal{Q}_{F,r}$

3.3 Glivenko–Cantelli クラスと Donsker クラス

ならば $N(\epsilon\|F_c\|_{Q,r}, \mathcal{F}, L_r(Q)) = 1$ である. よって, すべての $0 < \delta \leq \infty$ に対して

$$\int_0^\delta \sqrt{\log \sup_{Q \in \mathcal{Q}} N(\epsilon\|F_c\|_{Q,r}, \mathcal{F}, L_r(Q))} \, d\epsilon \leq J(\delta, \mathcal{F}, L_r) \tag{3.20}$$

が成り立つことに注意する.

つぎの定理では $\mathcal{F}$ が Donsker となるための一様エントロピー条件を与える. その証明は,系 3.34 で述べたように,$L_2(P)$ におけるノルム $\|\cdot\|_{P,2}$ に関する全有界性と漸近同程度連続性を示すことで与えられる. すべての $0 < \delta \leq \infty$ に対して, $\mathcal{F}_\delta \equiv \{f - g : f, g \in \mathcal{F}, \|f - g\|_{P,2} < \delta\}$ と定義する.

定理 3.55 可測関数のクラス $\mathcal{F}$ は包絡関数 F をもち, $J(1, \mathcal{F}, L_2) < \infty$ をみたすとする. すべての $0 < \delta \leq \infty$ に対して, クラス $\mathcal{F}_\delta$ と $\mathcal{F}_\infty^2 \equiv \{h^2 : h \in \mathcal{F}_\infty\}$ は P-可測とする. このとき, もし $E^*F^2 < \infty$ ならば, $\mathcal{F}$ は P-Donsker クラスである.

証明 正の減少列 $\delta_n \downarrow 0$ を任意にとる. 外積分に関する Markov の不等式(補題 3.6)と対称化不等式(定理 3.43)から, すべての $x > 0$ に対して

$$P^*(\|\mathbb{G}_n\|_{\mathcal{F}_{\delta_n}} > x) \leq \frac{1}{x} E^* \|\mathbb{G}_n\|_{\mathcal{F}_{\delta_n}} \leq \frac{2}{x} E^* \Big\| \frac{1}{\sqrt{n}} \sum_{i=1}^n \epsilon_i f(X_i) \Big\|_{\mathcal{F}_{\delta_n}}$$

が得られる. すべての $\delta > 0$ に対する $\mathcal{F}_\delta$ の P-可測性の仮定から, 通常の Fubini の定理が適用でき, 外積分 E^* は $E_X E_\epsilon$ の順に計算することができる. まず $X_1, \ldots, X_n$ を固定する. Hoeffding の不等式(補題 3.41)から, 確率過程 $f \mapsto n^{-1/2} \sum_{i=1}^n \epsilon_i f(X_i)$ は $L_2(\mathbb{P}_n)$-半ノルム $\|f\|_n \equiv (\mathbb{P}_n f^2)^{1/2}$ に関して劣 Gauss 過程である. この過程の添え字集合 $\{(f(X_1), \ldots, f(X_n)) : f \in \mathcal{F}\}$ は $\mathbb{R}^n$ の部分集合なので, この確率過程は可分でもある. よって, 系 3.42 の後半の結果を $f_0 \equiv 0$ ととって使うと

$$E_\epsilon \Big\| \frac{1}{\sqrt{n}} \sum_{i=1}^n \epsilon_i f(X_i) \Big\|_{\mathcal{F}_{\delta_n}} \lesssim \int_0^\infty \sqrt{\log N(\epsilon, \mathcal{F}_{\delta_n}, L_2(\mathbb{P}_n))} \, d\epsilon \tag{3.21}$$

が得られる. ここで関係 $\lesssim$ は左辺が右辺の正の普遍定数倍より小さいことを表す. 十分大きな ϵ に対して集合 $\mathcal{F}_{\delta_n}$ は原点を中心とする半径 ϵ のただ 1 個の球に入ってしまうので, その場合, 式 (3.21) の右辺の被積分関数は 0 となる. これは明らかに $\epsilon > \theta_n$ のときに起こる. ここで

$$\theta_n^2 \equiv \sup_{f \in \mathcal{F}_{\delta_n}} \|f\|_n^2 = \|\mathbb{P}_n f^2\|_{\mathcal{F}_{\delta_n}}$$

である.ここで,任意の確率測度 Q と $\epsilon > 0$ に対して

$$N(\epsilon, \mathcal{F}_{\delta_n}, L_2(Q)) \leq N(\epsilon, \mathcal{F}_\infty, L_2(Q)) \leq N(\epsilon/2, \mathcal{F}, L_2(Q))^2$$

であることに注意すると,式 (3.21) の右辺は

$$\begin{aligned}
&\int_0^{\theta_n} \sqrt{\log N(\epsilon, \mathcal{F}_{\delta_n}, L_2(\mathbb{P}_n))}\, d\epsilon \\
&\lesssim \int_0^{\theta_n} \sqrt{\log N(\epsilon/2, \mathcal{F}, L_2(\mathbb{P}_n))^2}\, d\epsilon \\
&\lesssim \|F_{1/2}\|_n \int_0^{\theta_n/(2\|F_{1/2}\|_n)} \sqrt{\log N(\epsilon\|F_{1/2}\|_n, \mathcal{F}, L_2(\mathbb{P}_n))}\, d\epsilon \\
&\lesssim \|F_{1/2}\|_n J(\theta_n, \mathcal{F}, L_2)
\end{aligned}$$

で上から抑えられる.ここで,第 2 の不等式は変数変換 $u = \epsilon/(2\|F_{1/2}\|_n)$ から導かれる.第 3 の不等式は $\theta_n/(2\|F_{1/2}\|_n) \leq \theta_n$ と式 (3.20) から得られる.包絡関数 $F_{1/2}$ も 2 次モーメント条件をみたし,$\|F_{1/2}\|_n = O_P^*(1)$ であるから,もし $\theta_n^* \xrightarrow{\mathrm{P}} 0$ が示されれば,式 (3.21) の右辺は 0 に確率収束する.$\theta_n \leq 1$ のとき,$J(\theta_n, \mathcal{F}, L_2) \leq J(1, \mathcal{F}, L_2)$ であることに注意すると,Cauchy–Schwarz の不等式と有界収束定理から $\|\mathbb{G}_n\|_{\mathcal{F}_{\delta_n}} \xrightarrow{\mathrm{P}^*} 0$ が導かれる.すなわち $\mathbb{G}_n$ は漸近的 $L_2(P)$-同程度一様確率連続である.

ここで,$\theta_n^2 = \|\mathbb{P}_n f^2\|_{\mathcal{F}_{\delta_n}} \leq \|\mathbb{P}_n f^2 - P f^2\|_{\mathcal{F}_\infty} + \|P f^2\|_{\mathcal{F}_{\delta_n}}$ および $\|P f^2\|_{\mathcal{F}_{\delta_n}} \leq \delta_n^2 \downarrow 0$ であるから,もし $\|\mathbb{P}_n - P\|_{\mathcal{F}_\infty^2} \xrightarrow{\mathrm{P}^*} 0$ が示されれば,$\theta_n^* \xrightarrow{\mathrm{P}} 0$ の成立がわかる.クラス $\mathcal{F}_\infty^2$ は可積な包絡関数 $(2F)^2$ をもち,仮定から P-可測である.また,任意の $f, g \in \mathcal{F}_\infty$ に対して,$\mathbb{P}_n|f^2 - g^2| \leq \mathbb{P}_n(|f-g|\,4F) \leq \|f-g\|_n \|4F\|_n$ であり,これより $\|f-g\|_n \leq \epsilon\|F\|_n$ ならば $\mathbb{P}_n|f^2 - g^2| \leq \epsilon\|2F\|_n^2$ となるので,$N(\epsilon\|2F\|_n^2, \mathcal{F}_\infty^2, L_1(\mathbb{P}_n)) \leq N(\epsilon\|F\|_n, \mathcal{F}_\infty, L_2(\mathbb{P}_n))$ が成り立つ.さらに,右辺の被覆数は $\sup_{Q \in \mathcal{Q}_{F,2}} N(\epsilon\|F\|_{Q,2}/2, \mathcal{F}, L_2(Q))^2 < \infty$ を超えない.よって,定理 3.52,あるいは定理 3.54 およびその証明よりクラス $\mathcal{F}_\infty^2$ は P-Glivenko–Cantelli であり,$\theta_n^* \xrightarrow{\mathrm{P}} 0$ が成り立つ.これで $\mathbb{G}_n$ の漸近的 $L_2(P)$-同程度一様確率連続性の証明が完結する.

最後に,$\mathcal{F}$ が $L_2(P)$ において全有界であることを示す必要がある.前のパラグラフの結果から,離散確率測度の列 P_n が存在して $\|(P_n - P)f^2\|_{\mathcal{F}_\infty} \to 0$ が成り立つ.$\epsilon > 0$ を任意に固定し,n を $\|(P_n - P)f^2\|_{\mathcal{F}_\infty} < \epsilon^2$ をみたすように十分大きくとる.$f, g \in \mathcal{F}$ が $\|f - g\|_{P_n,2} \leq \epsilon$ をみたすならば,$P(f-g)^2 \leq P_n(f-g)^2 + |(P_n - P)(f-g)^2| \leq 2\epsilon^2$ である.よって

$L_2(P_n)$ における任意の ϵ-網は $L_2(P)$ における一つの $\sqrt{2}\epsilon$-網でもある．仮定より $N(\epsilon, \mathcal{F}, L_2(P_n))$ は有限であるので，$\mathcal{F}$ は $L_2(P)$ において全有界である． □

第 2 の主要定理はブラケット数を用いる．可測関数のクラス $\mathcal{F}$ に対して

$$J_{[\,]}(\delta, \mathcal{F}, L_r(P)) \equiv \int_0^\delta \sqrt{\log N_{[\,]}(\epsilon, \mathcal{F}, L_r(P))}\, d\epsilon, \qquad 0 < \delta \le \infty$$

をブラケット積分 (bracketing integral) とよぶ．一様エントロピー積分とは違い，ブラケット積分は真の測度 P のみを含むことに注意する．

定理 3.56 可測関数のクラス $\mathcal{F}$ は $J_{[\,]}(\infty, \mathcal{F}, L_2(P)) < \infty$ をみたすとする．このとき $\mathcal{F}$ は P-Donsker である．

証明 任意に与えた $\delta > 0$ に対して，δ より小さな $L_2(P)$-直径をもつ部分集合からなる有限分割 $\mathcal{F} = \bigcup_{i=1}^m \mathcal{F}_i$ を考える．このような分割は $\mathcal{F}$ を覆う最小個数の $\delta/2$-ブラケットから構成できる．いま $\tilde{\mathcal{F}}_\delta = \bigcup_{i=1}^m \{f - g : f, g \in \mathcal{F}_i\}$ とおくと，$\tilde{\mathcal{F}}_\delta \subset \mathcal{F}_\delta$ である．$L_2(P)$-ブラケット積分の仮定より，ある $\lambda < \infty$ が存在し，$\mathcal{F}$ は 1 個の λ-ブラケット $[l, u]$ で覆われる．ゆえに $F = u - l$ は $\mathcal{F}_\infty$ の包絡関数であり，$PF^2 < \infty$ をみたす．したがって，つぎに述べる補題 3.57 により，$a(\delta) > 0$ が存在し

$$\begin{aligned}
\mathrm{E}^*\Big[\sup_{1 \le i \le m} \sup_{f, g \in \mathcal{F}_i} |\mathbb{G}_n(f - g)|\Big] & \\
\le \mathrm{E}^* \|\mathbb{G}_n\|_{\mathcal{F}_\delta} & \\
\lesssim J_{[\,]}(\delta, \mathcal{F}_\delta, L_2(P)) + \sqrt{n}\, P\big[F \mathbf{1}\{F > \sqrt{n}\, a(\delta)\}\big] & \quad (3.22)
\end{aligned}$$

が成り立つ．

式 (3.22) の右辺第 2 項は，$a(\delta)^{-1} P[F^2 \mathbf{1}\{F > \sqrt{n}\, a(\delta)\}]$ 以下なので，$n \to \infty$ のとき 0 に収束する．任意の $\epsilon > 0$ に対して，$N_{[\,]}(\epsilon, \mathcal{F}_\infty, L_2(P)) \le N_{[\,]}(\epsilon/2, \mathcal{F}, L_2(P))^2$ なので，

$$\begin{aligned}
J_{[\,]}(\delta, \mathcal{F}_\delta, L_2(P)) &\le \int_0^\delta \sqrt{\log N_{[\,]}(\epsilon, \mathcal{F}_\infty, L_2(P))}\, d\epsilon \\
&\lesssim J_{[\,]}(\delta, \mathcal{F}, L_2(P))
\end{aligned}$$

が成り立つ．$\delta \downarrow 0$ のとき $J_{[\,]}(\delta, \mathcal{F}, L_2(P)) = o(1)$ なので，式 (3.22) から $\lim_{\delta \downarrow 0} \limsup_{n \to \infty} \mathrm{E}^* \|\mathbb{G}_n\|_{\mathcal{F}_\delta} = 0$ が得られる．外積分に関する Markov の不等式（補題 3.6）より，$T = \mathcal{F}$, $X_n(f) = \mathbb{G}_n(f)$ としたとき，式 (3.2) が成り立

つことがわかる．よって，定理 3.26 の条件 (ii) から $\mathbb{G}_n$ は漸近的タイトであり，
したがって，定理 3.25 から求める結果が得られる．□

この証明で使われた補題 3.57 を述べる前に，2 乗可積な有界関数 f からなる
有限集合 $\mathcal{F}$ に対して

$$\mathrm{E}\|\mathbb{G}_n\|_{\mathcal{F}} \lesssim \max_{f \in \mathcal{F}} \frac{\|f\|_{\infty}}{\sqrt{n}} \log(1+|\mathcal{F}|) + \max_{f \in \mathcal{F}} \|f\|_{P,2} \sqrt{\log(1+|\mathcal{F}|)} \qquad (3.23)$$

が成り立つことを指摘しておく．ここで，$|\mathcal{F}|$ は $\mathcal{F}$ の要素数である．この関係式
は，すべての $x > 0$ に対して Bernstein の不等式（補題 3.39）を

$$\mathrm{P}(|\mathbb{G}_n f| > x) \leq 2e^{-\frac{1}{2} \frac{x^2}{Pf^2 + \|f\|_{\infty} x/\sqrt{n}}}$$

の形で利用し，補題 3.38 を適用すれば得られる．

補題 3.57 可測関数 $f : \mathcal{X} \to \mathbb{R}$ のクラス $\mathcal{F}$ は包絡関数 F をもち，すべての
$f \in \mathcal{F}$ に対して $Pf^2 < \delta^2$ をみたすとする．このとき，

$$a(\delta) \equiv \frac{\delta}{\sqrt{1 \vee \log N_{[]}(\delta, \mathcal{F}, L_2(P))}}$$

に対して

$$\mathrm{E}^*\|\mathbb{G}_n\|_{\mathcal{F}} \lesssim J_{[]}(\delta, \mathcal{F}, L_2(P)) + \sqrt{n}\mathrm{E}^*[F\mathbf{1}\{F > \sqrt{n}a(\delta)\}]$$

が成り立つ．

証明 各点 x（以下では変数 x は表示しない）において，関数 f を $f = f\mathbf{1}\{F \leq \sqrt{n}a(\delta)\} + f\mathbf{1}\{F > \sqrt{n}a(\delta)\}$ と分解する．このとき，$|\mathbb{G}_n[f\mathbf{1}\{F > \sqrt{n}a(\delta)\}]| \leq \sqrt{n}(\mathbb{P}_n + P)[F\mathbf{1}\{F > \sqrt{n}a(\delta)\}]$ に注意すると，三角不等式から

$$\mathrm{E}^*\|\mathbb{G}_n\|_{\mathcal{F}} \leq \mathrm{E}^*\|\mathbb{G}_n[f\mathbf{1}\{F \leq \sqrt{n}a(\delta)\}]\|_{\mathcal{F}} + 2\sqrt{n}\mathrm{E}^*[F\mathbf{1}\{F > \sqrt{n}a(\delta)\}]$$

を得る．したがって，この式の右辺第 1 項が $J_{[]}(\delta, \mathcal{F}, L_2(P))$ の定数倍以下であ
ることを示せば十分である．クラス $\{f\mathbf{1}\{F \leq \sqrt{n}a(\delta)\} : f \in \mathcal{F}\}$ のブラケット
数はクラス $\mathcal{F}$ のブラケット数以下である．よって，式の表示を簡単にするため，
$F \leq \sqrt{n}a(\delta)$ で，すべての $f \in \mathcal{F}$ は $|f| \leq \sqrt{n}a(\delta)$ をみたすと仮定する．

整数 q_0 を $4\delta \leq 2^{-q_0} \leq 8\delta$ をみたすように定め固定する．整数 $q \geq q_0$ を添え
字とする $\mathcal{F}$ の逐次的な細分分割列 $\{\mathcal{F}_{qi} : i = 1, \ldots, N_q\}$（任意の $\mathcal{F}_{(q+1)i}$ はあ
る $\mathcal{F}_{qj}$ に含まれる）と可測関数のクラス $\{\Delta_{qi} \leq 2\sqrt{n}a(\delta) : i = 1, \ldots, N_q\}$ が存
在して

3.3 Glivenko–Cantelli クラスと Donsker クラス

$$\sum_{q=q_0}^{\infty} 2^{-q}\sqrt{\log N_q} \lesssim \int_0^{\delta} \sqrt{\log N_{[\,]}(\epsilon, \mathcal{F}, L_2(P))}\, d\epsilon,$$

$$\sup_{f,g \in \mathcal{F}_{qi}} |f - g| \leq \Delta_{qi}, \qquad P\Delta_{qi}^2 < 2^{-2q}$$

をみたす.これをみるため,まず $\mathcal{F}$ を $\bar{N}_q = N_{[\,]}(2^{-q}, \mathcal{F}, L_2(P))$ 個の 2^{-q}-ブラケット $[l_{qj}, u_{qj}]$ で覆い,$[l_{qj}, u_{qj}] - [l_{q(j-1)}, u_{q(j-1)}], j = 1, \ldots, \bar{N}_q$, $[l_{q0}, u_{q0}] = \emptyset$ と $\mathcal{F}$ との共通部分で分割を構成する.ブラケットの両端の差 $\Delta_{qj} = u_{qj} - l_{qj}$ は上の条件をみたす.もしこの分割列が逐次的な細分となっていないならば,段階 q の分割をすべての共通部分 $\bigcap_{p=q_0}^{q} \mathcal{F}_{p i_p}$ からなる集合に置き換える.これは $N_q = \prod_{p=q_0}^{q} \bar{N}_p$ 個の集合への分割を与える.不等式 $(\log \prod \bar{N}_p)^{1/2} \leq \sum (\log \bar{N}_p)^{1/2}$ を用いて和の順番を入れ替えると

$$\sum_{q=q_0}^{\infty} 2^{-q}\sqrt{\log N_q} \leq 2\sum_{p=q_0}^{\infty} 2^{-p}\sqrt{\log \bar{N}_p} \lesssim \int_0^{\delta} \sqrt{\log N_{[\,]}(\epsilon, \mathcal{F}, L_2(P))}\, d\epsilon$$

が導かれる.したがって,上に表示された二つの条件はやはり成り立つことがわかる.

各 $q \geq q_0$ に対して,$\mathcal{F}$ の分割集合 $\mathcal{F}_{qi}$ のそれぞれから要素 f_{qi} を選び固定し,写像 $\pi_q : \mathcal{F} \to \{f_{qi} : i = 1, \ldots, N_q\}$ と $\Delta_q : \mathcal{F} \to \{\Delta_{qi} : i = 1, \ldots, N_q\}$ を

$$f \in \mathcal{F}_{qi} \quad \Rightarrow \quad \pi_q f = f_{qi}, \quad \Delta_q f = \Delta_{qi}$$

で定義する.さらに,n を固定し各 $q > q_0$ に対して,

$$a_q = 2^{-q}/\sqrt{\log N_{q+1}}$$
$$A_{q-1}f = 1\{\Delta_{q_0} f \leq \sqrt{n} a_{q_0}, \ldots, \Delta_{q-1} f \leq \sqrt{n} a_{q-1}\}$$
$$B_q f = 1\{\Delta_{q_0} f \leq \sqrt{n} a_{q_0}, \ldots, \Delta_{q-1} f \leq \sqrt{n} a_{q-1}, \Delta_q f > \sqrt{n} a_q\}$$

と定義する.このとき,$\mathcal{F}$ の分割列は逐次的に細分になっているので,段階 q の各分割集合 $\mathcal{F}_{qi}$ 上では $A_q f, B_q f$ の値は f に関して一定であることに注意する.整数 q_0 の定め方から $\delta \leq 2^{-q_0 - 2}$ なので,$N_{q_0+1} = \bar{N}_{q_0} \bar{N}_{q_0+1} \leq N_{[\,]}(\delta, \mathcal{F}, L_2(P))^2$ である.したがって $2a(\delta) \leq a_{q_0}$ が,ゆえに $A_{q_0} f = 1$ が成り立つことがわかる.いま,各点 x において f を

$$f - \pi_{q_0} f = \sum_{q=q_0+1}^{\infty} (f - \pi_q f) B_q f + \sum_{q=q_0+1}^{\infty} (\pi_q f - \pi_{q-1} f) A_{q-1} f \qquad (3.24)$$

のように分解する.つぎに,右辺の二つの級数に別々に経験過程 $\mathbb{G}_n$ を適用し,

それらの絶対値の $f \in \mathcal{F}$ に関する上限をとる．以下で，このようにして得られる変数の期待値を評価する．

最初に，分割は逐次的に細分になっているので，$\Delta_q f B_q f \leq \Delta_{q-1} f B_q f \leq \sqrt{n} a_{q-1}$ であり，明らかに $P[(\Delta_q f)^2 B_q f] \leq 2^{-2q}$ と $P[B_q f] \leq 2^{-2q}/(n a_q^2)$ が成り立つ．すべての関数の組 $|f| \leq g$ に対して $|\mathbb{G}_n f| \leq \mathbb{G}_n g + 2\sqrt{n} P g$ なので，三角不等式と式 (3.23) および a_q の定義から

$$\mathrm{E}^* \Big\| \sum_{q=q_0+1}^{\infty} \mathbb{G}_n \big[(f - \pi_q f) B_g f \big] \Big\|_{\mathcal{F}}$$
$$\leq \sum_{q=q_0+1}^{\infty} \mathrm{E}^* \big\| \mathbb{G}_n [\Delta_q f B_q f] \big\|_{\mathcal{F}} + \sum_{q=q_0+1}^{\infty} 2\sqrt{n} \big\| P[\Delta_q f B_q f] \big\|_{\mathcal{F}}$$
$$\lesssim \sum_{q=q_0+1}^{\infty} \Big[a_{q-1} \log N_q + 2^{-q} \sqrt{\log N_q} + \frac{2^{-2q}}{a_q} \Big]$$
$$\lesssim \sum_{q=q_0+1}^{\infty} 2^{-q} \sqrt{\log N_q}$$

が得られる．

つぎに，f が $\mathcal{F}$ の中を動くとき，高々 N_q 個の関数 $\pi_q f - \pi_{q-1} f$ と高々 N_{q-1} 個の定義関数 $A_{q-1} f$ が存在する．分割列は逐次的に細分されているので，$|\pi_q f - \pi_{q-1} f| A_{q-1} f \leq \Delta_{q-1} f A_{q-1} f \leq \sqrt{n} a_{q-1}$ および $\|\pi_q f - \pi_{q-1} f\|_{P,2} \leq 2^{-q+1}$ が成り立つ．したがって，ふたたび三角不等式と不等式 (3.23) および a_q の定義から

$$\mathrm{E}^* \Big\| \sum_{q=q_0+1}^{\infty} \mathbb{G}_n \big[(\pi_q f - \pi_{q-1} f) A_{q-1} f \big] \Big\|_{\mathcal{F}}$$
$$\leq \sum_{q=q_0+1}^{\infty} \mathrm{E}^* \big\| \mathbb{G}_n \big[(\pi_q f - \pi_{q-1} f) A_{q-1} f \big] \big\|_{\mathcal{F}}$$
$$\lesssim \sum_{q=q_0+1}^{\infty} \Big[a_{q-1} \log N_q + 2^{-q} \sqrt{\log N_q} \Big]$$
$$\lesssim \sum_{q=q_0+1}^{\infty} 2^{-q} \sqrt{\log N_q}$$

の成立がわかる．

証明を完結するためには，分解 (3.24) の左辺第 2 項 $\pi_{q_0} f$ を考えれば十分で

ある．$|\pi_{q_0} f| \leq \sqrt{n} a(\delta) \leq \sqrt{n} a_{q_0}$ であり，仮定から $P(\pi_{q_0} f)^2 < \delta^2$ であるので，もう一度不等式 (3.23) を使うと q_0 の選び方から

$$\mathrm{E}^* \|\mathbb{G}_n \pi_{q_0} f\|_{\mathcal{F}} \lesssim a_{q_0} \log N_{q_0} + \delta \sqrt{\log N_{q_0}} \lesssim 2^{-(q_0+1)} \sqrt{\log N_{q_0+1}}$$

が導かれる．以上をまとめると

$$\mathrm{E}^* \|\mathbb{G}_n\|_{\mathcal{F}} \lesssim \sum_{q=q_0+1}^{\infty} 2^{-q} \sqrt{\log N_q} \lesssim J_{[\,]}(\delta, \mathcal{F}, L_2(P))$$

が得られる． □

注意：系 3.33 で述べたように，可測関数のクラス $\mathcal{F}$ が P-Donsker であるための必要十分条件は

(i) $(\mathcal{F}, d_P)$ は全有界で，すべての $\delta_n \downarrow 0$ に対して $\|\mathbb{G}_n\|_{\mathcal{F}_{\delta_n}} \xrightarrow{\mathrm{P}^*} 0$

で与えられる．これは

(ii) $(\mathcal{F}, d_P)$ は全有界で，すべての $\delta_n \downarrow 0$ に対して $\mathrm{E}^* \|\mathbb{G}_n\|_{\mathcal{F}_{\delta_n}} \to 0$

とも同値である．さらに $\mathcal{F}$ が P-Donsker であることから

$$\lim_{n \to \infty} x^2 \sup_{n \geq 1} \mathrm{P}^* (\|\mathbb{G}_n\|_{\mathcal{F}} > x) = 0$$

が導かれる．これよりさらに，任意の $0 < r < 2$ に対して $\mathrm{E}^* \|f - Pf\|_{\mathcal{F}}^r < \infty$ および $\mathrm{E}^* \|\mathbb{G}_n\|_{\mathcal{F}}^r \to \mathrm{E} \|\mathbb{G}\|_{\mathcal{F}}^r < \infty$ が成り立つことがわかる（van der Vaart and Wellner[7] 2.3.2 節）．したがって $\mathcal{F}$ は弱 P-Glivenko–Cantelli クラスでもある．$(\mathbb{P}_n - P)f = \mathbb{P}_n(f - Pf)$ なので，クラス $\mathcal{F}$ は $\|P\|_{\mathcal{F}} = 0$ をみたすと仮定しても一般性を失わない．このとき包絡関数 $x \mapsto \|f(x)\|_{\mathcal{F}}$ は $\mathrm{E}^* \|f\|_{\mathcal{F}} < \infty$ をみたすので，補題 3.53 から $\mathcal{F}$ は P-Glivenko–Cantelli クラスである．すなわち，すべての Donsker クラスは自動的に Glivenko–Cantelli クラスとなる．

例 3.11（区間の定義関数クラス） 例 3.10 (108 ページ) で示したように，定義関数のクラス $\mathcal{F} = \{1_{(-\infty, t]} : t \in \bar{\mathbb{R}}\}$ のブラケット数は $0 < \epsilon \leq 1$ に対して $N_{[\,]}(\epsilon, \mathcal{F}, L_1(P)) \leq 2/\epsilon$ をみたす．すべての $0 \leq f \leq 1$ に対して $Pf^2 \leq Pf$ なので，ブラケットの $L_2(P)$ サイズは $\sqrt{\epsilon}$ 以下である．よって，$N_{[\,]}(\epsilon, \mathcal{F}, L_2(P)) \leq N_{[\,]}(\epsilon^2, \mathcal{F}, L_1(P)) \leq 2/\epsilon^2$ であり，したがって $J_{[\,]}(1, \mathcal{F}, L_2(P)) < \infty$ が成り立つので，定理 3.56 よりこのクラスは P-Donsker である．

この事実は定理 3.55 からも確認できる．$\mathcal{F}$ の自明な包絡関数 $F \equiv 1$ に対

して，補題 3.47 からすべての確率測度 Q に対して $N(\epsilon\|F\|_{Q,2},\mathcal{F},L_2(Q)) \leq N_{[\,]}(2\epsilon,\mathcal{F},L_2(Q)) \leq 1/(2\epsilon^2)$ が成り立つ．したがって $J(1,\mathcal{F},L_2) < \infty$ となる．必要な P-可測性は例 3.8 (102 ページ) と命題 3.45 から得られる．

上の議論は $\mathbb{R}^d$ の区間 $(-\infty,t] = (-\infty,t_1] \times \cdots \times (-\infty,t_d]$ のクラスにも拡張できる．対応する定義関数のクラスを $\mathcal{F} = \{1_{(-\infty,t]} : t \in \bar{\mathbb{R}}^d\}$ とすると，同様な議論から $N_{[\,]}(\epsilon,\mathcal{F},L_1(P)) \leq K/\epsilon^d$ と $N_{[\,]}(\epsilon,\mathcal{F},L_2(P)) \leq K/\epsilon^{2d}$ が成り立つことがわかる．ここで K は次元 d のみに関係する定数である．したがって $\mathcal{F}$ は P-Donsker である．さらにクラス $\mathcal{F} = \{1_{(s,t]} : s,t \in \bar{\mathbb{R}}^d\}$ も P-Donsker である．これは $N_{[\,]}(\epsilon,\mathcal{F},L_2(P)) \leq K/\epsilon^{4d}$ からわかる．

例 3.12 (パラメータに関する **Lipschitz** クラス) パラメータ $\theta \in \Theta$ で添え字づけされた可測関数 $x \mapsto f_\theta(x)$ のクラス $\mathcal{F} = \{f_\theta : \theta \in \Theta\}$ を考える．いま可測関数 $x \mapsto F(x)$ が存在して，$\mathcal{F}$ の関数はすべての $\theta,\tilde{\theta} \in \Theta$ と x に対して，

$$\left|f_\theta(x) - f_{\tilde{\theta}}(x)\right| \leq d(\theta,\tilde{\theta})F(x)$$

をみたすとする．ここで d は Θ 上のある距離関数である．このとき，もし $\|F\|_{P,r} < \infty$ ならば，定理 3.49 から

$$N_{[\,]}(2\epsilon\|F\|_{P,r},\mathcal{F},L_r(P)) \leq N(\epsilon,\Theta,d)$$

が成り立つ．特別な場合として Θ を $\mathbb{R}^d$ の有界集合とする．このとき Θ はサイズ ϵ の立方体を用いて高々 $\lceil \operatorname{diam}\Theta/\epsilon \rceil^d$ 個で覆われるので，$N(\epsilon,\Theta,\|\cdot\|) \lesssim (\operatorname{diam}\Theta/\epsilon)^d$ である．したがって，すべての $0 < \epsilon < \operatorname{diam}\Theta$ に対して

$$N_{[\,]}(\epsilon,\mathcal{F},L_2(P)) \leq K\left(\frac{1}{\epsilon}\right)^d$$

が成り立つ．ここで K は Θ, d, F のみに関係する定数である．したがって，定理 3.56 からこのクラスは P-Donsker である．

例 3.13 (**Sobolev** クラス) 関数 $\eta : [0,1] \to \mathbb{R}$ は $\|\eta\|_\infty \leq 1$ であり，一つの固定された $k \in \mathbb{N}$ に対して $\eta^{(k-1)}(x)$ は絶対連続で $\int_0^1 (\eta^{(k)}(x))^2 dx \leq 1$ をみたすとする．このような関数は 0–1 値の変数 Y に対する部分線形回帰モデル

$$P_{\theta,\eta}(Y = 1 \mid Z = z, U = u) = \Psi(\theta^T z + \eta(u))$$

に現れる．このモデルは，$\Psi(t) = 1/(1+e^{-t})$ のときロジットモデル，$\Psi(t) = \Phi(t)$ (累積標準正規分布関数) のときプロビットモデルとよばれる．$\mathcal{F}$ をこのような

性質をもつ関数 η の全体からなるクラスとする.このとき,定数 K が存在して,すべての $\epsilon > 0$ に対して

$$\log N(\epsilon, \mathcal{F}, \|\cdot\|_\infty) \leq K\left(\frac{1}{\epsilon}\right)^{1/k}$$

が成り立つことが知られている.したがって補題 3.48 から,すべての P に対して $\log N_{[\,]}(\epsilon, \mathcal{F}, L_2(P)) \lesssim \epsilon^{-1/k}$ が成り立つ.よって $J_{[\,]}(\infty, \mathcal{F}, L_2(P)) < \infty$ であるので,すべての $k \geq 1$ に対して $\mathcal{F}$ は P-Donsker クラスである.

3.3.8 Glivenko–Cantelli クラスと Donsker クラスの保存性

最初に,いくつかの Glivenko–Cantelli クラスから新たな Glivenko–Cantelli クラスを構成する方法について考える.

可測関数のクラス $\mathcal{F}$ に対して,$\overline{\mathcal{F}}^{P,r}$ を $\mathcal{F}$ の要素 $\{f_m\}$ の各点収束かつ $L_r(P)$ 収束の極限 $f_m \to f$ の全体とする.つぎの性質は Glivenko–Cantelli クラスの定義から明らかである:

定理 3.58 $\mathcal{F}$ と $\mathcal{G}$ は P-Glivenko–Cantelli クラスであるとする.このとき,

(1) $\mathcal{H} \subset \mathcal{F}$ は P-Glivenko–Cantelli クラスである.
(2) $\mathcal{F} \cup \mathcal{G}$ と $\mathcal{F} + \mathcal{G}$ は P-Glivenko–Cantelli クラスである.
(3) $\overline{\mathcal{F}}^{P,1}$ は P-Glivenko–Cantelli クラスである.

与えられたクラス $\mathcal{F}_1, \ldots, \mathcal{F}_k$ と関数 $\phi: \mathbb{R}^k \to \mathbb{R}$ に対して,$\phi \circ (\mathcal{F}_1, \ldots, \mathcal{F}_k)$ を式 (3.16) で合成されたクラスとする.証明は省くが,このクラスについてはつぎの定理(Kosorok[3] の定理 9.26)が成り立つ:

定理 3.59 クラス $\mathcal{F}_1, \ldots, \mathcal{F}_k$ は P-Glivenko–Cantelli で,$\max_{1 \leq j \leq k} \|P\|_{\mathcal{F}_j} < \infty$ をみたすとし,関数 $\phi: \mathbb{R}^k \to \mathbb{R}$ は連続とする.もし $\phi \circ (\mathcal{F}_1, \ldots, \mathcal{F}_k)$ が可積な包絡関数をもつならば,クラス $\phi \circ (\mathcal{F}_1, \ldots, \mathcal{F}_k)$ は P-Glivenko–Cantelli である.

この定理を適用するとつぎの系が得られる:

系 3.60 $\mathcal{F}$ と $\mathcal{G}$ はそれぞれ可積分包絡関数 F と G をもつ P-Glivenko–Cantelli クラスとする.このとき,

(1) $P[FG] < \infty$ ならば,$\mathcal{F} \cdot \mathcal{G}$ は P-Glivenko–Cantelli クラスである.
(2) $R \equiv \bigcup_{f \in \mathcal{F}} \mathrm{R}(f)$ とし,関数 $\psi: \bar{R} \to \mathbb{R}$ は連続であるとする.ここで $\mathrm{R}(f)$ は f の値域である.もし $\psi(\mathcal{F})$ が可積な包絡関数をもつならば,$\psi(\mathcal{F})$ は

P-Glivenko–Cantelli クラスである.

証明 関数 $\phi(x,y) \equiv xy$ は連続なので,定理から直ちに (1) が得られる. (2) を示すため, $\tilde{\psi}: \mathbb{R} \to \mathbb{R}$ を ψ の $\mathbb{R}$ 上への連続的な拡張とする.このとき,すべての $f \in \mathcal{F}$ に対して $\tilde{\psi}(f) = \psi(f)$ なので, $\tilde{\psi}$ に定理を適用すれば $\tilde{\psi}(\mathcal{F}) = \psi(\mathcal{F})$ が P-Glivenko–Cantelli クラスであることがわかる. □

つぎに,いくつかの Donsker クラスから新たな Donsker クラスを構成する方法について述べる.

可測関数のクラス $\mathcal{F}$ に対して,その対称凸包を $\mathrm{sconv}\mathcal{F}$ とする.すなわち, $f \in \mathrm{sconv}\mathcal{F}$ ならば,自然数 m が存在して $f = \sum_{i=1}^{m} \alpha_i f_i$ と表すことができる. ここで α_i は $\sum_{i=1}^{m} |\alpha_i| \leq 1$ をみたす実数であり, f_i は $\mathcal{F}$ の要素である.上で定義した $\overline{\mathcal{F}}^{P,r}$ と同様, $\mathrm{sconv}\mathcal{F}$ の各点かつ $L_r(P)$ 閉包を $\overline{\mathrm{sconv}}^{P,r}\mathcal{F}$ と表す.

定理 3.61 $\mathcal{F}$ を P-Donsker クラスとする.このとき,

(1) $\mathcal{G} \subset \mathcal{F}$ は P-Donsker クラスである.
(2) $\overline{\mathcal{F}}^{P,2}$ は P-Donsker クラスである.
(3) $\overline{\mathrm{sconv}}^{P,2}\mathcal{F}$ は P-Donsker クラスである.

証明 ここでは (1) と (2) を証明する.

クラス $\mathcal{F}$ が系 3.33 の二つの条件をみたすならば,部分クラス $\mathcal{G}$ もそれらをみたすので,(1) の証明は明らかである.

(2) を証明するために,一般性を失うことなく $\mathcal{F}$ と $\overline{\mathcal{F}}^{P,2}$ はともに平均 0 のクラスであると仮定することができる.明らかに $\overline{\mathcal{F}}^{P,2}$ は $L_2(P)$ において全有界である.いま, $\mathbb{G}_n$ の $\mathcal{H} \subset L_2(P)$ に関する連続率を

$$M_\mathcal{H}(\delta) \equiv \sup_{f,g \in \mathcal{H}: \|f-g\|_{P,2} < \delta} |\mathbb{G}_n(f-g)|$$

で定義する.固定した $\delta > 0$ と固定した $X_1, \ldots, X_n$ に対して, $f,g \in \overline{\mathcal{F}}^{P,2}$ を条件 $\|f-g\|_{P,2} < \delta$ のもと, $|\mathbb{G}_n(f-g)|$ が任意に $M_{\overline{\mathcal{F}}^{P,2}}(\delta)$ に近くなるように選ぶことができる.また, $\check{f}, \check{g} \in \mathcal{F}$ を $\|f - \check{f}\|_{P,2}$ と $|\mathbb{G}_n(f - \check{f})|$ および $\|g - \check{g}\|_{P,2}$ と $|\mathbb{G}_n(g - \check{g})|$ が任意に小さくなるように選ぶことができる.よって $M_{\overline{\mathcal{F}}^{P,2}}(\delta) \leq M_\mathcal{F}(2\delta)$ が成り立つ. $\delta > 0$ は任意なので, $\{\mathbb{G}_n(f) : f \in \mathcal{F}\}$ の漸近的同程度一様確率連続性から $\overline{\mathcal{F}}^{P,2}$ に対してもそれが成り立つことが導かれる. □

合成 (3.16) で使った関数 $\phi: \mathbb{R}^k \to \mathbb{R}$ は,すべての $f,g \in \mathcal{F}_1 \times \cdots \times \mathcal{F}_k$ と

$x \in \mathcal{X}$ およびある定数 $0 < L < \infty$ に対して

$$\left|\phi \circ f(x) - \phi \circ g(x)\right|^2 \leq L^2 \sum_{i=1}^{k} \bigl(f_i(x) - g_i(x)\bigr)^2 \quad (3.25)$$

をみたすとする．たとえば，ϕ が Lipschitz 関数ならこれが成り立つ．このとき，証明なしでつぎの定理を与える．証明の詳細は van der Vaart and Wellner[7] の 2.10.2 節で議論されている．

定理 3.62 クラス $\mathcal{F}_1, \ldots, \mathcal{F}_k$ は P-Donsker で $\max_{1 \leq j \leq k} \|P\|_{\mathcal{F}_j} < \infty$ をみたすとし，関数 $\phi : \mathbb{R}^k \to \mathbb{R}$ は条件 (3.25) をみたすとする．もし少なくとも一つの $f \in \mathcal{F}_1 \times \cdots \times \mathcal{F}_k$ に対して $\|\phi \circ f\|_{P,2} < \infty$ ならば，クラス $\phi \circ (\mathcal{F}_1, \ldots, \mathcal{F}_k)$ は P-Donsker である．

つぎは，この定理から得られる有用な結果である：

系 3.63 $\mathcal{F}$ と $\mathcal{G}$ を P-Donsker クラスとする．このとき，
(1) $\mathcal{F} \cup \mathcal{G}$ と $\mathcal{F} + \mathcal{G}$ は P-Donsker クラスである．
(2) $\|P\|_{\mathcal{F} \cup \mathcal{G}} < \infty$ ならば，$\mathcal{F} \wedge \mathcal{G}$ と $\mathcal{F} \vee \mathcal{G}$ はともに P-Donsker クラスである．
(3) $\mathcal{F}$ と $\mathcal{G}$ がともに一様有界ならば，$\mathcal{F} \cdot \mathcal{G}$ は P-Donsker クラスである．
(4) $R \equiv \bigcup_{f \in \mathcal{F}} \mathrm{R}(f)$ とし，関数 $\psi : \bar{R} \to \mathbb{R}$ は Lipschitz 連続であるとする．ここで $\mathrm{R}(f)$ は f の値域である．もし少なくとも一つの $f \in \mathcal{F}$ に対して $\|\psi(f)\|_{P,2} < \infty$ ならば，$\psi(\mathcal{F})$ は P-Donsker クラスである．
(5) $\|P\|_{\mathcal{F}} < \infty$ ならば，有界可測関数 g に対して $\mathcal{F} \cdot g$ は P-Donsker クラスである．

証明 ここでは (1) の証明を与える．任意の可測関数 f に対して $\tilde{f} \equiv f - Pf$ とおく．また，$\tilde{\mathcal{F}} \equiv \{\tilde{f} : f \in \mathcal{F}\}$ および $\tilde{\mathcal{G}} \equiv \{\tilde{g} : g \in \mathcal{G}\}$ と定義する．このとき，任意の $f \in \mathcal{F}$ と $g \in \mathcal{G}$ に対して，$\mathbb{G}_n f = \mathbb{G}_n \tilde{f}$, $\mathbb{G}_n g = \mathbb{G}_n \tilde{g}$ および $\mathbb{G}_n(f+g) = \mathbb{G}_n(\tilde{f} + \tilde{g})$ であるので，$\tilde{\mathcal{F}} \cup \tilde{\mathcal{G}}$ と $\tilde{\mathcal{F}} + \tilde{\mathcal{G}}$ が P-Donsker であることを示せば十分である．明らかに $\|P\|_{\tilde{\mathcal{F}} \cup \tilde{\mathcal{G}}} = 0$ である．よって Lipschitz 連続関数 $\phi(x, y) = x + y$ に定理 3.62 を適用すると，$\tilde{\mathcal{F}} + \tilde{\mathcal{G}}$ が P-Donsker であることがわかる．また，$\mathcal{F} \cup \mathcal{G} \subset \{\mathcal{F} \cup \{0\}\} + \{\mathcal{G} \cup \{0\}\}$ なので，直前の結果と定理 3.61 (1) から $\tilde{\mathcal{F}} \cup \tilde{\mathcal{G}}$ は P-Donsker クラスである． □

3.3.9 エントロピー評価

本項では経験過程において重要ないくつかのクラスのエントロピーを評価し,それらの Glivenko–Cantelli 性あるいは Donsker 性について調べる.

a. Vapnik–Červonenkis (VC) クラス

集合 $\mathcal{X}$ の部分集合からなる一つの集合族 $\mathcal{C}$ と, $\mathcal{X}$ の n 個の点からなる任意の集合 $\{x_1, \ldots, x_n\}$ を考える. 部分集合 $A \subset \{x_1, \ldots, x_n\}$ がある $C \in \mathcal{C}$ によって $A = C \cap \{x_1, \ldots, x_n\}$ で与えられるとき, $\mathcal{C}$ は A を抽出する (pick out) という. $\mathcal{C}$ によって抽出される $\{x_1, \ldots, x_n\}$ の部分集合の個数を $\Delta_n(\mathcal{C}, x_1, \ldots, x_n)$ とする. $\{x_1, \ldots, x_n\}$ のすべての部分集合が $\mathcal{C}$ によって抽出されるとき, すなわち $\Delta_n(\mathcal{C}, x_1, \ldots, x_n) = 2^n$ のとき, $\mathcal{C}$ は $\{x_1, \ldots, x_n\}$ を**完全分解**する (shatter)という. 大きさ n のすべての部分集合 $\{x_1, \ldots, x_n\} \subset \mathcal{X}$ を考えるとき, どの $\{x_1, \ldots, x_n\}$ も $\mathcal{C}$ によって完全分解されないような n の最小数を $\mathcal{C}$ の **VC-指数** (VC-index) とよび $V(\mathcal{C})$ で表す. 定式化すると

$$V(\mathcal{C}) \equiv \min\Big\{n : \max_{\{x_1, \ldots, x_n\} \subset \mathcal{X}} \Delta_n(\mathcal{C}; x_1, \ldots, x_n) < 2^n\Big\}$$

で定義される. もしすべての $n \geq 1$ に対して $\mathcal{C}$ がすべての集合 $\{x_1, \ldots, x_n\}$ を完全分解するなら, $V(\mathcal{C}) = \infty$ とおく. $V(\mathcal{C}) < \infty$ のとき, $\mathcal{C}$ は **VC-クラス** (VC-class) とよばれる.

例 3.14 $\mathcal{X} = \mathbb{R}$ とし, 集合族 $\mathcal{C} = \{(-\infty, c] : c \in \mathbb{R}\}$ を考える. 任意の 2 点集合 $\{x_1, x_2\} \subset \mathbb{R}$ ($x_1 < x_2$) に対して, $\mathcal{C}$ は $\emptyset, \{x_1\}, \{x_1, x_2\}$ を抽出するが $\{x_2\}$ は抽出しない. よって $\mathcal{C}$ は $V(\mathcal{C}) = 2$ の VC-クラスである. 別の集合族として $\mathcal{C} = \{(a, b] : a, b \in \mathbb{R}\}$ を考える. この集合族は任意の 2 点集合を完全分解するが, 3 点集合 $\{x_1, x_2, x_3\}$ ($x_1 < x_2 < x_3$) からは $\{x_1, x_3\}$ を抽出しない. よってこの場合 $V(\mathcal{C}) = 3$ である.

一般に $\mathcal{X} = \mathbb{R}^d$ の場合, $\mathcal{C} = \{(-\infty, c] : c \in \mathbb{R}^d\}$ の VC-指数は $d + 1$, $\mathcal{C} = \{(a, b] : a, b \in \mathbb{R}^d\}$ の VC-指数は $2d + 1$ である.

例 3.15 つぎの事実が成り立つ:
(1) $\mathbb{R}^d$ の半空間の全体 $\mathcal{C} = \{x \in \mathbb{R}^d : \langle x, u \rangle \leq c, u \in \mathbb{R}^d, c \in \mathbb{R}\}$ は $V(\mathcal{C}) = d + 2$ をもつ VC-クラスである.
(2) $\mathbb{R}^d$ の閉球の全体 $\mathcal{C} = \{x \in \mathbb{R}^d : \|x - u\| \leq c, u \in \mathbb{R}^d, c \in [0, \infty)\}$ は $V(\mathcal{C}) \leq d + 3$ をもつ VC-クラスである.

証明は省略する.

$\mathcal{X}$ の任意の可測集合族 $\mathcal{C}$ に対応する定義関数のクラス $\{1_C(x) : C \in \mathcal{C}\}$ を $1\{\mathcal{C}\}$ と表す. このクラスの L_r 被覆数の上界についてはつぎの結果が成り立つ. これは van der Vaart and Wellner[7] の定理 2.6.4 である. 証明は省く.

定理 3.64 $\mathcal{C}$ を VC-クラスとする. このとき, 任意の確率測度 Q, 任意の $r \geq 1$ と $0 < \epsilon < 1$ に対して

$$N(\epsilon, 1\{\mathcal{C}\}, L_r(Q)) \leq KV(\mathcal{C})(4e)^{V(\mathcal{C})} \left(\frac{1}{\epsilon}\right)^{r(V(\mathcal{C})-1)}$$

が成り立つ. ここで K は普遍定数である.

$F = 1$ は $\mathcal{F} = 1\{\mathcal{C}\}$ の一つの包絡関数であるので, この定理から直ちに $\mathcal{Q}_{F,1}$ 上で $N(\epsilon\|F\|_{Q,1}, 1\{\mathcal{C}\}, L_1(Q)) \lesssim (1/\epsilon)^{V(\mathcal{C})-1}$ および $\mathcal{Q}_{F,2}$ 上でのエントロピー積分 $J(1, 1\{\mathcal{C}\}, L_2) \lesssim \int_0^1 \sqrt{\log(1/\epsilon)}\, d\epsilon = \Gamma(3/2)$ を得る ($\mathcal{Q}_{F,r}$ の定義は 111 ページ). したがって, 定理 3.54 と 3.55 で要求される一様エントロピー条件をみたす. さらに必要な可測条件をみたすならば, このクラスは Glivenko–Cantelli あるいは Donsker となる.

関数 $f : \mathcal{X} \to \mathbb{R}$ に対して, 部分集合 $\{(x,t) : t < f(x)\} \subset \mathcal{X} \times \mathbb{R}$ を f のサブグラフ (subgraph) とよぶ. 標本空間 $\mathcal{X}$ 上の可測関数のクラス $\mathcal{F}$ に対して, $\mathcal{F}$ に属する関数のサブグラフからなる集合族が VC-クラスとなるとき, $\mathcal{F}$ は **VC-サブグラフクラス** (VC-subgraph class) あるいは簡単に **VC-クラス** とよばれる. その VC-指数を $V(\mathcal{F})$ と表す.

例 3.16 (単調確率過程) $X = \{X(t) : t \subset T \subset \mathbb{R}\}$ を確率過程とし, $\mathcal{X}$ をこの過程の標本空間とする. 任意の $t \in T$ と $x \in \mathcal{X}$ に対して $(t, x) \mapsto f_t(x) \equiv x(t)$ と定義すると, 確率過程は関数のクラス $\mathcal{F} = \{f_t : t \in T\}$ と同一視できる. もし $\mathcal{F}$ が VC-サブグラフクラスなら, X は VC-サブグラフクラスであるといい, その指数を $V(X)$ と表す.

単調な確率過程 X を考える. このとき $\mathcal{X}$ は単調関数の族である. いま, (x_1, t_1) と (x_2, t_2) を $\mathcal{X} \times \mathbb{R}$ 内の任意の 2 点とする. もし, グラフ $\mathcal{G} = \{(f_t(x_1), f_t(x_2)) : t \in T\} \subset \mathbb{R}^2$ が点 (t_1, t_2) を "囲む" ならば, $\mathcal{F}$ は $\{(x_1, t_1), (x_2, t_2)\}$ を完全分解する. ここで点 $(a, b) \in \mathbb{R}^2$ を囲むとは, グラフが 4 つの領域 $\{(u, v) : u \leq a, v \leq b\}$, $\{(u, v) : u > a, v \leq b\}$, $\{(u, v) : u \leq a, v > b\}$, $\{(u, v) : u > a, v > b\}$ のすべてを必ず通ることを意味する. x_1 と x_2 の単調性より, グラフ $\mathcal{G}$ は $\mathbb{R}^2$ 内の単調な曲線なので, $\{(x_1, t_1), (x_2, t_2)\}$ は $\mathcal{F}$ で完全分解されない. よって $V(X) = 2$ である.

定理 3.65 $\mathcal{F}$ は可測包絡関数 F をもつ VC-サブグラフクラスとする.このとき,任意の $r \geq 1$, $\|F\|_{Q,r} > 0$ をみたす任意の確率測度 Q および任意の $0 < \epsilon < 1$ に対して

$$N(\epsilon \|F\|_{Q,r}, \mathcal{F}, L_r(Q)) \leq KV(\mathcal{F})(16e)^{V(\mathcal{F})} \left(\frac{1}{\epsilon}\right)^{r(V(\mathcal{F})-1)}$$

が成り立つ.ここで K は普遍定数である.

証明は van der Vaart and Wellman[7] の 2.6.2 項でみることができる.この定理から直ちに,VC-サブグラフクラス $\mathcal{F}$ は定理 3.54 と 3.55 で要求される一様エントロピー条件をみたすことがわかる.したがって,もし $\mathcal{F}$ がそれぞれで必要な可測条件と F のモーメント条件をみたすならば,$\mathcal{F}$ は P-Glivenko–Cantelli クラスあるいは P-Donsker クラスであることがわかる.

補題 3.66 $-\infty < a < b < \infty$ に対して,$X = \{X(t) : t \in [a,b]\}$ は単調な cadlag あるいは caglad 確率過程で,$\mathrm{E}_P\big[|X(a)| \vee |X(b)|\big]^2 < \infty$ をみたすとする.このとき X は P-Donsker である.

証明 $\mathcal{F} = \{x \mapsto x(t) : t \in [a,b]\}$ は各点可測クラスなので,命題 3.45 と定理 3.65 および Donsker 型の定理(定理 3.55)から X は P-Donsker クラスである.□

b. 滑らかな関数族 $C_M^\alpha(\mathcal{X})$

有界集合 $\mathcal{X} \subset \mathbb{R}^d$ 上の滑らかな関数の族を考える.非負整数の組 $k = (k_1, \ldots, k_d)$ に対して,微分作用素を $D^k \equiv \partial^{|k|}/(\partial x_1^{k_1} \cdots \partial x_d^{k_d})$ と定義する.ここで $|k| = k_1 + \cdots + k_d$ である.実数 $\alpha > 0$ に対して,$\underline{\alpha}$ を $j < \alpha$ をみたす整数 j の最大値とする.任意の $f : \mathcal{X} \to \mathbb{R}$ と $\alpha > 0$ に対して,ノルムを

$$\|f\|_\alpha \equiv \max_{k:|k|\leq\underline{\alpha}} \sup_{x\in\mathcal{X}} |D^k f(x)| + \max_{k:|k|=\underline{\alpha}} \sup_{x,y\in\mathcal{X}^\circ : x\neq y} \frac{|D^k f(x) - D^k f(y)|}{\|x-y\|^{\alpha-\underline{\alpha}}}$$

で定義する.ここで $\mathcal{X}^\circ$ は $\mathcal{X}$ の内部を表す.$C_M^\alpha(\mathcal{X})$ を $\|f\|_\alpha \leq M$ をみたす連続関数 $f : \mathcal{X} \to \mathbb{R}$ の全体とする.

$\mathbb{R}^d$ 上の Lebesgue 測度を λ とし,$\mathcal{X}^1 \equiv \{x : \|x - \mathcal{X}\| < 1\}$ とする.このとき,クラス $C_1^\alpha(\mathcal{X})$ の一様ノルム $\|\cdot\|_\infty$ に関するエントロピー数についてはつぎの上界が知られている:

定理 3.67 $\mathcal{X} \subset \mathbb{R}^d$ は有界な凸集合で $\mathcal{X}^\circ \neq \emptyset$ とする.このとき,すべての $\epsilon > 0$ に対して

$$\log N\bigl(\epsilon, C_1^\alpha(\mathcal{X}), \|\cdot\|_\infty\bigr) \leq K\lambda(\mathcal{X}^1)\left(\frac{1}{\epsilon}\right)^{d/\alpha}$$

が成り立つ．ここで K は α と d のみに関係する定数である．

補題 3.48 で与えたブラケット数と被覆数の間の不等式を使うと，直ちにつぎの結果を得る：

系 3.68 $\mathcal{X} \subset \mathbb{R}^d$ は有界な凸集合で $\mathcal{X}^\circ \neq \emptyset$ とする．このとき，すべての $r \geq 1$, $\epsilon > 0$ および $\mathbb{R}^d$ 上の確率測度 Q に対して

$$\log N_{[\,]}\bigl(\epsilon, C_1^\alpha(\mathcal{X}), L_r(Q)\bigr) \leq K\left(\frac{1}{\epsilon}\right)^{d/\alpha}$$

が成り立つ．ここで K は α と $\operatorname{diam}\mathcal{X}$ および d のみに関係する定数である．

つぎに $C_1^\alpha([0,1]^d)$ の関数のサブグラフ（$\mathbb{R}^{d+1}$ の部分集合）からなるクラスを考える．

系 3.69 $\mathcal{C}_{\alpha,d}$ を $C_1^\alpha([0,1]^d)$ のサブグラフからなる集合族とする．このとき，すべての $r \geq 1$, $\epsilon > 0$ および $\mathbb{R}^{d+1}$ 上の Lebesgue 測度に関して有界な密度 q をもつ確率測度 Q に対して

$$\log N_{[\,]}\bigl(\epsilon, 1\{\mathcal{C}_{\alpha,d}\}, L_r(Q)\bigr) \leq K\|q\|_\infty^{d/\alpha}\left(\frac{1}{\epsilon}\right)^{dr/\alpha}$$

が成り立つ．ここで K は α と d のみに関係する定数である．

定義域 $\mathcal{X}$ が有界でない場合，定理 3.67 と系 3.68 はつぎのように拡張される：

系 3.70 $\mathbb{R}^d = \bigcup_{j=1}^\infty I_j$ を $\mathbb{R}^d$ の分割とする．ここで各 I_j は有界な凸集合で $I_j^\circ \neq \emptyset$ である．関数 $f : \mathbb{R}^d \to \mathbb{R}$ のクラス $\mathcal{F}$ は各 $j \geq 1$ に対して $\mathcal{F}_{|I_j} \subset C_{M_j}^\alpha(I_j)$ をみたすとする．ここで $\mathcal{F}_{|I_j}$ は $\mathcal{F}$ の定義域の I_j への制限である．このとき，すべての $\epsilon > 0$, $V \geq d/\alpha$ および確率測度 Q に対して

$$\log N_{[\,]}\bigl(\epsilon, \mathcal{F}, L_r(Q)\bigr) \leq K\left(\frac{1}{\epsilon}\right)^V \left(\sum_{j=1}^\infty \lambda(I_j^1)^{\frac{r}{V+r}} M_j^{\frac{Vr}{V+r}} Q(I_j)^{\frac{V}{V+r}}\right)^{\frac{V+r}{r}}$$

が成り立つ．ここで K は α, V, r および d のみに関係する定数である．

ここで示した諸結果の証明については van der Vaart and Wellner[7] の 2.7.1 節を参照されたい．

c. 単調関数族

ℝ 上の一様有界な単調関数の族を考える．このクラスの一様エントロピーとブラケットエントロピーのオーダーは $1/\epsilon$ であることが示される．証明にはかなり長い議論が必要で，その詳細は van der Vaart and Wellner[7] の 2.7.2 節でみることができる．

定理 3.71 $\mathcal{F}$ をすべての単調関数 $f : \mathbb{R} \to [0,1]$ のクラスとする．このとき，

(1) すべての $0 < \epsilon < 1$ に対して

$$\sup_{Q \in \mathcal{Q}} \log N(\epsilon, \mathcal{F}, L_2(Q)) \leq \frac{K}{\epsilon}$$

が成り立つ．ここで $\mathcal{Q}$ は ℝ 上の確率測度の全体，K は普遍定数である．

(2) すべての $r \geq 1$, $0 < \epsilon < 1$ およびすべての確率測度 Q に対して

$$\log N_{[\,]}(\epsilon, \mathcal{F}, L_r(Q)) \leq \frac{K}{\epsilon}$$

が成り立つ．ここで K は r のみに関係する定数である．

この定理の (2) と定理 3.56 から，ℝ 上の一様有界な単調関数のクラスは P-Donsker であることが導かれる．

4. 推 測 理 論

本章では，セミパラメトリックモデルにおいて，有限次元と無限次元の両方のパラメータの推定量を求め，その極限分布を計算し，そして，その漸近有効性を議論するための一般理論を与える．

パラメータの関数の自然な推定量は，パラメータの推定量をその関数に代入したものである．このような推定量の極限分布を，もとの推定量の極限分布から求める方法を与える．ここで重要なのは，関数の Hadamard 微分可能性である．

一般に，推定量は推定方程式の零点として得られる．そのような推定量のもつ漸近的性質がここで与えられる．推定量の漸近有効性を示すための基礎となるのは "たたみ込み定理" である．本章ではセミパラメトリックモデルに適用するため，一般的な Banach 空間値の推定量に対してこれを示す．代表的な推定方程式は第 2 章で与えた有効スコア方程式と尤度方程式である．これらの解の漸近有効性がここで示される．

4.1 関数デルタ法

4.1.1 写像の微分

いま，実パラメータ θ の推定量 T_n は $\sqrt{n}(T_n - \theta) \rightsquigarrow T$ をみたすとする．もし $\phi : \mathbb{R} \to \mathbb{R}$ が θ で微分可能ならば，Slutsky の定理から

$$\sqrt{n}\bigl(\phi(T_n) - \phi(\theta)\bigr) = \frac{\phi(T_n) - \phi(\theta)}{T_n - \theta} \sqrt{n}(T_n - \theta) \rightsquigarrow \dot{\phi}(\theta) T$$

が成り立つ．これが最も単純なデルタ法 (delta method) である．

統計量 T_n が k 次元ベクトルの場合を考える．関数 $\phi = (\phi_1, \ldots, \phi_m)^T : \mathbb{R}^k \to \mathbb{R}^m$ は少なくとも $\theta = (\theta_1, \ldots, \theta_k)^T$ のある近傍で定義されているとする．ϕ が θ で (全) 微分可能であるとは，線形写像 (行列) $\dot{\phi}_\theta : \mathbb{R}^k \to \mathbb{R}^m$ が存在して

$$\|\phi(\theta + h) - \phi(\theta) - \dot{\phi}_\theta h\| = o(\|h\|), \qquad \|h\| \to 0$$

が成り立つことである．もし ϕ が微分可能ならば，それは偏微分可能であって，

微分写像 $h \mapsto \dot{\phi}_\theta h$ は

$$\dot{\phi}_\theta = \begin{pmatrix} \frac{\partial \phi_1}{\partial x_1}(\theta) & \cdots & \frac{\partial \phi_1}{\partial x_k}(\theta) \\ \vdots & & \vdots \\ \frac{\partial \phi_m}{\partial x_1}(\theta) & \cdots & \frac{\partial \phi_m}{\partial x_k}(\theta) \end{pmatrix} \tag{4.1}$$

で与えられる．この場合も同様に，$\sqrt{n}(T_n - \theta) \rightsquigarrow T$ ならば $\sqrt{n}\bigl(\phi(T_n) - \phi(\theta)\bigr) \rightsquigarrow \dot{\phi}_\theta T$ が成り立つ（定理 4.2）．

さらに一般化し，T_n はノルム空間 $\mathbb{D}$ に値をとる統計量とする．ϕ を $\mathbb{D}_\phi \subset \mathbb{D}$ からノルム空間 $\mathbb{E}$ への写像とするとき，ϕ の微分可能性の定義にはいくつかの可能性がある．全微分可能性の定義に類似して，もし連続な線形写像 $\dot{\phi}_\theta : \mathbb{D} \to \mathbb{E}$ が存在して

$$\bigl\|\phi(\theta + h) - \phi(\theta) - \dot{\phi}_\theta(h)\bigr\|_\mathbb{E} = o(\|h\|_\mathbb{D}), \qquad \|h\|_\mathbb{D} \to 0$$

が成り立つとき，ϕ は $\theta \in \mathbb{D}_\phi$ で **Fréchet** 微分可能 (Fréchet differentiable) であるとよばれる．この定義は，すべての有界集合 $B \subset \mathbb{D}$ に対して，

$$\sup_{h \in B, \theta + th \in \mathbb{D}_\phi} \left\| \frac{\phi(\theta + th) - \phi(\theta)}{t} - \dot{\phi}_\theta(h) \right\|_\mathbb{E} = o(1), \qquad t \to 0$$

であることと同等である．この微分可能性は統計への応用においてはかなり強い制約となるので，もう少し弱い概念が必要となる．

写像 $\phi : \mathbb{D}_\phi \subset \mathbb{D} \to \mathbb{E}$ に対して，もし連続な線形写像 $\dot{\phi}_\theta : \mathbb{D} \to \mathbb{E}$ が存在して，各 $n \geq 1$ において $\theta + t_n h_n \in \mathbb{D}_\phi$ であるようなすべての収束数列 $t_n \to 0$ と収束点列 $h_n \to h \in \mathbb{D}$ に対して

$$\left\| \frac{\phi(\theta + t_n h_n) - \phi(\theta)}{t_n} - \dot{\phi}_\theta(h) \right\|_\mathbb{E} = o(1), \qquad n \to \infty$$

が成り立つとき，ϕ は $\theta \in \mathbb{D}_\phi$ で **Hadamard** 微分可能 (Hadamard differentiable) であるとよばれる．この定義は，すべてのコンパクト集合 $K \subset \mathbb{D}$ に対して，

$$\sup_{h \in K, \theta + th \in \mathbb{D}_\phi} \left\| \frac{\phi(\theta + th) - \phi(\theta)}{t} - \dot{\phi}_\theta(h) \right\|_\mathbb{E} = o(1), \qquad t \to 0$$

が成り立つことと同等である．またこれは，すべてのコンパクト集合 $K \subset \mathbb{D}$ と各 $n \geq 1$ において $\theta + t_n h \in \mathbb{D}_\phi$ であるようなすべての収束数列 $t_n \to 0, \delta_n \downarrow 0$ と $h \in K^{\delta_n}$ に対して，

$$\sup_{h \in K^{\delta_n}, \theta+t_n h \in \mathbb{D}_\phi} \left\| \frac{\phi(\theta+t_n h) - \phi(\theta)}{t_n} - \dot{\phi}_\theta(h) \right\|_\mathbb{E} = o(1), \quad n \to \infty$$

が成り立つこととも同等である．ここで K^{δ_n} は K を囲む δ_n-拡大である．最初の定義において，すべての収束点列 $h_n \to h$ について $h \in \mathbb{D}_0 \subset \mathbb{D}$ であることを要求するとき，ϕ は $\theta \in \mathbb{D}_\phi$ で $\mathbb{D}_0$ に近接して **Hadamard 微分可能** (Hadamard differentiable tangentially to $\mathbb{D}_0$) であるとよばれる；この場合，微分 $\dot{\phi}_\theta$ は $\mathbb{D}_0$ 上のみで定義された連続線形写像である．

さらに弱い微分の概念は方向微分である．写像 $\phi: \mathbb{D}_\phi \subset \mathbb{D} \to \mathbb{E}$ に対して，もし連続な線形写像 $\dot{\phi}_\theta: \mathbb{D} \to \mathbb{E}$ が存在して，任意に固定した $h \in \mathbb{D}$ と $\theta+t_n h \in \mathbb{D}_\phi$ をみたすすべての収束数列 $t_n \to 0$ に対して

$$\left\| \frac{\phi(\theta+t_n h) - \phi(\theta)}{t_n} - \dot{\phi}_\theta(h) \right\|_\mathbb{E} = o(1), \quad n \to \infty$$

が成り立つとき，ϕ は $\theta \in \mathbb{D}_\phi$ で **Gâteaux 微分可能** (Gâteaux differentiable) であるとよばれる．

写像 $\phi: \mathbb{D}_0 \subset \mathbb{R}^k \to \mathbb{R}^m$ の場合，Fréchet と Hadamard の微分は一致する．しかしながら，Gâteaux 微分可能性からはこれらの微分可能性は必ずしも得られない．もし式 (4.1) の偏導関数行列 $\dot{\phi}_\theta$ が θ に関して連続ならば，すべての微分可能性は同等である．

Hadamard 微分に関するつぎの**連鎖律** (chain rule) は多くの実例においてしばしば利用される：

補題 4.1 (連鎖律)　ノルム空間 $\mathbb{D}, \mathbb{E}, \mathbb{F}$ において，写像 $\phi: \mathbb{D}_\psi \in \mathbb{D} \to \mathbb{E}_\psi \subset \mathbb{F}$ は $\theta \in \mathbb{D}_\phi$ で $\mathbb{D}_0 \subset \mathbb{D}$ に近接して Hadamard 微分可能であり，写像 $\psi: \mathbb{E}_\psi \to \mathbb{F}$ は $\phi(\theta) \in \mathbb{E}_\psi$ で $\dot{\phi}_\theta(\mathbb{D}_0)$ に近接して Hadamard 微分可能であるとする．このとき，写像 $\psi \circ \phi: \mathbb{D}_\phi \to \mathbb{F}$ は $\theta \in \mathbb{D}_0$ で $\mathbb{D}_0$ に近接して Hadamard 微分可能で，その微分は $\dot{\psi}_{\phi(\theta)} \circ \dot{\phi}_\theta$ で与えられる．

証明　$k_n = [\phi(\theta+t_n h_n) - \phi(\theta)]/t_n$ とおくと，$\psi \circ \phi(\theta+t_n h_n) - \psi \circ \phi(\theta) = \psi(\phi(\theta)+t_n k_n) - \psi(\phi(\theta))$ と表すことができる．もし $h \in \mathbb{D}_0$ ならば，ϕ の Hadamard 微分可能性から $k_n \to k \equiv \dot{\phi}_\theta(h) \in \dot{\phi}(\mathbb{D}_0)$ となる．よって ψ の Hadamard 微分可能性から，$[\psi(\phi(\theta)+t_n k_n) - \psi(\phi(\theta))]/t_n \to \dot{\psi}_{\phi(\theta)}(k)$ が成り立つ． $\square$

4.1.2　主要結果

最初に，Euclid 空間における古典的な結果を与える．

定理 4.2 (デルタ法)　写像 $\phi:\mathbb{D}_\phi \subset \mathbb{R}^k \to \mathbb{R}^m$ は $\theta \in \mathbb{D}_\phi$ において微分可能とする. $\mathbb{D}_\phi$ 値確率ベクトル T_n はある定数列 $r_n \to \infty$ に対して $r_n(T_n - \theta) \rightsquigarrow T$ をみたすとする. このとき $r_n\bigl(\phi(T_n) - \phi(\theta)\bigr) \rightsquigarrow \dot\phi_\theta T$ が成り立つ. さらに $r_n\bigl(\phi(T_n) - \phi(\theta)\bigr) - \dot\phi_\theta\bigl(r_n(T_n - \theta)\bigr) \xrightarrow{\mathrm{P}} 0$ が成り立つ.

証明　確率ベクトル列 $r_n(T_n - \theta)$ は弱収束しているので, それは一様にタイトであり, $T_n - \theta \xrightarrow{\mathrm{P}} 0$ が成り立つ. ϕ の微分可能性から $\phi(T_n) - \phi(\theta) - \dot\phi_\theta(T_n - \theta) = o_P(\|T_n - \theta\|)$ が得られ, $r_n(T_n - \theta)$ のタイト性から $o_P(r\|T_n - \theta\|) = o_P(1)$ が得られる. よって定理の後半の結果が成り立つ. 行列による変換 (4.1) は連続なので, 連続写像定理から $\dot\phi_\theta\bigl(r_n(T_n - \theta)\bigr) \rightsquigarrow \dot\phi_\theta T$ が得られる. Slutsky の定理を適用すると, $r_n\bigl(\phi(T_n) - \phi(\theta)\bigr)$ も同じ弱収束先をもつ.　□

多くの統計的問題において共通する一つの結果は $\sqrt{n}(T_n - \theta) \rightsquigarrow N(\mu, \Sigma)$ の成立である. この場合, 定理から $\sqrt{n}\bigl(\phi(T_n) - \phi(\theta)\bigr) \rightsquigarrow N(\dot\phi_\theta \mu, \dot\phi_\theta \Sigma \dot\phi_\theta^T)$ が導かれる.

ノルム空間に値をとる写像 T_n に対しても, それが可測な場合は（確率 1 の表現定理を用いて）同様な方法で示すことができるが, 可測性がない場合にはその議論が使えない. しかしながら, デルタ法の適用には可測の仮定は必要がない.

定理 4.3 (関数デルタ法)　写像 $\phi:\mathbb{D}_\phi \subset \mathbb{D} \to \mathbb{E}$ は $\theta \in \mathbb{D}_\phi$ において $\mathbb{D}_0$ に近接して Hadamard 微分可能とする. 写像 $T_n:\Omega_n \to \mathbb{D}_\phi$ はある定数列 $r_n \to \infty$ に対して $r_n(T_n - \theta) \rightsquigarrow T$ をみたすとする. ここで T は $\mathbb{D}_0$ に値をとる可分な Borel 可測写像である. このとき $r_n\bigl(\phi(T_n) - \phi(\theta)\bigr) \rightsquigarrow \dot\phi_\theta(T)$ が成り立つ. さらに, もし $\dot\phi_\theta$ が $\mathbb{D}$ 全体で定義されて連続ならば, $r_n\bigl(\phi(T_n) - \phi(\theta)\bigr) - \dot\phi_\theta\bigl(r_n(T_n - \theta)\bigr) \xrightarrow{\mathrm{P}^*} 0$ が成り立つ.

証明　各 $n \geq 1$ に対して, 定義域 $\mathbb{D}_n = \{h : \theta + r_n^{-1}h \in \mathbb{D}_\phi\}$ 上で定義された写像 $g_n(h) \equiv \bigl(\phi(\theta + r_n^{-1}h) - \phi(\theta)\bigr)/r_n^{-1}$ を考える. Hadamard 微分可能性から, この写像は $h_n \in \mathbb{D}_n$ のすべての収束点列 $h_n \to h \in \mathbb{D}_0$ に対して $g_n(h_n) \to \dot\phi_\theta(h)$ をみたす. ゆえに, 拡張された連続写像定理（定理 3.22）より, $g_n\bigl(r_n(T_n - \theta)\bigr) \rightsquigarrow \dot\phi_\theta(T)$ が成り立つ. これが定理の前半の主張である.

後半を証明するため, 写像 $\psi:\mathbb{D}_\phi \to \mathbb{E} \times \mathbb{E}$ を $\psi(d) \equiv \bigl(\phi(d), \dot\phi_\theta(d)\bigr)$ で定義する. この写像は (θ, θ) で $\mathbb{D}_0$ に近接して Hadamard 微分可能で, 微係数 $(\dot\phi_\theta, \dot\phi_\theta)$ をもつ. したがって, 上の議論より $r_n\bigl(\psi(T_n) - \psi(\theta)\bigr) \rightsquigarrow \bigl(\dot\phi_\theta(T), \dot\phi_\theta(T)\bigr)$ を得る. 連続写像定理より, 座標の差 $r_n\bigl(\phi(T_n) - \phi(\theta)\bigr) - \dot\phi_\theta\bigl(r_n(T_n - \theta)\bigr)$ は定数

$\dot{\phi}_\theta(T) - \dot{\phi}_\theta(T) = 0$ に弱収束する.これは 0 への外確率収束と同等である. □

4.1.3 Hadamard 微分

ここでは重要な二つのタイプの写像を考え,それらの Hadamard 微分を計算する.

a. 積 分 型

閉区間 $[a,b] \subset \bar{\mathbb{R}}$ 上の cadlag 関数 $A \in D[a,b]$ に対して,A の全変動は $V_A = |A(a)| + \int_{(a,b]} |dA(s)|$ で与えられる.いま $M < \infty$ に対して,$BV_M[a,b] \equiv \{A \in D[a,b] : V_A \leq M\}$ と定義する.与えられた $(A,B) \in \mathbb{D}_M \equiv D[a,b] \times BV_M[a,b] \subset D[a,b] \times D[a,b]$ に対して,写像 $\phi : \mathbb{D}_M \to \mathbb{R}$ と $\psi : \mathbb{D}_M \to D[a,b]$ を

$$\phi(A,B) = \int_{(a,b]} A(s)\, dB(s), \qquad \psi(A,B)(t) = \int_{(a,t]} A(s)\, dB(s) \qquad (4.2)$$

で定める.これら二つの写像は Hadamard 微分可能である.

補題 4.4 任意に固定した $M < \infty$ に対して,式 (4.2) で定義される写像 $\phi : \mathbb{D}_M \to \mathbb{R}$ と $\psi : \mathbb{D}_M \to D[a,b]$ は,$\int_{(a,b]} |dA| < \infty$ をみたす各 $(A,B) \in \mathbb{D}_M$ において Hadamard 微分可能であり,それぞれの微分は

$$\dot{\phi}_{(A,B)}(\alpha, \beta) = \int_{(a,b]} A\, d\beta + \int_{(a,b]} \alpha\, dB,$$
$$\dot{\psi}_{(A,B)}(\alpha, \beta)(t) = \int_{(a,t]} A\, d\beta + \int_{(a,t]} \alpha\, dB$$

で与えられる.

この補題において,積分 $\int_{(a,t]} A\, d\beta$ を,有界変動でない β に対しては部分積分

$$\int_{(a,t]} A\, d\beta = A(t)\beta(t) - A(a)\beta(a) - \int_{(a,t]} \beta_-(s)\, dA(s)$$

で定義する.ここで β_- は cadlag 関数 β の左連続バージョン $\beta_-(s) = \beta(s-)$ を表す.

証明 数列 $t_n \to 0$ と関数列 $\alpha_n \to \alpha$,$\beta_n \to \beta$ に対して,$A_n = A + t_n \alpha_n$,$B_n = B + t_n \beta_n$ とおく.このとき,$(A_n, B_n) \in \mathbb{D}_M$ であることが要求されるので,$V_{B_n} \leq M$ をみたす.最初に ψ の微分を考える.線形写像 $(\alpha, \beta) \mapsto \dot{\psi}_{(A,B)}(\alpha, \beta)$ が連続であることを示すのは容易であるので,

$$\frac{\int_{(a,t]} A_n \, dB_n - \int_{(a,t]} A \, dB}{t_n} - \dot{\psi}_{(A,B)}(\alpha_n, \beta_n)$$
$$= \int_{(a,t]} \alpha \, d(B_n - B) + \int_{(a,t]} (\alpha_n - \alpha) \, d(B_n - B)$$

より，もし右辺が 0 に収束すれば ψ の Hadamard 微分可能性が導かれる．右辺第 2 項が $t \in (a, b]$ について一様に 0 に収束することは，その一様ノルムが $\|\alpha_n - \alpha\|_\infty 2M$ 以下であることからわかる．

いま，右辺第 1 項に対して $\epsilon > 0$ を固定する．関数 α は $[a, b]$ 上で cadlag であるので，分割 $a = t_0 < t_1 < \cdots < t_m = b$ を適当に選び，各区間 $[t_{i-1}, t_i)$, $i = 1, \ldots, m$ において $\sup_{u,v \in [t_{i-1}, t_i)} |\alpha(u) - \alpha(v)| < \epsilon$ が成り立つようにできる．関数 $\tilde{\alpha}$ を各区間 $[t_{i-1}, t_i)$, $i = 1, \ldots, m$ 上で $\tilde{\alpha}(t) = \alpha(t_{i-1})$, $\tilde{\alpha}(b) = \alpha(b)$ と定める．このとき，

$$\left\| \int_{(a,t]} \alpha \, d(B_n - B) \right\|_\infty$$
$$\leq \left\| \int_{(a,t]} (\alpha - \tilde{\alpha}) \, d(B_n - B) \right\|_\infty + \left\| \int_{(a,t]} \tilde{\alpha} \, d(B_n - B) \right\|_\infty$$
$$\leq \|\alpha - \tilde{\alpha}\|_\infty 2M + \sum_{i=1}^{m} |\alpha(t_{i-1})| |(B_n - B)(t_i) - (B_n - B)(t_{i-1})|$$
$$+ |\alpha(b)| |(B_n - B)(b)|$$
$$\leq \epsilon 2M + (2m+1) \|B_n - B\|_\infty \|\alpha\|_\infty$$

が成り立つ．この式の右辺第 1 項は ϵ の選択で任意に小さくできる．任意に固定した分割に対して，第 2 項は $n \to \infty$ のとき 0 に収束する．よって求める結果が得られる．

ϕ に対する証明も基本的には ψ に対する証明と同じである． □

この補題の統計的応用として二つの統計量を調べる．最初に **Mann–Whitney** 統計量を考える．

例 4.1 (Wilcoxon 統計量) $X_1, \ldots, X_m$ と $Y_1, \ldots, Y_n$ はそれぞれ分布 F と G からの二組の独立なサンプルとする．$\mathbb{F}_m$ と $\mathbb{G}_n$ をそれぞれの経験分布関数とするとき，

$$\phi(\mathbb{F}_m, \mathbb{G}_n) = \int_\mathbb{R} \mathbb{F}_m \, d\mathbb{G}_n$$

は Wilcoxon 統計量の Mann–Whitney 形式である．これは $\phi(F, G) =$

$\int_{\mathbb{R}} F\,dG = \mathrm{P}(X \leq Y)$ の推定量である．もし $m \wedge n \to \infty$ のとき $m/(m+n) \to \lambda \in [0,1]$ ならば，Donsker の定理と Slutsky の定理から $D[-\infty,\infty] \times D[-\infty,\infty]$ において

$$\sqrt{\frac{mn}{m+n}}(\mathbb{F}_m - F, \mathbb{G}_n - G) \rightsquigarrow (\sqrt{1-\lambda}\,\mathbb{G}_F, \sqrt{\lambda}\,\mathbb{G}_G)$$

が成り立つ．ここで $\mathbb{G}_F$ と $\mathbb{G}_G$ は独立で，それぞれタイトな F- および G-Brown 橋である．したがって，補題 4.4 と定理 4.3 より

$$\sqrt{\frac{mn}{m+n}}\left(\int_{\mathbb{R}} \mathbb{F}_m\,d\mathbb{G}_n - \int_{\mathbb{R}} F\,dG\right) \rightsquigarrow \dot{\phi}_{(F,G)}(\sqrt{1-\lambda}\,\mathbb{G}_F, \sqrt{\lambda}\,\mathbb{G}_G)$$
$$= \sqrt{\lambda}\int_{\mathbb{R}} F\,d\mathbb{G}_G + \sqrt{1-\lambda}\int_{\mathbb{R}} \mathbb{G}_F\,dG$$

が得られる．一方，

$$\dot{\phi}_{(F,G)}\left(\sqrt{\frac{mn}{m+n}}(\mathbb{F}_m - F), \sqrt{\frac{mn}{m+n}}(\mathbb{G}_n - G)\right)$$
$$= \sqrt{\frac{mn}{m+n}}\left\{\frac{1}{n}\sum_{i=1}^{n}(F(Y_i) - \mathrm{E}F(Y)) - \frac{1}{m}\sum_{j=1}^{m}(G_{-}(X_j) - \mathrm{E}G_{-}(X))\right\}$$
$$\rightsquigarrow \sqrt{\lambda}\,Z_F - \sqrt{1-\lambda}\,Z_{G_{-}}$$

が成り立つ．ここで，Z_F と $Z_{G_{-}}$ は平均 0 の独立な正規変量で，それぞれの分散は $\sigma_F^2 = \mathrm{Var}F(Y)$ と $\sigma_{G_{-}}^2 = \mathrm{Var}G_{-}(X)$ である．したがって，定理 4.3 の後半の結果を使うと

$$\sqrt{\frac{mn}{m+n}}\left(\int_{\mathbb{R}} \mathbb{F}_m\,d\mathbb{G}_n - \int_{\mathbb{R}} F\,dG\right) \rightsquigarrow N(0, \lambda\sigma_F^2 + (1-\lambda)\sigma_{G_{-}}^2)$$

となることがわかる．とくに $F = G$ で F が連続ならば，極限分布は $N(0, 1/12)$ である．

区間 $[0, \infty]$ 上の累積分布関数 F に対応する累積ハザード関数は

$$\Lambda(t) \equiv \int_{[0,t]} \frac{1}{1 - F_{-}(s)}\,dF(s) = \int_{[0,t]} \frac{1}{\bar{F}(s)}\,dF(s) \tag{4.3}$$

で定義される．ここで $\bar{F} = 1 - F_{-}$ である．とくに，もし F が密度 f をもつならば，Λ は密度 $\lambda = f/(1 - F)$ をもつ．分布関数とハザード関数との対応は 1 対 1 である．累積分布関数は累積ハザード関数から $-\Lambda$ を積積分することで

$$1 - F(t) = \prod_{0 < s \leq t}(1 - \Lambda\{s\})e^{-\Lambda^c(t)} \tag{4.4}$$

と明示的に表すことができる. 積積分については本項の b. で取り扱う. ここで
は右側打ち切りデータにもとづく累積ハザード関数の推定を考える.

例 4.2 (Nelson–Aalen 推定量) $T_1, \ldots, T_n$ は分布 F にしたがう故障時刻の独立な変量, $C_1, \ldots, C_n$ は分布 G にしたがう打ち切り時刻の独立な変量とする. 生存時刻と打ち切り時刻は独立である. 観測する量は n 個の組 $(V_1, \Delta_1), \ldots, (V_n, \Delta_n)$ とする. ここで, $V_i = T_i \wedge C_i$ および $\Delta_i = 1\{T_i \leq C_i\}$ である. いま,
$H(t) = P(V_i \leq t)$, $\bar{H}(t) = P(V_i \geq t)$ および $H^{uc}(t) = P(T_i \leq t, \Delta_i = 1)$
とおくと, $1 - H = (1-F)(1-G)$ および $dH^{uc} = (1 - G_-)dF$ が成り立つ. したがって F に対応する累積ハザード関数 Λ は

$$\Lambda(t) = \int_{[0,t]} \frac{1}{1 - H_-} dH^{uc} = \int_{[0,t]} \frac{1}{\bar{H}} dH^{uc}$$

と表すことができる. Λ の自然な推定量は, **Nelson–Aalen** 推定量

$$\hat{\Lambda}_n(t) \equiv \int_{[0,t]} \frac{1}{\bar{\mathbb{H}}_n} d\mathbb{H}_n^{uc}$$

で与えられる. ここで

$$\bar{\mathbb{H}}_n(t) \equiv n^{-1} \sum_{i=1}^n 1\{V_i \geq t\}, \qquad \mathbb{H}_n^{uc}(t) \equiv n^{-1} \sum_{i=1}^n \Delta_i 1\{V_i \leq t\}$$

である. Nelson–Aalen 推定量は組 $(\bar{\mathbb{H}}_n, \mathbb{H}_n^{uc})$ から二つの写像の合成

$$\psi \circ \kappa : (A, B) \xrightarrow{\kappa} \left(\frac{1}{A}, B\right) \xrightarrow{\psi} \int_{[0,t]} \frac{1}{A} dB$$

を通して構成されている. ここで A は区間 $[0,\tau]$ 上の caglad 関数である. 区間 $[0,\tau]$ 上の caglad 関数の全体を $D_-[0,\tau]$ とし, 与えられた $M < \infty$ と $\epsilon > 0$ に対して $\mathbb{D}_{M,\epsilon} = \{A \in D_-[0,\tau] : \inf_{t \in [0,\tau]} |A(t)| \geq \epsilon\} \times BV_M[0,\tau]$ とおく. もし τ を $H(\tau) < 1$ をみたすように定めると, $M \geq 1$ と十分小さな $\epsilon > 0$ に対して, n が大きいとき十分 1 に近い確率で $(\bar{\mathbb{H}}_n, \mathbb{H}_n^{uc}) \in \mathbb{D}_{M,\epsilon}$ となる. 補題 4.4 の証明と同様にして, $\psi : \mathbb{D}_{M,\epsilon} \to D[0,\tau]$ は $1/A$ が有界変動をもつような $(A, B) \in \mathbb{D}_{M,\epsilon}$ において Hadamard 微分可能であることが示される. よって連鎖律 (補題 4.1) より, 微分は

$$\dot{\psi}_{\kappa(A,B)} \circ \dot{\kappa}_{(A,B)}(\alpha, \beta)(t) = \dot{\psi}_{\kappa(A,B)}\left(-\frac{\alpha}{A^2}, \beta\right)(t)$$

$$= \int_{[0,t]} \frac{1}{A} d\beta - \int_{[0,t]} \frac{\alpha}{A^2} dB$$

である.

定理 3.71 より,一様有界な単調関数のクラス $\{1_{[t,\tau]}(V) : t \in [0,\tau]\}$ と $\{1_{[0,t]}(V) : t \in [0,\tau]\}$ はともに P-Donsker である.明らかに $\{\Delta\}$ も P-Donsker である.したがって,系 3.63 から $\{1_{[t,\tau]}(V) : t \in [0,\tau]\} \cup \{\Delta 1_{[0,t]}(V) : t \in [0,\tau]\}$ は P-Donsker である.組 $(\bar{\mathbb{H}}_n, \mathbb{H}_n^{\mathrm{uc}})$ はこのクラスの関数を添え字とする経験過程であるから,$D_-[0,\tau] \times D[0,\tau]$ において

$$\sqrt{n}(\bar{\mathbb{H}}_n - \bar{H}, \mathbb{H}_n^{\mathrm{uc}} - H^{\mathrm{uc}}) \rightsquigarrow (\bar{\mathbb{G}}, \mathbb{G}^{\mathrm{uc}})$$

が成り立つ.ここで $(\bar{\mathbb{G}}, \mathbb{G}^{\mathrm{uc}})$ はタイトな平均 0 の Gauss 過程で,共分散構造

$$\mathrm{E}\big[\bar{\mathbb{G}}(s)\bar{\mathbb{G}}(t)\big] = \bar{H}(s \vee t) - \bar{H}(s)\bar{H}(t),$$
$$\mathrm{E}\big[\mathbb{G}^{\mathrm{uc}}(s)\mathbb{G}^{\mathrm{uc}}(t)\big] = H^{\mathrm{uc}}(s \wedge t) - H^{\mathrm{uc}}(s)H^{\mathrm{uc}}(t),$$
$$\mathrm{E}\big[\bar{\mathbb{G}}(s)\mathbb{G}^{\mathrm{uc}}(t)\big] = \big(H^{\mathrm{uc}}(t) - H_-^{\mathrm{uc}}(s)\big)1\{s \leq t\} - \bar{H}(s)H^{\mathrm{uc}}(t)$$

をもつ.よってデルタ法を適用すると,$D[0,\tau]$ において

$$\sqrt{n}(\hat{\Lambda}_n - \Lambda)(t) \rightsquigarrow \int_{[0,t]} \frac{1}{\bar{H}} d\mathbb{G}^{\mathrm{uc}} - \int_{[0,t]} \frac{\bar{\mathbb{G}}}{\bar{H}^2} dH^{\mathrm{uc}}$$

が得られる.ここで右辺の第 1 項は部分積分を通して解釈する.極限 Gauss 過程の共分散関数はマルチンゲールを使って解析することができる.

過程 $\mathbb{M}^{\mathrm{uc}}(t) = \mathbb{G}^{\mathrm{uc}}(t) - \int_{[0,t]} \bar{\mathbb{G}} \, d\Lambda$ は平均 0 の Gauss マルチンゲールで,共分散関数

$$\mathrm{E}\big[\mathbb{M}^{\mathrm{uc}}(s)\mathbb{M}^{\mathrm{uc}}(t)\big] = \int_{[0,s \wedge t]} \bar{H}(1 - \Delta\Lambda) \, d\Lambda$$

をもつ.ここで,$\Delta\Lambda = \Lambda - \Lambda_-$ である.極限過程は確率積分 $\int_{[0,t]} 1/\bar{H} \, d\mathbb{M}^{\mathrm{uc}}$ で表すことができるのでふたたびマルチンゲールである.したがって,それは $\mathbb{W} \circ C$ にしたがって分布する.ここで $\mathbb{W}$ は標準 Brown 運動,C は関数

$$C(t) = \int_{[0,t]} \frac{1 - \Delta\Lambda}{\bar{H}} d\Lambda$$

である.結論として,$H(\tau) < 1$ をみたす任意の τ に対して,$D[0,\tau]$ において $\sqrt{n}(\hat{\Lambda}_n - \Lambda) \rightsquigarrow \mathbb{W} \circ C$ の成立が得られた.

b. 積積分型

有界変動関数 $A \in D(0,b]$ に対して,$\Delta A(t) = A(t) - A_-(t)$ と $A^c(t) \equiv A(t) - \sum_{0 < s \leq t} \Delta A(s)$ はそれぞれ A のジャンプ成分と連続成分である.このと

き**積積分** (product integral) は写像 $A \mapsto \phi(A)(t)$,

$$\phi(A)(t) \equiv \prod_{0 < s \leq t} (1 + dA(s)) = \prod_{0 < s \leq t} (1 + \Delta A(s)) \exp\left(\int_{(0,t]} dA^c(s)\right)$$

で定義される．中央の式は単なる記号であるが，それは最大分割幅が 0 に減少するようなすべての分割 $0 = t_0 < t_1 < \cdots < t_n = t$ に関する極限

$$\phi(A)(t) = \lim_{\max_i |t_i - t_{i-1}| \to 0} \prod_i (1 + [A(t_i) - A(t_{i-1})])$$

が成り立つという事実に由来する．定義から明らかに A に定数を加えてもその積積分は不変なので，$A(0) = 0$ としても一般性を失わない．また，

$$\phi(A)(s,t] = \prod_{s < u \leq t} (1 + dA(u)) \equiv \frac{\phi(A)(t)}{\phi(A)(s)}, \qquad 0 \leq s < t$$

という記号も用いる．これは左の二つの式が右端の式で定義されることを示している．

別の見方として，積積分 $B(s,t] = \phi(A)(s,t]$ は前進 **Volterra** 積分方程式

$$B(s,t] = 1 + \int_{(s,t]} B(s,u) \, dA(u)$$

の一意解 B を使って定義される．これは後進 **Volterra** 積分方程式

$$B(s,t] = 1 + \int_{(s,t]} B(u,t] \, dA(u) \tag{4.5}$$

の解でもある．この解は **Peano** 級数を用いて

$$\phi(A)(s,t] = 1 + \sum_{n=1}^{\infty} \int \cdots \int_{s < t_1 < \cdots < t_n \leq t} dA(t_1) \cdots dA(t_n) \tag{4.6}$$

と表現することもできる．

つぎの補題は積積分の Hadamard 微分可能性を与える：

補題 4.5 与えられた定数 $0 < b, M < \infty$ に対して，積積分 $\phi : BV_M[0,b] \subset D[0,b] \to D[0,b]$ は Hadamard 微分可能で，その微分は

$$\dot{\phi}_A(\alpha)(t) = \int_{(0,t]} \phi(A)(0,u)\phi(A)(u,t] \, d\alpha(u)$$

である．ここで $\alpha \in D[0,b]$ が有界変動でないときは，上の積分は部分積分（補題 4.6 (2) の右辺）によって定義される．

証明 列 $\alpha_n \to \alpha$ に対して $A_n = A + t_n\alpha_n \in BV_M[0,b]$ とおく．Duhamel の方程式（補題 4.6 (1)）を考慮すると，$0 \leq t \leq b$ に関して一様に

$$\int_{(0,t]} \phi(A)(0,u)\phi(A_n)(u,t]\,d\alpha_n(u) \to \int_{(0,t]} \phi(A)(0,u)\phi(A)(u,t]\,d\alpha(u)$$

を示せば十分である．この式の左右において α_n と α を $\tilde{\alpha}$ で置き換えると，それぞれの誤差は $\|\alpha_n - \tilde{\alpha}\|_\infty$ と $\|\alpha - \tilde{\alpha}\|_\infty$ の定数倍以下である．これは部分積分と補題 4.6 (3) からわかる．いま $\epsilon > 0$ を任意に固定する．補題 4.4 の証明で示したように，$\alpha \in D[0,b]$ に対して $\tilde{\alpha} \in D[0,b]$ を $V_{\tilde{\alpha}} < \infty$ と $\|\alpha - \tilde{\alpha}\|_\infty < \epsilon$ をみたすようにとることができる．$\|\alpha_n - \alpha\|_\infty \to 0$ なので，十分大きな n に対して $\|\alpha_n - \tilde{\alpha}\|_\infty < \epsilon$ も成り立つとしてよい．よって，上記の誤差は任意に小さくすることができる．したがって，すべての有界変動関数 $\tilde{\alpha}$ に対して

$$\int_{(0,t]} \phi(A)(0,u)\phi(A_n)(u,t]\,d\tilde{\alpha}(u) \to \int_{(0,t]} \phi(A)(0,u)\phi(A)(u,t]\,d\tilde{\alpha}(u)$$

が成り立てば，求める結論が得られる．これは $\phi(A_n)$ が一様に $\phi(A)$ に収束することよりわかる． □

上の証明で鍵となるのは，積積分の差に関する **Duhamel** の方程式とその差の一様連続性である．

補題 4.6 有界変動関数 $A, B, G \in D(0,b]$ に対して，つぎの結果がすべての $0 \leq s < t \leq b$ に対して成り立つ：

(1)（Duhamel の方程式）

$$\big(\phi(B) - \phi(A)\big)(s,t] = \int_{(s,t]} \phi(A)(s,u)\phi(B)(u,t]\,d(B-A)(u).$$

(2)（Duhamel の方程式に対する部分積分公式）

$$\int_{(s,t]} \phi(A)(s,u)\phi(B)(u,t]\,dG(u)$$
$$= \phi(A)(s,t]G(t) - \phi(B)(s,t]G(s)$$
$$\quad + \phi(A)(s,t]\int_{(s,t]} G_-(u)\phi(B)(u,t]\,dB(u)$$
$$\quad - \int_{(s,t]} G(u)\phi(B)(u,t]\phi(A)_-(s,u]\,dA(u)$$
$$\quad - \int_{(s,t]} \left\{\int_{(s,u]} G_-(v)\phi(B)(v,t]\,dB(v)\right\}\phi(A)_-(s,u]\,dA(u).$$

(3) $\|\phi(A) - \phi(B)\|_{(s,t]} \le e^{V_A + V_B}(2 + V_A + V_B + V_A V_B)\|A - B\|_{(s,t]}.$

証明 Peano 級数展開 (4.6) を使うと，任意の $u \in (s,t]$ に対して

$$\phi(A)(s,u)\phi(B)(u,t]$$
$$= 1 + \sum_{m,n \ge 0: m+n \ge 1} \int \cdots \int_{s < x_1 < \cdots < x_m < u < y_1 < \cdots < y_n \le t} dA(x_1) \cdots dA(x_m) dB(y_1) \cdots dB(y_n)$$

と表すことができる．よって

$$\int_{(s,t]} \phi(A)(s,u)\phi(B)(u,t]\, d(B-A)(u)$$
$$= \sum_{n \ge 0} \int \cdots \int_{s < u < y_1 < \cdots < y_n \le t} dB(u) dB(y_1) \cdots dB(y_n)$$
$$\left\{ 1 + \sum_{m \ge 1} \int \cdots \int_{s < x_1 < \cdots < x_m < u} dA(x_1) \cdots dA(x_m) \right\}$$
$$- \sum_{m \ge 0} \int \cdots \int_{s < x_1 < \cdots < x_m < u \le t} dA(x_1) \cdots dA(x_m) dA(u)$$
$$\left\{ 1 + \sum_{n \ge 1} \int \cdots \int_{s < u < y_1 < \cdots < y_n \le t} dB(y_1) \cdots dB(y_n) \right\}$$
$$= \sum_{n \ge 0} \int \cdots \int_{s < u < y_1 < \cdots < y_n \le t} dB(u) dB(y_1) \cdots dB(y_n)$$
$$- \sum_{m \ge 0} \int \cdots \int_{s < x_1 < \cdots < x_m < u \le t} dA(x_1) \cdots dA(x_m) dA(u)$$
$$= \phi(B)(s,t] - \phi(A)(s,t]$$

が成り立つ．

(2) を示すため，$H(u) = \int_{(s,u]} \phi(B)(v,t]\, dG(v)$ とおく．部分積分を行うと

$$\int_{(s,t]} \phi(A)(s,u)\phi(B)(u,t]\, dG(u)$$
$$= \phi(A)(s,t]H(t) - \int_{(s,t]} H(u)\, d\phi(A)(s,u] \tag{4.7}$$

を得る．後進積分方程式 (4.5) から $d\phi(B)(v,t] = -\phi(B)(v,t]\, dB(v)$ であるので，$H(u)$ を部分積分すると

$$H(u) = \phi(B)(u,t]G(u) - \phi(B)(s,t]G(s) + \int_{(s,u]} G_-(v)\phi(B)(v,t]\,dB(v)$$

を得る．これを式 (4.7) に代入し $d\phi(A)(s,u] = \phi(A)_-(s,u]\,dA(u)$ という事実を使うと求める結果が導かれる．

すべての $x \geq 0$ に対して $1+x \leq e^x$ であることに注意すると，任意の $0 \leq s < t \leq b$ に対して

$$|\phi(A)(s,t]| \leq \exp\left(\int_{(s,t]} |dA(u)|\right) \leq e^{V_A}$$

が成り立つことがわかる．(2) の部分積分の公式において $G = B - A$ とすれば，容易に (3) の結果が得られる．□

式 (4.3) で定義したように，$[0,\infty]$ 上の分布関数 F に対応するハザード関数は $\Lambda(t) = \int_{[0,t]} dF/(1-F_-)$ で与えられる．これは

$$1 - \int_{[0,t]} (1 - F_-(s))\,d\Lambda(s) = 1 - F(t)$$

と同値である．よって，生存関数 $S = 1 - F$ は $-\Lambda$ に関する Bolterra 積分方程式 $B(t) = 1 + \int_{(0,t]} B_-(s)\,d(-\Lambda)(s)$ の解である．したがって，式 (4.4)

$$S(t) = \phi(-\Lambda)(t) = \prod_{0 < s \leq t} (1 - d\Lambda(s))$$

を得る．

いま，Λ の推定量 $\hat{\Lambda}_n$ は $D[0,\tau]$ において $\sqrt{n}(\hat{\Lambda}_n - \Lambda) \rightsquigarrow \mathbb{Z}$ をみたすとする．このとき，$\hat{S}_n = \phi(-\hat{\Lambda}_n)$ は $S = \phi(-\Lambda)$ の推定量である．もし $\hat{\Lambda}_n$ が十分に 1 に近い確率で一様な有界変動をもつならば，補題 4.5 よりデルタ法を適用して，$D(0,\tau]$ において

$$\sqrt{n}(\hat{S}_n - S)(t) \rightsquigarrow \dot{\phi}_{-\Lambda}(-\mathbb{Z})(t) = -\int_{(0,t]} S_-(u)\frac{S(t)}{S(u)}\,d\mathbb{Z}(u)$$
$$= -S(t)\int_{(0,t]} \frac{1}{1-\Delta\Lambda(u)}\,d\mathbb{Z}(u)$$

が示される．

例 4.3 (Kaplan–Meier 推定量) 例 4.2 (136 ページ) と同じ右側打ち切り生存時間データを考える．推定量 $\hat{\Lambda}_n$ をそこで与えた Nelson–Aalen 推定量とする．このとき，S の Kaplan–Meier 推定量は $\hat{S}_n = \phi(-\hat{\Lambda}_n)$ で与えられる．例 4.2 で

示したように $\sqrt{n}(\hat{\Lambda}_n - \Lambda) \rightsquigarrow \mathbb{Z} = \int_{[0,t]} (1/\bar{H}) d\mathbb{M}^{uc}$ であるので，上の結果より

$$\sqrt{n}(\hat{S}_n - S)(t) \rightsquigarrow -S(t) \int_{(0,t]} \frac{1}{(1-\Delta\Lambda)\bar{H}} d\mathbb{M}^{uc}$$

が成り立つ．この極限が平均 0 と共分散関数

$$S(s)S(t) \int_{[0,s\wedge t]} \frac{1}{(1-\Delta\Lambda)\bar{H}} d\Lambda, \qquad 0 \le s,t \le \tau$$

をもつ Gauss 過程であることは，マルチンゲール $\mathbb{M}^{uc}$ に関する確率積分の性質よりわかる．

4.2 Z-推定量

パラメータ空間 Θ はノルム $\|\cdot\|$ を備えたあるノルム空間の部分集合とする．$\Psi_n: \Theta \to \mathbb{L}$ をノルム $\|\cdot\|_{\mathbb{L}}$ をもつ別のノルム空間 $\mathbb{L}$ に値をとる "ランダム写像" とする．ここで，各 $\Psi_n(\theta)$ は Θ とある確率空間との直積上で定義されているが，その確率空間の要素は変数としては明示しない．この節では方程式 $\Psi_n(\hat{\theta}_n) = 0$ あるいは漸近的に $\|\Psi_n(\hat{\theta}_n)\|_{\mathbb{L}} \xrightarrow{P^*} 0$ をみたす "推定量" $\hat{\theta}_n$ の性質を議論する．このような推定量を **Z-推定量** (Z-estimator) とよぶ．通常，Ψ_n として，ある固定された非ランダム写像 $\Psi: \Theta \to \mathbb{L}$ の推定量が用いられる．Ψ は興味のある $\theta_0 \in \Theta$ において $\Psi(\theta_0) = 0$ をみたしているとする．

もし $\mathbb{L}$ がある $\ell^\infty(\mathcal{H})$ 空間ならば，推定方程式 $\Psi_n(\hat{\theta}_n) = 0$ は推定方程式の集合 $\Psi_n(\hat{\theta}_n)(h) = 0, h \in \mathcal{H}$ と同等である．もし θ が有限次元ならば，推定方程式の個数はその次元と同じであることが一般的であり，$\ell^\infty(\mathcal{H})$ は Euclid 空間と同一視できる．無限次元パラメータの場合は無限個の推定方程式が使われる．

つぎは Z-推定量に関する二つの基本定理である．最初は一致性を与えるもの，もう一つは弱収束性を与えるものである．前者の証明は容易であるので省略する．

定理 4.7 (Z-推定量の一致性) 写像 Ψ はある $\theta_0 \in \Theta$ において $\Psi(\theta_0) = 0$ をみたし，任意の点列 $\{\theta_n\} \subset \Theta$ に対して，識別条件：$\|\Psi(\theta_n)\|_{\mathbb{L}} \to 0$ ならば $\|\theta_n - \theta_0\| \to 0$ をみたしていると仮定する．このとき，
  (1) もし推定量列 $\hat{\theta}_n \in \Theta$ が $\|\Psi(\hat{\theta}_n)\|_{\mathbb{L}} \xrightarrow{P^*} 0$ をみたし，Ψ_n が $\sup_{\theta \in \Theta} \|\Psi_n(\theta) - \Psi(\theta)\|_{\mathbb{L}} \xrightarrow{P^*} 0$ をみたすならば，$\|\hat{\theta}_n - \theta_0\| \xrightarrow{P^*} 0$ が成り立つ．
  (2) もし推定量列 $\hat{\theta}_n \in \Theta$ が $\|\Psi(\hat{\theta}_n)\|_{\mathbb{L}} \xrightarrow{as^*} 0$ をみたし，Ψ_n が $\sup_{\theta \in \Theta} \|\Psi_n(\theta) - \Psi(\theta)\|_{\mathbb{L}} \xrightarrow{as^*} 0$ をみたすならば，$\|\hat{\theta}_n - \theta_0\| \xrightarrow{as^*} 0$ が成り立つ．

定理 4.8 (Z-推定量の弱収束性) 写像 Ψ はある $\theta_0 \in \Theta^\circ$ において $\Psi(\theta_0) = 0$ をみたし，推定量列 $\hat{\theta}_n \in \Theta$ は $\sqrt{n}\|\Psi_n(\hat{\theta}_n)\|_{\mathbb{L}} \xrightarrow{\mathrm{P}^*} 0$ と $\|\hat{\theta}_n - \theta_0\| \xrightarrow{\mathrm{P}^*} 0$ をみたすとする．さらに，あるタイトな確率要素 Z に対して $\sqrt{n}(\Psi_n - \Psi)(\theta_0) \rightsquigarrow Z$ が成り立ち，

$$\frac{\|\sqrt{n}(\Psi_n - \Psi)(\hat{\theta}_n) - \sqrt{n}(\Psi_n - \Psi)(\theta_0)\|_{\mathbb{L}}}{1 + \sqrt{n}\|\hat{\theta}_n - \theta_0\|} \xrightarrow{\mathrm{P}^*} 0 \quad (4.8)$$

が成り立つとする．このとき，もし $\theta \mapsto \Psi(\theta)$ が θ_0 において Fréchet 微分可能で，その微分 $\dot{\Psi}_{\theta_0}$ が連続的に可逆ならば，

$$\|\sqrt{n}\dot{\Psi}_{\theta_0}(\hat{\theta}_n - \theta_0) + \sqrt{n}(\Psi_n - \Psi)(\theta_0)\|_{\mathbb{L}} \xrightarrow{\mathrm{P}^*} 0$$

が成り立つ．したがって $\sqrt{n}(\hat{\theta}_n - \theta_0) \rightsquigarrow -\dot{\Psi}_{\theta_0}^{-1}(Z)$ である．

証明 $\hat{\theta}_n$ の定義と仮定 (4.8) から，

$$\sqrt{n}\bigl(\Psi(\hat{\theta}_n) - \Psi(\theta_0)\bigr) = \sqrt{n}\bigl(\Psi(\hat{\theta}_n) - \Psi_n(\hat{\theta}_n)\bigr) + o_P^*(1)$$
$$= -\sqrt{n}(\Psi_n - \Psi)(\theta_0) + o_P^*\bigl(1 + \sqrt{n}\|\hat{\theta}_n - \theta_0\|\bigr) \quad (4.9)$$

である．写像 $\dot{\Psi}_{\theta_0}$ は連続的な逆写像 $\dot{\Psi}_{\theta_0}^{-1}$ をもつので，定数 $c > 0$ が存在して，すべての $\theta, \theta_0 \in \overline{\mathrm{lin}\Theta}$ に対して $\|\dot{\Psi}_{\theta_0}(\theta - \theta_0)\|_{\mathbb{L}} \geq c\|\theta - \theta_0\|$ が成り立つ．この事実と Ψ の微分可能性から，$\|\Psi(\theta) - \Psi(\theta_0)\|_{\mathbb{L}} \geq c\|\theta - \theta_0\| + o(\|\theta - \theta_0\|)$ が導かれる．これを上に表示された式と結びつけると

$$\sqrt{n}\|\hat{\theta}_n - \theta_0\|(c + o_P^*(1)) \leq O_P(1) + o_P^*\bigl(1 + \sqrt{n}\|\hat{\theta}_n - \theta_0\|\bigr)$$

であることがわかる．したがって，$\hat{\theta}_n$ は θ_0 に対してノルム $\|\cdot\|$ に関してオーダー $\sqrt{n}$ の一致性をもつ．Ψ の微分可能性より，式 (4.9) の左辺は $\sqrt{n}\dot{\Psi}_{\theta_0}(\hat{\theta}_n - \theta_0) + o_P^*\bigl(\sqrt{n}\|\hat{\theta}_n - \theta_0\|\bigr)$ で置き換えることができる．この式および式 (4.9) 右辺の誤差項はともに $o_P^*(1)$ である．よって，定理の最初の主張が成り立つ．つぎに $\dot{\Psi}_{\theta_0}^{-1}$ の連続性から，連続写像定理を適用すると直ちに望む結果が得られる． □

もし $\sqrt{n}(\hat{\theta}_n - \theta_0)$ が漸近的にタイトであることがわかっているならば，Ψ が Hadamard 微分可能であれば十分である．

補題 4.9 定理 4.8 の条件において，$\hat{\theta}_n$ の一致性を $\sqrt{n}(\hat{\theta} - \theta_0)$ の漸近的タイト性に強め，Ψ の Fréchet 微分可能性を Hadamard 微分可能性に弱める．このとき，定理 4.8 の結論はそのまま成り立つ．

証明 $\sqrt{n}(\hat{\theta}_n - \theta_0)$ が漸近的にタイトならば，式 (4.9) から $\sqrt{n}(\Psi(\hat{\theta}_n) - \Psi(\theta_0)) = -\sqrt{n}(\Psi_n - \Psi)(\theta_0) + o_P^*(1)$ が成り立つ．また，Ψ の Hadamard 微分可能性から $\sqrt{n}(\Psi(\hat{\theta}_n) - \Psi(\theta_0)) = \sqrt{n}\dot{\Psi}_{\theta_0}(\hat{\theta}_n - \theta_0) + o_P^*(1)$ が導かれる．これらを結びつけると $\sqrt{n}\dot{\Psi}_{\theta_0}(\hat{\theta}_n - \theta_0) = -\sqrt{n}(\Psi_n - \Psi)(\theta_0) + o_P^*(1)$ が得られ，定理の結論がすべて成り立つ． □

いま，Θ と任意の集合 $\mathcal{H}$ で添え字づけられた可測関数 $\psi_{\theta,h}$ に対して，大きさ n の無作為標本にもとづき，写像 $\Psi_n, \Psi : \Theta \to \ell^\infty(\mathcal{H})$ を $\Psi_n(\theta)(h) \equiv \mathbb{P}_n \psi_{\theta,h}$, $\Psi(\theta)(h) \equiv P\psi_{\theta,h}$ と定義する．このとき，$\sqrt{n}(\Psi_n(\theta) - \Psi(\theta)) = \{\mathbb{G}_n \psi_{\theta,h} : h \in \mathcal{H}\}$ は関数族 $\{\psi_{\theta,h} : h \in \mathcal{H}\}$ で添え字づけられた経験過程である．このとき，条件 (4.8) は

$$\|\mathbb{G}_n(\psi_{\hat{\theta}_n,h} - \psi_{\theta_0,h})\|_\mathcal{H} = o_P^*(1 + \sqrt{n}\|\hat{\theta}_n - \theta_0\|) \tag{4.10}$$

となる．この式の左辺が $o_P^*(1)$ であるという要請はさらに強い条件である．つぎの補題は簡単な十分条件を与える．

補題 4.10 ある $\delta > 0$ に対して，関数のクラス

$$\{\psi_{\theta,h} - \psi_{\theta_0,h} : \|\theta - \theta_0\| < \delta, h \in \mathcal{H}\}$$

は P-Donsker であり，$\theta \to \theta_0$ のとき

$$\sup_{h \in \mathcal{H}} P(\psi_{\theta,h} - \psi_{\theta_0,h})^2 \to 0$$

が成り立つとする．このとき $\hat{\theta}_n \overset{\mathrm{P}^*}{\to} \theta_0$ ならば，式 (4.10) の左辺は $o_P^*(1)$ である．

証明 仮定より $\hat{\theta}_n$ は $\Theta_\delta \equiv \{\theta : \|\theta - \theta_0\| < \delta\}$ に値をとるとしても一般性を失わない．抽出関数 $f : \ell^\infty(\Theta_\delta \times \mathcal{H}) \times \Theta_\delta \to \ell^\infty(\mathcal{H})$ を $z \in \ell^\infty(\Theta_\delta \times \mathcal{H})$ に対して $f(z,\theta)(h) \equiv z(\theta,h)$ と定義する．この関数は $\theta \to \tilde{\theta}$ のとき $\sup_{h \in \mathcal{H}} |z(\theta,h) - z(\tilde{\theta},h)| \to 0$ をみたすようなすべての点 $(z, \tilde{\theta}) \in \ell^\infty(\Theta_\delta \times \mathcal{H}) \times \Theta_\delta$ において連続である．

集合 $\Theta_\delta \times \mathcal{H}$ で添え字づけられた確率過程 $Z_n(\theta,h) \equiv \mathbb{G}_n(\psi_{\theta,h} - \psi_{\theta_0,h})$ を考える．最初の仮定より Z_n は $\ell^\infty(\Theta_\delta \times \mathcal{H})$ においてタイトな Gauss 過程 Z に弱収束する．定理 3.30 より，Z のほとんどすべての見本過程は準距離

$$\rho((\theta_1,h_1),(\theta_2,h_2)) = \{P(\psi_{\theta_1,h_1} - \psi_{\theta_0,h_1} - \psi_{\theta_2,h_2} + \psi_{\theta_0,h_2})^2\}^{1/2}$$

に関して一様連続であることがわかる．また，第 2 の仮定より $\theta \to \theta_0$ のとき，

$\sup_{h \in \mathcal{H}} \rho\big((\theta,h),(\theta_0,h)\big) \to 0$ であるので,関数 f はほとんどすべての見本過程 Z と θ_0 において連続であることがわかる.Slutsky の定理より $(Z_n, \hat{\theta}_n) \rightsquigarrow (Z, \theta_0)$ であり,この点 (Z, θ_0) は f 連続点の集合に確率 1 で含まれるので,連続写像定理から $\ell^\infty(\mathcal{H})$ において $f(Z_n, \hat{\theta}_n) \rightsquigarrow f(Z, \theta_0) = 0$ が成り立つ.よって $\|\mathbb{G}_n(\psi_{\hat{\theta}_n, h} - \psi_{\theta_0, h})\|_{\mathcal{H}} = o_P^*(1)$ が得られる. □

いま $\theta \in \Theta$ が d 次元の Euclid パラメータの場合を考える.このとき,$\mathcal{H} = \{1, \ldots, d\}$ ととり,$\psi_\theta = (\psi_{\theta,1}, \ldots, \psi_{\theta,d})^T$ とおく.

例 4.4 $X_1, \ldots, X_n$ は共通の分布 P からの独立な標本とする.可測なベクトル値関数 $x \mapsto \psi_\theta(x)$ は $\theta_0 \in \Theta$ において $P\psi_{\theta_0} = 0$ をみたし,θ_0 のある近傍内のすべての θ_1, θ_2 とある可測関数 $\dot{\psi}$ に対して

$$\|\psi_{\theta_1}(x) - \psi_{\theta_2}(x)\| \leq \dot{\psi}(x)\|\theta_1 - \theta_2\|$$

が成り立つとする.ここで $P\dot{\psi}^2 < \infty$ とする.さらに $P\|\psi_{\theta_0}\|^2 < \infty$ であり,写像 $\theta \mapsto P\psi_\theta$ は $\theta = \theta_0$ で微分可能で,その微分 V_{θ_0} は非特異であると仮定する.このとき,もし推定量 $\hat{\theta}_n$ が $\mathbb{P}_n \psi_{\hat{\theta}_n} = o_P^*(n^{-1/2})$ と $\hat{\theta}_n \xrightarrow{P^*} \theta_0$ をみたすならば

$$\sqrt{n}(\hat{\theta}_n - \theta_0) = -V_{\theta_0}^{-1} \frac{1}{\sqrt{n}} \sum_{i=1}^n \psi_{\theta_0}(X_i) + o_P^*(1)$$
$$\rightsquigarrow N\big(0, V_{\theta_0}^{-1} P[\psi_{\theta_0} \psi_{\theta_0}^T](V_{\theta_0}^{-1})^T\big)$$

が成り立つ.

実際,例 3.12(120 ページ)でみたように,十分小さな $\delta > 0$ に対してクラス $\{\psi_{\theta,i} - \psi_{\theta_0,i} : \|\theta - \theta_0\| < \delta, i = 1, \ldots, d\}$ は P-Donsker である.さらに,$\theta \to \theta_0$ のとき $P\|\psi_\theta - \psi_{\theta_0}\|^2 \leq P\dot{\psi}^2\|\theta - \theta_0\|^2 \to 0$ が成り立つ.したがって,直前の補題の条件がみたされる.

Θ が無限次元の場合への適用例として,例 4.3(141 ページ)で取り扱った Kaplan–Meier 推定量をふたたび考える.

例 4.5(Kaplan–Meier 推定量) 例 4.2(136 ページ)で述べたように,T を分布 F_0 にしたがう故障時刻,C を分布 G にしたがう打ち切り時刻とするとき,$X = (V, \Delta)$ を観測する.ここで $V = T \wedge C$ および $\Delta = 1\{T \leq C\}$ である.生存関数 $S_0 = 1 - F_0$ と $L = 1 - G$ は $S_0(0) = 1$ と $L(0) = 1$ をみたすとする.ここでは S_0 の推定に関心がある.大きさ n の観測量 $X_1, \ldots, X_n$ に対し

て, $\tilde{T}_1, \ldots, \tilde{T}_{m_n}$ を故障時刻だけからなる観測量とするとき, 例 4.3 で与えた S_0 の Kaplan–Meier 推定は具体的に

$$\hat{S}_n(t) = \prod_{j:\tilde{T}_j \leq t} \left(1 - \frac{\sum_{i=1}^n \Delta_i 1\{V_i = \tilde{T}_j\}}{\sum_{i=1}^n 1\{V_i \geq \tilde{T}_j\}}\right)$$

と表すことができる.

いま, $\tau < \infty$ は $L(\tau-)S_0(\tau-) > 0$ をみたすとし, Θ を区間 $[0,\tau]$ 上に制限された生存関数 (非負の非増加関数) S で $S(0) = 1$ をみたすものの全体とする. Θ 上では一様ノルム $\|\cdot\|_\infty$ を使う. $S \in \Theta$ と $t \in [0,\tau]$ で添え字づけされた関数

$$\psi_{S,t}(X) = 1\{V > t\} + (1-\Delta)1\{V \leq t\}1\{S(V) > 0\}\frac{S(t)}{S(V)} - S(t)$$

を考え, 写像 $\Psi_n : \Theta \to \ell^\infty([0,\tau])$ を $\Psi_n(S)(t) \equiv \mathbb{P}_n \psi_{S,t}$ で定義する. このとき $\hat{S}_n$ は推定方程式 $\Psi_n(S) = 0$ の解であることが示される. これを Kaplan–Meier 推定量に対する Efron の自己一致 (self-consistency) 表現とよぶ. 固定された関数 Ψ として, $\Psi(S)(t) = P\psi_{S,t}$ を使う. さらに, クラス $\mathcal{F} = \{\psi_{S,t} : S \in \Theta, t \in [0,\tau]\}$ は P-Donsker である. この事実をみるため, まず関数

$$\tilde{\psi}_{S,t}(V) = 1\{V > t\} + 1\{V \leq t\}1\{S(V) > 0\}\frac{S(t)}{S(V)}$$

からなるクラス $\{\tilde{\psi}_{S,t} : S \in \Theta, t \in [0,\tau]\}$ を考える. 関数 $V \mapsto \tilde{\psi}_{S,t}(V)$ は $[0,\tau]$ 上で単調で, すべての $S \in \Theta$ と $t \in [0,\tau]$ に対して値域は $[0,1]$ に含まれる. したがって, 定理 3.71 よりこのクラスは P-Donsker である. 例 3.11 (119 ページ) で示したようにクラス $\{1\{V \leq t\} : t \in [0,\tau]\}$ は P-Donsker である. また明らかに $\{\Delta\}$ と非確率関数のクラス $\{S(t) : S \in \Theta, t \in [0,\tau]\}$ も P-Donsker である. これらのクラスはすべて一様有界である. $\psi_{S,t}(X) = (1-\Delta)\tilde{\psi}_{S,t}(V) + \Delta(1 - 1\{V \leq t\}) - S(t)$ であるので, これらのクラスの和と積で作られるクラス $\mathcal{F}$ は系 3.63 より P-Donsker となる. Donsker クラスはまた Glivenko–Cantelli クラスであるので (119 ページの注意), $\sup_{S \in \Theta} \|\Psi_n(S) - \Psi(S)\|_\infty \xrightarrow{as^*} 0$ が成り立つ. もし Ψ が定理 4.7 の条件をみたせば, その定理の (2) から $\|\hat{S}_n - S_0\|_\infty \xrightarrow{as^*} 0$ が得られる.

期待値 $P\psi_{S,t}$ を計算すると, Ψ の形式は

$$\Psi(S)(t) = S_0(t)L(t) + S(t)\int_0^t \frac{S_0(u)}{S(u)} dG(u) - S(t)$$

となることがわかる. よって $\Psi(S_0)(t) = 0$ が成り立つ. 識別条件を確認

するため, $S_n \in \Theta$ は $\|\Psi(S_n)\|_\infty \to 0$ をみたすものとする. このとき $\liminf_{n\to\infty} S_n(\tau-) > 0$ が成り立つ. $\epsilon_n(t) = S_0(t)/S_n(t) - 1$ とおき, $u_n(t) \equiv \epsilon_n(t)L(t) + \int_0^t \epsilon_n(u)\,dG(u)$ と定義する. このとき $\Psi(S_n)(t) = S_n(t)u_n(t)$ であるので, $\|u_n\|_\infty \to 0$ をみたす. この積分方程式を解くと, $\epsilon_n(t) = u_n(t)/L_-(t) - \int_0^{t-}[L(s)L_-(s)]^{-1}u_n(s)\,dG(s)$ が得られる. $L_-(t) \geq L(\tau-) > 0$ であるので $\|\epsilon_n\|_\infty \to 0$ が成り立つ. したがって識別条件 $\|S_n - S_0\|_\infty \to 0$ がみたされる.

すでに示したように, $\mathcal{F} = \{\psi_{S,t} : S \in \Theta, t \in [0,\tau]\}$ は P-Donsker クラスである. よって, タイトな平均 0 の Gauss 過程 Z が存在して, $\ell^\infty([0,\tau])$ において $\sqrt{n}(\Psi_n - \Psi)(S_0) \rightsquigarrow Z$ が成り立つ. また, S_0 に一様収束する任意の $\{S_n\} \subset \Theta$ に対して,

$$\sup_{t\in[0,\tau]} P(\Psi_{S_n,t} - \Psi_{S_0,t})^2 \leq 2\sup_{t\in[0,\tau]}\int_0^t \left[\frac{S_n(t)}{S_n(u)} - \frac{S_0(t)}{S_0(u)}\right]^2 S_0(u)\,dG(u)$$
$$+ 2\sup_{t\in[0,\tau]}\bigl(S_n(t) - S_0(t)\bigr)^2$$
$$\to 0$$

が成り立つことが示される. クラス $\{\psi_{S,t} - \psi_{S_0,t} : S \in \Theta, t \in [0,\tau]\} \subset \mathcal{F} - \mathcal{F}$ は P-Donsker であるので, 補題 4.10 より $\|\mathbb{G}_n(\psi_{\hat{S}_n,t} - \psi_{S_0,t})\|_\infty = o_P^*(1)$ の成立がわかる. すべての $h \in D[0,\tau]$ に対して, $v \mapsto \Psi(S_0 + vh)(t)$ を $v = 0$ において微分すると, S_0 における Ψ の Gâteaux 微分が

$$\dot{\Psi}_{S_0}(h)(t) = -\int_0^t \frac{S_0(t)h(u)}{S_0(u)}\,dG(u) - L(t)h(t)$$

で与えられることがわかるが, これが Fréchet 微分になっていることも示すことができる. さらに写像 $\dot{\Psi}_{S_0} : D[0,\tau] \to D[0,\tau]$ は連続な逆写像 $\dot{\Psi}_{S_0}^{-1}$ をもち, すべての $a \in D[0,\tau]$ に対して

$$\dot{\Psi}_{S_0}^{-1}(a)(t) = -S_0(t)\left\{a(0) + \int_0^t \frac{1}{L_-(u)S_{0-}(u)}\left[da(u) + \frac{a(u)\,dF_0(u)}{S_0(u)}\right]\right\}$$

で与えられる. この右辺が逆写像であることは, それを $\dot{\Psi}_{S_0}$ に代入し, $d[a(u)/S_0(u)] = da(u)/S_{0-}(u) + a(u)\,dF_0(u)/\{S_{0-}(u)S_0(u)\}$ が成り立つことに注意して計算すれば容易に確かめることができる. 連続であることは, $\|\dot{\Psi}_{S_0}^{-1}(a)\|_\infty \leq M\|a\|_\infty$ をみたす $M < \infty$ が存在することからわかる. 以上より定理 4.8 が適用でき, $D[0,\tau]$ において $\sqrt{n}(\hat{S}_n - S_0) \rightsquigarrow -\dot{\Psi}_{S_0}^{-1}(Z)$ が成り立つ. ここで

$$-\dot{\Psi}_{S_0}^{-1}(Z)(t) = \frac{Z(t)}{L(t)} + S_0(t)\int_0^t \frac{Z(u)\,dL(u)}{S_0(u)L(u)L_-(u)}$$

である.これは平均 0 の Gauss 過程でその共分散関数は

$$V(s,t) = S_0(s)S_0(t)\int_0^{s\wedge t} \frac{dF_0(u)}{L_-(u)S_0(u)S_{0-}(u)}$$

で与えられる.

4.3 有 効 性

4.3.1 接 触 性

P と Q を可測空間 $(\Omega, \mathcal{A})$ 上の確率測度とする.もし Q が P に関して絶対連続ならば,可測写像 $X : \Omega \to \mathbb{D}$ の Q-法則は組 $(X, dQ/dP)$ の P-法則から式

$$\mathrm{E}_Q f(X) = \mathrm{E}_P\Big[f(X)\frac{dQ}{dP}\Big]$$

を使って計算することができる.$L^{X,V}$ を P のもとで $(X, V) = (X, dQ/dP)$ から誘導された分布とすると,この関係は

$$Q(X \in B) = \mathrm{E}_P\Big[1_B(X)\frac{dQ}{dP}\Big] = \int_{B\times\mathbb{R}} v\,dL^{X,V}(x,v)$$

と表すこともできる.これらの計算においては $Q \ll P$ という仮定が本質的であることに注意する.

この問題の漸近的な形を考える.$(\Omega_n, \mathcal{A}_n)$ を可測空間とし,それぞれの上には確率測度の組 P_n, Q_n があるとする.上の議論から,極限において可測写像 $X_n : \Omega_n \to \mathbb{D}$ の Q_n-法則が P_n の極限法則から得られるためは,Q_n が P_n に関して適当な意味で "漸近的絶対連続" という仮定が必要である.

定義 4.1 すべての可測集合列 A_n に対して $P_n(A_n) \to 0$ ならば $Q_n(A_n) \to 0$ であるとき,Q_n は P_n に**接触** (contiguous) しているといい,$Q_n \triangleleft P_n$ と表す.もし $P_n \triangleleft Q_n$ かつ $Q_n \triangleleft P_n$ であるならば,P_n と Q_n は互いに**接触** (mutually contiguous) しているといい,$P_n \triangleleft\triangleright Q_n$ と表す.

P_n と Q_n の尤度比 dQ_n/dP_n と dP_n/dQ_n は非負で,$\mathrm{E}_{Q_n}[dP_n/dQ_n] \leq 1$ と $\mathrm{E}_{P_n}[dQ_n/dP_n] \leq 1$ をみたす.よって,尤度比 dQ_n/dP_n と dP_n/dQ_n は,それぞれ P_n と Q_n のもとで,$[0,\infty)$ への写像列として一様にタイトである.Prohorov の定理から,すべての部分列は弱収束するさらなる部分列をもつ.これらの収束点の性質が接触性を決定する.

4.3 有　効　性

定理 4.11 (Le Cam の第 1 補題) 可測空間 $(\Omega_n, \mathcal{A}_n)$ 上の確率測度 P_n と Q_n に対して，つぎの (i)～(iv) は同値である：

(i) $Q_n \triangleleft P_n$ ；

(ii) もしある部分列に沿って $dP_n/dQ_n \stackrel{Q_n}{\rightsquigarrow} U$ ならば，$\mathrm{P}(U > 0) = 1$ ；

(iii) もしある部分列に沿って $dQ_n/dP_n \stackrel{P_n}{\rightsquigarrow} V$ ならば，$\mathrm{E}V = 1$ ；

(iv) 任意の写像 $T_n : \Omega_n \to \mathbb{R}^k$ に対して，もし $T_n \stackrel{P^*_n}{\to} 0$ ならば $T_n \stackrel{Q^*_n}{\to} 0$.

証明 (i) と (iv) の同値性は接触性の定義から明らかである (与えられた T_n に対して集合 $A_n = \{\|T_n\|^* > \epsilon\}$ を考え，また逆に与えられた $A_n \in \mathcal{A}_n$ に対して写像 $T_n = 1_{A_n}$ を考える).

(i) $\to$ (ii). 記号を簡単にするため $dP_n/dQ_n \stackrel{Q_n}{\rightsquigarrow} U$ となる部分列を $\{n\}$ と書く．ポルトマント定理より，すべての $\epsilon > 0$ に対して $\liminf Q_n(dP_n/dQ_n < \epsilon) \geq \mathrm{P}(U < \epsilon)$ が成り立つ．いま，各 $i \in \mathbb{N}$ に対して，n_i をすべての $n \geq n_i$ に対して

$$Q_n\left(\frac{dP_n}{dQ_n} < \frac{1}{i}\right) \geq \mathrm{P}\left(U \leq \frac{1}{2i}\right) - \frac{1}{i}$$

となるようにとる $(n_1 = 1)$．つぎに，各 n に対して $\epsilon_n = \inf\{1/i : n \geq n_i\}$ と定める．このとき，$\epsilon_n \downarrow 0$ であり，ある i に対して $\epsilon_n = 1/i$ となる．この場合 $n \geq n_i$ であるので，上に表示した式より

$$\mathrm{P}(U = 0) = \lim_{n \to \infty}\left\{\mathrm{P}\left(U \leq \frac{\epsilon_n}{2}\right) - \epsilon_n\right\} \leq \liminf_{n \to 0} Q_n\left(\frac{dP_n}{dQ_n} < \epsilon_n\right)$$

が成り立つ．一方，

$$P_n\left(\left\{\frac{dP_n}{dQ_n} \leq \epsilon_n\right\} \wedge \{dQ_n > 0\}\right) = \int_{dP_n/dQ_n \leq \epsilon_n} \frac{dP_n}{dQ_n} dQ_n \leq \int \epsilon_n dQ_n \to 0$$

である．もし $Q_n \triangleleft P_n$ ならば，左辺の集合の Q_n-確率もまた 0 に収束する．よって $\mathrm{P}(U = 0) = 0$ が成り立つ．

(iii) $\Rightarrow$ (i). もし $P_n(A_n) \to 0$ ならば，$1_{\Omega_n - A_n} \stackrel{P_n}{\to} 1$ である．Prohorov の定理より，$\{n\}$ のすべての部分列に対してそれから適当にさらなる部分列を選び，ある確率変数 V に対して $(dQ_n/dP_n, 1_{\Omega_n - A_n}) \stackrel{P_n}{\rightsquigarrow} (V, 1)$ が成り立つようにできる．関数 $(v, t) \mapsto vt$ は $[0, \infty) \times \{0, 1\}$ 上で非負で連続なので，ポルトマント定理より，この部分列に沿って

$$\liminf_{n \to \infty} Q_n(\Omega_n - A_n) \geq \liminf_{n \to \infty} \int 1_{\Omega_n - A_n} \frac{dQ_n}{dP_n} dP_n \geq \mathrm{E}[1 \cdot V]$$

が成り立つ．(iii) より右辺は $\mathrm{E}V = 1$ なので，左辺も 1 である．よって，

$Q_n(A_n) \to 0$ を得る．$\{n\}$ の部分列は任意なので (i) が成り立つ．

(ii) $\Leftrightarrow$ (iii)．確率測度 $R_n = (P_n + Q_n)/2$ に対して $P_n, Q_n \ll R_n$ なので，密度 dP_n/dR_n と dQ_n/dR_n はどちらもコンパクト区間 $[0, 2]$ に値をとる．Prohorov の定理より，任意の部分列に対してさらなる部分列が存在して，ある確率変数 U, V と W に対して

$$\frac{dP_n}{dQ_n} \overset{Q_n}{\rightsquigarrow} U, \qquad \frac{dQ_n}{dP_n} \overset{P_n}{\rightsquigarrow} V, \qquad W_n \equiv \frac{dP_n}{dR_n} \overset{R_n}{\rightsquigarrow} W$$

が成り立つ．すべての n に対して $\mathrm{E}_{R_n} W_n = 1$ であるので，W_n の有界性と弱収束性から $\mathrm{E}_{R_n} W_n \to \mathrm{E} W = 1$ を得る．与えられた有界連続関数 f に対して，関数 $g : [0, 2] \to \mathbb{R}$ を $g(w) = f((w/(2-w))(2-w)$ $(w \neq 2)$ と $g(2) = \lim_{w \to 2-0} g(w) = 0$ で定義する．g は有界連続関数である．$dP_n/dQ_n = W_n/(2-W_n)$ および $dQ_n/dR_n = 2 - W_n$ であるので，ポルトマント定理を適用すると

$$\mathrm{E}_{Q_n} f\left(\frac{dP_n}{dQ_n}\right) = \mathrm{E}_{R_n} g(W_n) \to \mathrm{E} g(W)$$

が得られる．仮定より，左辺は $\mathrm{E} f(U)$ に収束する．よって，すべての有界連続関数 f に対して $\mathrm{E} f(U)$ は右辺の極限に一致する．有界連続関数列を $1 \geq f_m \downarrow 1_{\{0\}}$ ととると，有界収束定理から

$$\mathrm{P}(U = 0) = \mathrm{E} 1_{\{0\}}(U) = \mathrm{E}\left[1_{\{0\}}\left(\frac{W}{2-W}\right)(2-W)\right] = 2\mathrm{P}(W = 0)$$

が導かれる．同様な議論から，すべての有界連続関数 f に対して $\mathrm{E} f(V) = \mathrm{E}[f((2-W)/W)]$ の成立がわかる．有界連続関数列を $0 \leq f_m(x) \uparrow x$ ととると，単調収束定理より

$$\mathrm{E} V = \mathrm{E}\left[\left(\frac{2-W}{W}\right)W\right] = \mathrm{E}[(2-W) 1_{W>0}] = 2\mathrm{P}(W > 0) - 1$$

を得る．これら二つの式は $\mathrm{P}(U = 0) + \mathrm{E} V = 1$ の成立を示している．□

例 4.6 (漸近的対数正規性 (asymptotic log normality))　P_n と Q_n を任意の可測空間上の確率測度とする．もし

$$\frac{dP_n}{dQ_n} \overset{Q_n}{\rightsquigarrow} e^{N(\mu, \sigma^2)}$$

が成り立つならば，$Q_n \triangleleft P_n$ である．さらに，$Q_n \triangleleft\triangleright P_n$ であるための必要十分条件は $\mu = -(1/2)\sigma^2$ である．

右辺の対数正規変数は正なので，最初の主張は定理の (ii) よりわかる．後半は，定理の (iii) において P_n と Q_n を交換し，$\mathrm{E} e^{N(\mu, \sigma^2)} = 1$ であるための必要十分条件は $\mu = -(1/2)\sigma^2$ であることを確認すればよい．

つぎの定理は，この項の導入部分で提示した P_n-極限法則から Q_n-極限法則を求める問題に解答を与える．

定理 4.12 (Le Cam の第 3 補題) P_n と Q_n を可測空間 $(\Omega_n, \mathcal{A}_n)$ 上の確率測度とし，$X_n : \Omega_n \to \mathbb{D}$ を距離空間に値をとる写像とする．$Q_n \triangleleft P_n$ で
$$\left(X_n, \frac{dQ_n}{dP_n}\right) \stackrel{P_n}{\leadsto} (X, V)$$
とする．このとき，$L(B) = \mathrm{E}[1_B(X)V]$ は確率測度を定め，$X_n \stackrel{Q_n}{\leadsto} L$ が成り立つ．もし X がタイトあるいは可分ならば，L も同様である．

証明 $V \geq 0$ であるので，単調収束定理を使うと L は測度を定めることがわかる．接触性より $\mathrm{E}V = 1$ なので L は確率測度である．L の定義から，すべての可測定義関数 f に対して $\int f\, dL = \mathrm{E}[f(X)V]$ であることがわかる．したがって，順に，すべての単関数，非負の可測関数，さらに可測関数でも同様であるという結論が導かれる．

もし $f : \mathbb{D} \to \mathbb{R}$ が下半連続で非負ならば，$\mathbb{D} \times [0,\infty)$ 上の関数 $(t,v) \mapsto f(t)v$ も同じである．よって，ポルトマント定理より
$$\liminf_{n \to \infty} \mathrm{E}_{Q_n,*} f(X_n) \geq \liminf_{n \to \infty} \int f(X_n)_* \frac{dQ_n}{dP_n}\, dP_n \geq \mathrm{E}[f(X)V]$$
が得られる．下に有界なすべての下半連続関数に対してもこの不等式が成り立つので，ふたたびポルトマント定理から $X_n \stackrel{Q_n}{\leadsto} L$ という結論が導かれる．

最後の主張は，任意の $M < \infty$ に対して
$$L(B) \leq M P(X \in B) + \mathrm{E}[V 1\{V > M\}]$$
が成り立つことから直ちに得られる． □

例 4.7 (Le Cam の第 3 補題) Le Cam の第 3 補題は，定理 4.12 の特別の場合であるつぎの事実を指すことが多い：もし写像 $X_n : \Omega_n \to \mathbb{R}^k$ が
$$\left(X_n, \log \frac{dQ_n}{dP_n}\right) \stackrel{P_n}{\leadsto} N\left(\begin{pmatrix} \mu \\ -\frac{1}{2}\sigma^2 \end{pmatrix}, \begin{pmatrix} \Sigma & \tau \\ \tau^T & \sigma^2 \end{pmatrix}\right)$$
をみたすならば，
$$X_n \stackrel{Q_n}{\leadsto} N(\mu + \tau, \Sigma)$$
が成り立つ．これをみるため，(X, W) は上で与えられた $(k+1)$ 次元正規分布にしたがうとする．連続写像定理から $(X_n, dQ_n/dP_n) \stackrel{P_n}{\leadsto} (X, e^W)$ である．

W は $N(-\sigma^2/2, \sigma^2)$ にしたがうので,$Q_n \triangleleft \triangleright P_n$ である.したがって上の定理より,$L(B) = \mathrm{E}[1_B(X)e^W]$ に対して $X_n \overset{Q_n}{\rightsquigarrow} L$ が成り立つ.L の特性関数 $\int e^{it^T x}\, dL(x) = \mathrm{E}[e^{it^T X} e^W]$ は,(X, W) の特性関数の $(t, -i)$ における値と等しい.よって

$$\int e^{it^T x}\, dL(x) = e^{it^T \mu - \frac{1}{2}\sigma^2 - \frac{1}{2}(t^T, -i)\begin{pmatrix} \Sigma & \tau \\ \tau^T & \sigma^2 \end{pmatrix}\begin{pmatrix} t \\ -i \end{pmatrix}} = e^{it^T(\mu+\tau) - \frac{1}{2}t^T \Sigma t}$$

である.右辺は $N(\mu + \tau, \Sigma)$ の特性関数である.

各 n に対して,$X_{n1}, \ldots, X_{nn}$ を可測空間 $(\mathcal{X}, \mathcal{B})$ に値をとる独立で同一の分布にしたがう確率要素とする."帰無仮説" のもとでは共通の分布は固定された測度 P であるが,"対立仮説" のもとでは共通の分布は P_n であるとする.もし P_n がある可測関数 $h: \mathcal{X} \to \mathbb{R}$ に対して

$$\int \left[\sqrt{n}(dP_n^{1/2} - dP^{1/2}) - \frac{1}{2} h\, dP^{1/2} \right]^2 \to 0 \tag{4.11}$$

をみたすとき,P_n は P に**接触する対立仮説** (contiguous alternatives) とよばれる.正確には,$\mathcal{X}^n$ 上の $(X_{n1}, \ldots, X_{nn})$ の分布 P_n^n と P^n が接触していることをいう.実際,対数尤度比がつぎの補題のように線形展開できるので,中心極限定理と例 4.6(150 ページ)から接触性が導かれる.

補題 4.13 確率測度の列 P_n が式 (4.11) をみたすとする.このとき必ず $Ph = 0$ および $Ph^2 < \infty$ であり,

$$\sum_{i=1}^n \log \frac{dP_n}{dP}(X_{ni}) = \frac{1}{\sqrt{n}} \sum_{i=1}^n h(X_{ni}) - \frac{1}{2} Ph^2 + R_n$$

が成り立つ.ここで,列 R_n は $R_n \overset{P}{\to} 0$ と $R_n \overset{P_n}{\to} 0$ をともにみたす.

この補題の証明については,たとえば Bickel, Klaassen, Ritov and Wellner[1] の付録 A.9 をあげておく.

$\mathbb{P}_n = n^{-1} \sum_{i=1}^n \delta_{X_{ni}}$ とおく.前の補題で与えた対数尤度比 $\Lambda_n(P_n, P) = \log dP_n^n / dP^n$ の線形展開と Slutsky の定理および多変量中心極限定理より,任意の $f \in L_2(P)$ に対して

$$(\sqrt{n}(\mathbb{P}_n - P)f,\, \Lambda_n(P_n, P)) \overset{P}{\rightsquigarrow} N\left(\begin{pmatrix} 0 \\ -\frac{1}{2} Ph^2 \end{pmatrix}, \begin{pmatrix} P(f - Pf)^2 & Pfh \\ Pfh & Ph^2 \end{pmatrix} \right)$$

が成り立つ.Le Cam の第 3 補題(例 4.7)にしたがえば,これから

$$\sqrt{n}(\mathbb{P}_n - P)f \stackrel{P_n}{\leadsto} N\bigl(Pfh,\, P(f - Pf)^2\bigr) \tag{4.12}$$

が得られる．自然な中心化 $\sqrt{n}(\mathbb{P}_n - P_n)f$ が P_n のもとで弱収束するための必要十分条件は，数列 $\sqrt{n}(P_n - P)f$ が収束することである．これは条件 (4.11) のもとでも成り立つとは限らない．しかし，もし $P_n f^2 = O(1)$ ならば $\sqrt{n}(P_n - P)f \to Pfh$ であることを，等式

$$\sqrt{n}(P_n - P)f - Pfh = \frac{1}{2}\int fh\, dP^{1/2}(dP_n^{1/2} - dP^{1/2})$$
$$+ \int f\left[\sqrt{n}(dP_n^{1/2} - dP^{1/2}) - \frac{1}{2}h\, dP^{1/2}\right][dP_n^{1/2} + dP^{1/2}]$$

を使って示すことができる．実際，仮定より $\int f^2 [dP_n^{1/2} + dP^{1/2}]^2 = O(1)$ なので，Cauchy-Schwarz の不等式より，右辺第 2 項は 0 に収束する．第 1 項は

$$\frac{1}{2}M\int |h|\, dP^{1/2}|dP_n^{1/2} - dP^{1/2}| + \frac{1}{2}\left\{\int_{|f|>M} h^2\, dP\right\}^{1/2}\left\{\int f^2\, (dP_n + dP)\right\}^{1/2}$$

で上から抑えられる．これは，十分に遅い $M = M_n \to \infty$ に対して 0 に収束する．よって，予想されたように $\sqrt{n}(\mathbb{P}_n - P_n)f \stackrel{P_n}{\leadsto} N\bigl(0, P(f - Pf)^2\bigr)$ となり，P のもとでの $\sqrt{n}(\mathbb{P}_n - P)f$ の極限分布と同じである．つぎの定理はこの結果を経験過程に拡張したものである．証明は省く．

定理 4.14 $\mathcal{F}$ は可測関数の P-Donsker クラスで，$\|P\|_\mathcal{F} < \infty$ をみたすとする．確率測度の列 P_n は条件 (4.11) をみたすとする．このとき，$\sqrt{n}(\mathbb{P}_n - P)$ は P_n のもとで，$\ell^\infty(\mathcal{F})$ において過程 $f \mapsto \mathbb{G}(f) + Pfh$ に弱収束する．ここで，$\mathbb{G}$ はタイトな Brown 橋である．さらに，もし $\|P_n f^2\|_\mathcal{F} = O(1)$ ならば，$\|\sqrt{n}(P_n - P)f - Pfh\|_\mathcal{F} \to 0$ であり，$\sqrt{n}(\mathbb{P}_n - P_n)$ は P_n のもとで $\mathbb{G}$ に弱収束する．

この項の最後に，接触性から導かれる有用な結果をつけ加えておく：

定理 4.15 $Y_n = Y_n(X_{n1}, \ldots, X_{nn}): \mathcal{X}^n \to \mathbb{D}$ とし，P_n は条件 (4.11) をみたすとする．このとき，つぎが成り立つ：
(1) もし P^n のもとで $Y_n \stackrel{P^*}{\to} 0$ ならば，$Y_n \stackrel{P_n^*}{\to} 0$ である．
(2) もし P^n のもとで Y_n が漸近的にタイトならば，Y_n は P_n^n のもとでも漸近的にタイトである．

証明 補題 4.13 と式 (4.12) より，$G_n \equiv \sqrt{n}\mathbb{P}_n h \stackrel{P_n}{\leadsto} N(Ph^2, Ph^2)$ が成り立つことに注意する．よって，すべての $\delta > 0$ に対して $M < \infty$ が存在し

て $\limsup_{n\to\infty} P_n^n(|G_n| > M) < \delta$ が成り立つ. 任意の $\epsilon > 0$ に対して $g_n(\epsilon) \equiv 1\{\|Y_n\|^* \geq \epsilon\}$ とおくと, ふたたび補題 4.13 より, $n \to \infty$ のとき

$$P_n^n g_n(\epsilon) \leq P_n^n\left[g_n(\epsilon)1\{|G_n| \leq M, |R_n| \leq \epsilon\}\right]$$
$$+ P_n^n(|G_n| > M) + P_n^n(|R_n| > \epsilon)$$
$$\leq P^n\left[g_n(\epsilon)e^{M-Ph^2/2-\epsilon}\right] + P_n^n(|G_n| > M) + P_n^n(|R_n| > \epsilon)$$
$$\to 0 + \delta + 0$$

が成り立つ. δ と ϵ は任意なので (1) が証明された.

つぎに (2) を証明する. 上の議論から, $H_n \equiv \prod_{i=1}^n (dP_n/dP)(X_{ni})$ は P^n と P_n^n のどちらにおいても確率的に漸近有界である. したがって, 固定された $\eta > 0$ に対して, $H > 0$ が存在して $\limsup_{n\to\infty} \mathrm{P}(H_n > H) \leq \eta/2$ が成り立つ. ここで P は P^n または P_n^n を表す. Y_n は P^n のもとで漸近タイトなので, コンパクト集合 K が存在して, すべての $\delta > 0$ に対して, $\limsup_{n\to\infty} \mathrm{P}(\{Y_n \in \mathbb{D} - K^\delta\}^*) \leq \eta/(2H)$ が P^n のもとで成り立つ. ここで K^δ は K の δ-拡大を表し, 集合の肩つき $*$ は P^n と P_n^n の両方のもとでの最小可測被覆集合を表す. ゆえに, P_n^n のもとで, すべての $\delta > 0$ に対して

$$\limsup_{n\to\infty} \mathrm{P}(\{Y_n \in \mathbb{D} - K^\delta\}^*)$$
$$= \limsup_{n\to\infty} \int 1\{\{Y_n \in \mathbb{D} - K^\delta\}^*\} dP_n^n$$
$$\leq H \limsup_{n\to\infty} \int 1\{\{Y_n \in \mathbb{D} - K^\delta\}^*\} dP^n + \limsup_{n\to\infty} \mathrm{P}(H_n > H)$$
$$\leq H \frac{\eta}{2H} + \frac{\eta}{2} = \eta$$

が成り立つことがわかる. η は任意なので, Y_n は P_n^n のもとで漸近タイトである. □

4.3.2 正則性とたたみ込み定理

ここでは定理 1.3 (6 ページ) と定理 2.1 (23 ページ) で与えた "たたみ込み定理" を一般的な形で述べ, その証明を与える.

$\mathbb{H}$ を内積 $\langle \cdot, \cdot \rangle$ とノルム $\|\cdot\|$ を備えた, ある Hilbert 空間の線形部分空間とする. 各 $n \in \mathbb{N}$ と $h \in \mathbb{H}$ に対して, $P_{n,h}$ を標本空間 $(\mathcal{X}_n, \mathcal{B}_n)$ 上の確率分布とする. この分布にしたがう変量 X_n の観測にもとづき母数 $\psi_n(h)$ を推定する問題を考える. ここでは $(\mathcal{X}_n, \mathcal{B}_n, P_{n,h} : h \in \mathbb{H})$ を統計モデルではなく統計的実験

(statistical experiment) とよぶ.

いま, $\{\Delta_h : h \in \mathbb{H}\}$ を平均 0, 共分散関数 $\mathrm{E}[\Delta_{h_1}\Delta_{h_2}] = \langle h_1, h_2 \rangle$ をもつ "iso-Gauss 過程" とする. もし, 各 h において

$$\Delta_{n,h} \overset{P_{n,0}}{\rightsquigarrow} \Delta_h$$

であるような確率過程 $\{\Delta_h : h \in \mathbb{H}\}$ に対して, 統計的実験 $(\mathcal{X}_n, \mathcal{B}_n, P_{n,h} : h \in \mathbb{H})$ の列が

$$\log \frac{dP_{n,h}}{dP_{n,0}} = \Delta_{n,h} - \frac{1}{2}\|h\|^2$$

をみたすとき, この実験は**漸近正規** (asymptotically normal) であるとよばれる.

母数の列 $\psi_n(h)$ はある Banach 空間 $\mathbb{B}$ に属するとする. 連続線形写像 $\dot{\psi} : \mathbb{H} \to \mathbb{B}$ および線形写像 $r_n : \mathbb{B} \to \mathbb{B}$ ("基準化作用素") が存在して, すべての $h \in \mathbb{H}$ に対して

$$r_n(\psi_n(h) - \psi_n(0)) \to \dot{\psi}(h)$$

が成り立つとき, 母数 $\psi_n(h)$ は**正則** (regular) であるとよばれる. 任意の写像 $T_n : \mathcal{X}_n \to \mathbb{B}$ は母数の推定量と考えられる. $\mathbb{B}$ 上のあるタイト Borel 確率測度 L が存在して, すべての $h \in \mathbb{H}$ に対して

$$r_n(T_n - \psi_n(h)) \overset{P_{n,h}}{\rightsquigarrow} L$$

が成り立つとき, 推定量 T_n は r_n に関して**正則** (regular) であるとよばれる.

多くの例はこの枠組みに含まれる. 大部分の単純な例では, 時点 n における観測は固定された分布 P から抽出した大きさ n の無作為標本からなる.

例 4.8 (無作為標本) $X_1, \ldots, X_n$ を標本空間 $(\mathcal{X}, \mathcal{B})$ 上の分布 P からの大きさ n の無作為標本とする. 共通の分布 P は確率測度のあるクラス $\mathcal{P}$ に属しているとし, 母数 $\psi(P)$ の推定を考える.

漸近正規実験は実験を局所化 (localized) あるいは縮小化 (rescaled) することによって現れる. 固定された $P \in \mathcal{P}$ に対して $P_{n,0} = P^n$ とおく. 2.2 節 (20 ページ) で定義したように $\dot{\mathcal{P}}_P \subset L_2^0(P)$ を P における $\mathcal{P}$ の接集合とする. このとき, 各 $g \in \dot{\mathcal{P}}_P$ に対して, それをスコア関数にもつ 1 次元の正則サブモデル (道) $\{P_{t|g} : t \in [0, \epsilon), P_{0|g} = P\}$ が存在して

$$\int \left[\frac{dP_{t|g}^{1/2} - dP^{1/2}}{t} - \frac{1}{2}g\, dP^{1/2}\right]^2 \to 0, \qquad t \downarrow 0$$

が成り立つ．母数 ψ は P において接集合 $\dot{\mathcal{P}}_P$ に関して微分可能，すなわち，連続線形写像 $\dot{\psi}_P : L_2(P) \to \mathbb{B}$ が存在して，g をスコア関数にもつ道 $t \mapsto P_{t|g}$ に対して

$$\frac{\psi(P_{t|g}) - \psi(P)}{t} \to \dot{\psi}_P(g), \qquad t \downarrow 0$$

が成り立つとする．もし $\dot{\mathcal{P}}_P$ が接空間なら $\mathbb{H} = \dot{\mathcal{P}}_P$ とし，各 $g \in \dot{\mathcal{P}}_P$ に対して $P_{n,g} = P^n_{n^{-1/2}|g}$ とおく．このとき，補題 4.13 より実験の列 $(\mathcal{X}^n, \mathcal{B}^n, P_{n,g} : g \in \dot{\mathcal{P}}_P)$ は漸近正規である．この実験は局所的なので，しばしば**局所漸近正規** (locally asymptotically normal, LAN) であるとよばれる．さらに，母数列 $\psi(P_{n^{-1/2}|h})$ は基準化作用素 $\sqrt{n}$（写像 $b \mapsto \sqrt{n}\,b$）に関して正則である．

推定量の列 $T_n = T_n(X_1, \ldots, X_n)$ が，すべての $g \in \dot{\mathcal{P}}$ に対して

$$\sqrt{n}\bigl(T_n - \psi(P_{n^{-1/2}|g})\bigr) \overset{P_{n,g}}{\leadsto} L$$

をみたすならば正則である．ここで，L は g に無関係なタイト Borel 測度である．また，**影響関数** (influence function) $\check{\psi}_P : \mathcal{X} \to \mathbb{B}$ が存在して

$$\sqrt{n}\bigl(T_n - \psi(P)\bigr) - \sqrt{n}\mathbb{P}_n \check{\psi}_P \overset{P}{\to} 0$$

が成り立つとき，T_n は**漸近線形** (asymptotically linear) であるとよばれる．

連続線形写像 $\dot{\psi} : \mathbb{H} \to \mathbb{B}$ は共役写像 $\dot{\psi}^* : \mathbb{B}^* \to \bar{\mathbb{H}}$ をもつ．これは，すべての $h \in \mathbb{H}$ と $b^* \in \mathbb{B}^*$ に対して $b^*\dot{\psi}(h) = \langle \dot{\psi}^*b^*, h \rangle$ で定義される．例 4.8 の設定においては $\dot{\psi}^* : \mathbb{B}^* \to \bar{\dot{\mathcal{P}}}_P$ を $\tilde{\psi}_P$ で表し，**有効影響関数** (efficient influence function) とよぶ．$\mathbb{B} = \mathbb{R}^m = \ell^\infty(\{1, \ldots, m\})$ の場合は 2.2 節（22 ページ）で議論した．一般の集合 $\mathcal{H}$ に対して $\mathbb{B} = \ell^\infty(\mathcal{H})$ のとき，$\mathbb{B}^*$ のある部分集合に制限した影響関数を考えればよい（定理 4.22）．各 $h \in \mathcal{H}$ に対して h-座標への射影 $\Pi_h : \mathbb{B} \to \mathbb{R}$ を $b \mapsto b(h)$ で定義すると，$\Pi_h \in \mathbb{B}^*$ である．Π_h と h を同一視し，$\mathcal{H} \subset \mathbb{B}^*$ とみなすと，有効影響関数 $\tilde{\psi}_P : \mathcal{H} \to \bar{\dot{\mathcal{P}}}_P$ はすべての $g \in \dot{\mathcal{P}}_P$ と $h \in \mathcal{H}$ に対して $\dot{\psi}(g)(h) = P[\tilde{\psi}(h)\,g]$ をみたす．この場合，漸近線形推定量が正則であるための条件は影響関数の性質で表現される．証明は Kosorok[3] の 18.1 節でみることができる．

定理 4.16 母数 $\psi : \mathcal{P} \to \ell^\infty(\mathcal{H})$ は P において接空間 $\dot{\mathcal{P}}_P$ に関して微分可能で，有効影響関数 $\tilde{\psi}_P : \mathcal{H} \to L_2^0(P)$ をもつとする．推定量 T_n は $\psi(P)$ に対する影響関数 $\check{\psi}_P$ をもつ漸近線形推定量とし，各 $h \in \mathcal{H}$ に対して $\check{\psi}_P^*(h)$ を $\check{\psi}_P(h)$ の $\dot{\mathcal{P}}_P$ の上への射影とする．このとき，つぎの (i) と (ii) は同値である：

(i) T_n は P において正則である；

(ii) クラス $\mathcal{F} = \{\tilde{\psi}(h) : h \in \mathcal{H}\}$ が P-Donsker で，すべての $h \in \mathcal{H}$ に対して ほとんど確実に $\check{\psi}_P(h) = \tilde{\psi}_P(h)$ である．

たたみ込み定理 (convolution theorem) とよばれるつぎの定理により，推定量の漸近共分散の限界が与えられる．Banach 空間上の Gauss 過程は 84 ページで定義されている．

定理 4.17 (たたみ込み定理) 統計的実験の列 $(\mathcal{X}_n, \mathcal{B}_n, P_{n,h} : h \in \mathbb{H})$ は漸近的正規であり，母数 $\psi_n(h)$ と推定量 T_n の列は正則であるとする．このとき，列 $r_n(T_n - \psi_n(0))$ の極限分布 L は，二つの独立でタイトな $\mathbb{B}$ の Borel 確率要素の和 $G + W$ の分布と同じである．ここで G は $\mathbb{B}$ のタイトな Gauss 過程で，すべての $b_1^*, b_2^* \in \mathbb{B}^*$ に対して共分散 $\mathrm{E}[(b_1^* G)(b_2^* G)] = \langle \dot{\psi}^* b_1^*, \dot{\psi}^* b_2^* \rangle$ をもつ．G の法則は $\overline{\dot{\psi}(\mathbb{H})}$ に集中している．

証明 ここでは $\mathbb{H}$ の次元が有限の場合に限って証明を与える．

$h_1, \ldots, h_k$ を $\mathbb{H}$ の正規直交基底とし，係数 $a = (a_1, \ldots, a_k) \in \mathbb{R}^k$ の 1 次結合 $h_a = \sum_{i=1}^k a_i h_i$ に対して

$$Z_{n,a} = r_n(T_n - \psi_n(h_a)), \qquad \Lambda_n(a) = \log \frac{dP_{n,h_a}}{dP_{n,0}} = \Delta_{n,h_a} - \frac{1}{2}\|h_a\|^2$$

とおく．仮定より，列 $Z_{n,0}$ および各列 $\Delta_{n,h}$ はそれぞれ $\mathbb{B}$ と $\mathbb{R}$ で弱収束する．Prohorov の定理より，部分列 $\{n'\} \subset \{n\}$ が存在して，$\mathbb{B} \times \mathbb{R}^k$ において

$$(Z_{n',0}, \Delta_{n',h_1}, \ldots, \Delta_{n',h_k}) \stackrel{P_{n,0}}{\leadsto} (Z, \Delta_{h_1}, \ldots, \Delta_{h_k})$$

が成り立つ．仮定より Z の周辺分布は L である．

確率変数 $\Delta_{h_a} - \sum_{i=1}^n a_i \Delta_{h_i}$ の 2 次モーメントは 0 であるので，この変数はほとんど確実に 0 である．よって，$\Delta_{n,h_a} - \sum_{i=1}^n a_i \Delta_{n,h_i}$ は $P_{n,0}$ のもと 0 に確率収束することが示される．したがって，上に表示された式と母数の列 ψ_n の正則性から，すべての $a \in \mathbb{R}^k$ に対して

$$(Z_{n',a}, \Lambda_{n'}(a)) \stackrel{P_{n,0}}{\leadsto} \left(Z - \sum_{i=1}^k a_i \dot{\psi}(h_i), \sum_{i=1}^k a_i \Delta_{h_i} - \frac{1}{2}\|a\|^2\right)$$

が成り立つことが導かれる．例 4.6 から $P_{n',h_a} \triangleleft\triangleright P_{n',0}$ なので，Le Cam の第 3 補題（定理 4.12）を適用すると，$Z_{n',a} \stackrel{P_{n,h_a}}{\leadsto} Z_a$ であることがわかる．ここで，Z_a は分布

$$P(Z_a \in B) = E\left[1_B\left(Z - \sum_{i=1}^{k} a_i \dot\psi(h_i)\right) e^{\sum_{i=1}^{k} a_i \Delta_{h_i} - \frac{1}{2}\|a\|^2}\right]$$

にしたがう.推定量列 T_n は正則なので,すべての $a \in \mathbb{R}^k$ に対して左辺は $L(B)$ に等しい.いま a に重み $N(0, \lambda^{-1} I)$ をおき,両辺を a に関して積分すると,直接の計算により

$$L(B) = \int_{\mathbb{R}^k} E\left[1_B\left(Z - \frac{\sum_{i=1}^{k} \Delta_{h_i} \dot\psi(h_i)}{1+\lambda} - \frac{\sum_{i=1}^{k} a_i \dot\psi(h_i)}{(1+\lambda)^{1/2}}\right) c_\lambda(\Delta)\right] dN(0, I)(a)$$

が示される.ここで,$c_\lambda(\Delta) = (1 + \lambda^{-1})^{k/2} \exp(\sum_{i=1}^{k} \Delta_{h_i}^2 / (2(1+\lambda)))$ である.この式の右辺は L が二つの独立な確率要素 G_λ と W_λ の和 $G_\lambda + W_\lambda$ の分布で表されることを示している.ただし,G_λ は $N(0, I)$ にしたがう確率ベクトル $(A_1, \ldots, A_k)$ により $G_\lambda \equiv \sum_{i=1}^{k} A_i \dot\psi(h_i) / (1+\lambda)^{1/2}$ で定義される確率要素,W_λ は分布

$$P(W_\lambda \in B) = E\left[1_B\left(Z - \frac{\sum_{i=1}^{k} \Delta_{h_i} \dot\psi(h_i)}{1+\lambda}\right) c_\lambda(\Delta)\right]$$

にしたがう確率要素である.

ここで $\lambda \downarrow 0$ とすると,$G_\lambda \rightsquigarrow G = \sum_{i=1}^{k} A_i \dot\psi(h_i)$ であり,確率過程 $\{b^* G = \sum_{i=1}^{k} A_i b^* \dot\psi(h_i) : b^* \in \mathbb{B}^*\}$ は平均 0,共分散関数

$$E[(b_1^* G)(b_2^* G)] = \sum_{i=1}^{k} \langle \dot\psi^* b_1^*, h_i \rangle \langle \dot\psi^* b_2^*, h_i \rangle = \langle \dot\psi^* b_1^*, \dot\psi^* b_2^* \rangle$$

をもつ Gauss 過程である.明らかに $\dot\psi(h_1), \ldots, \dot\psi(h_k)$ から生成される線形部分空間はポーランド空間であるので,$\{G_\lambda : 0 < \lambda < 1\}$ は一様にタイトである.さらに,タイトな法則 L がたたみ込み $L^{G_\lambda} * L^{W_\lambda}$ と一致することから,$\{W_\lambda : 0 < \lambda < 1\}$ もまた一様にタイトであることが示される.もし,ある列 $\lambda_m \downarrow 0$ に対して $W_{\lambda_m} \rightsquigarrow W$ ならば,部分列 $\lambda_{m'}$ が存在して $(W_{\lambda_{m'}}, G_{\lambda_{m'}}) \rightsquigarrow (G, W)$ が成り立つ.ここで,G と W は独立で $G + W$ は L にしたがう.以上で有限次元の $\mathbb{H}$ に対する定理の証明が終了した.□

一般の $\mathbb{H}$ に拡張するには,正規直交系をなす任意の有限集合 $\{h_1, \ldots, h_k\} \subset \mathbb{H}$ に対して上の議論を適用し,独立でタイトな確率要素 G_k と W_k を構成する.ここで G_k は平均 0,共分散関数 $E[(b_1^* G_k)(b_2^* G_k)] = \sum_{i=1}^{k} \langle \dot\psi^* b_1^*, h_i \rangle \langle \dot\psi^* b_2^*, h_i \rangle$ をもつ Gauss 過程であり,$G_k + W_k$ は分布 L にしたがう.このようにして得ら

れたすべての G_k と W_k の集合は一様にタイトであることが示される．つぎに，$\mathbb{H}$ の有限次元部分空間の全体 $\mathcal{K}$ を包含関係によって方向づけし，一様にタイトな有向確率要素族 $\{(G_K, W_K) : K \in \mathcal{K}\}$ を構成する．Prohorov の定理は有向族に対しても成立することが知られており，その結果を使うと部分有向族 $(G_{K'}, W_{K'})$ のすべての弱収束点 (G, W) が定理の要求をみたすことがわかる．

例 4.8（155 ページ）で議論した通常の設定においては，つぎの結果が成り立つ：

定理 4.18（たたみ込み定理） 母数 $\psi : \mathcal{P} \to \mathbb{B}$ は P において接空間 $\dot{\mathcal{P}}_P$ に関して微分可能で，有効影響関数 $\tilde{\psi}_P$ をもつとする．推定量列 T_n は P において $\dot{\mathcal{P}}_P$ に関して正則であるとし，P のもとで $\sqrt{n}(T_n - \psi(P))$ はタイトな極限分布 L に弱収束するとする．このとき，L は二つの独立でタイトな $\mathbb{B}$ の Borel 確率要素の和 $G + W$ の分布と一致する．ここで G は $\mathbb{B}$ のタイトな Gauss 過程で，すべての $b_1^*, b_2^* \in \mathbb{B}^*$ に対して共分散 $P[(b_1^* G)(b_2^* G)] = P[\tilde{\psi}_P(b_1^*) \tilde{\psi}_P(b_2^*)]$ をもつ．

この定理は正則推定量の最適性をタイトな極限過程 G（平均が 0，有効影響関数から得られる共分散をもつ Gauss 過程）を使って特徴づけている．もし，推定量 T_n が正則で $\sqrt{n}(T_n - \psi(P))$ の極限分布が L^G であるならば，T_n は**漸近有効** (asymptotically efficient)，あるいは単に**有効** (efficient) であるとよばれる．つぎの命題は，G が $\mathbb{B}^*$ 上を動く b^* に対する $b^* G$ の分布によって完全に特徴づけされることを保証している：

命題 4.19 Banach 空間 $\mathbb{B}$ に値をとる列 X_n は漸近的にタイトで，$\mathbb{B}$ に値をとるあるタイトな Gauss 過程 X とすべての $b^* \in \mathbb{B}^*$ に対して，$b^* X_n \leadsto b^* X$ をみたすとする．このとき $X_n \leadsto X$ である．

証明 $\mathbb{B}_1^* \equiv \{b^* \in \mathbb{B}^* : \|b^*\| \leq 1\}$ および $\tilde{\mathbb{B}} \equiv \ell^\infty(\mathbb{B}_1^*)$ とおく．すべての $b^* \in \mathbb{B}^*$ とすべての $x \in \mathbb{B}$ に対して $x(b^*) \equiv b^* x$ とおくと，Hahn–Banach の定理から $\|x\| = \sup_{b^* \in \mathbb{B}^*} |b^* x| = \|x\|_{\mathbb{B}_1^*}$ であるので，$(\mathbb{B}, \|\cdot\|) \subset (\tilde{\mathbb{B}}, \|\cdot\|_{\mathbb{B}_1^*})$ とみることができる．よって補題 3.12 から，X_n が $\tilde{\mathbb{B}}$ で弱収束することは $\mathbb{B}$ で弱収束することを意味する．X_n は $\tilde{\mathbb{B}}$ において漸近的にタイトであることはわかっているので，もし X_n のすべての有限次元分布が収束することを示せば証明は完了する．いま $b_1^*, \ldots, b_m^* \in \mathbb{B}_1^*$ を任意とする．任意の $(\alpha_1, \ldots, \alpha_m) \in \mathbb{R}^m$ に対して $\tilde{b}^* \equiv \sum_{i=1}^m \alpha_i b_i^* \in \mathbb{B}^*$ とおくと，$\sum_{i=1}^m \alpha_i X_n(b_i^*) = \tilde{b}^* X_n$ である．仮定から $\tilde{b}^* X_n \leadsto \tilde{b}^* X$ なので，$\sum_{i=1}^m \alpha_i b_i^* X_n \leadsto \sum_{i=1}^m \alpha_i b_i^* X$ を得る．$(\alpha_1, \ldots, \alpha_m) \in \mathbb{R}^m$ は任意で X は Gauss 過程なので，これから $\bigl(X_n(b_1^*), \ldots, X_n(b_m^*)\bigr)^T \leadsto \bigl(X(b_1^*), \ldots, X(b_m^*)\bigr)^T$

がわかる. $b_1^*,\ldots,b_m^*$ と m も任意なので, X_n のすべての有限次元分布が収束するという結論が得られた. □

推定量 T_n の有効性はすべての $b^* \in \mathbb{B}^*$ に対する $b^* T_n$ の有効性と同等である. しかし, すべての周辺 $b^* T_n$ の有効性を調べるのは困難である. 実際は, T_n の有効性はある十分な個数の $b^* \in \mathbb{B}^*$ に対する $b^* T_n$ の有効性から得られる.

補題 4.20 $\psi : \mathcal{P} \to \mathbb{B}$ は P において接空間 $\dot{\mathcal{P}}_P$ に関して微分可能であるとする. 部分集合 $\mathbb{B}' \subset \mathbb{B}^*$ は, ある定数 $C < \infty$ とすべての $b \in \mathbb{B}$ に対して

$$\|b\| \leq C \sup_{b' \in \mathbb{B}', \|b'\| \leq 1} |b'(b)| \tag{4.13}$$

をみたし, すべての $b' \in \mathbb{B}'$ に対して, $b' T_n$ は $b' \psi(P)$ の推定量として P において漸近有効であるとする. このとき, もし $\sqrt{n}(T_n - \psi(P))$ が P のもとで漸近的にタイトならば, T_n は P において漸近的に有効である.

証明 定理 4.15 の (2) より, 任意の $g \in \dot{\mathcal{P}}_P$ をスコアにもつ正則なサブモデル $\{P_t\}$ に対して $P_n \equiv P_{1/\sqrt{n}}$ とおくと, $\sqrt{n}(T_n - \psi(P))$ は P_n のもとでも漸近的にタイトである. ψ の $\dot{\mathcal{P}}_P$ に関する微分可能性から, $\sqrt{n}(T_n - \psi(P_n))$ も P_n のもとで漸近的にタイトである. 仮定より, すべての $b' \in \mathbb{B}'$ に対して $b' \sqrt{n}(T_n - \psi(P_n))$ は漸近的に線形で共分散 $P[\tilde{\psi}_P(b')^2]$ をもつ. このことは $\mathbb{B}'$ の要素のすべての有限線形結合に対しても成り立ち, また $\mathbb{B}'$ を拡大しても条件 (4.13) はそのまま成り立つので, $\mathbb{B}'$ を $\mathrm{lin}\,\mathbb{B}'$ としても一般性を失わない. 命題 4.19 の証明を使うと, $\ell^\infty(\mathbb{B}_1')$ において $\sqrt{n}(T_n - \psi(P_n)) \overset{P_n}{\leadsto} Z$ であることが示される. ここで, $\mathbb{B}_1' \equiv \{b' \in \mathbb{B}' : \|b'\| \leq 1\}$ で, Z はすべての $b_1', b_2' \in \mathbb{B}_1'$ に対して共分散関数 $P[\tilde{\psi}_P(b_1')\tilde{\psi}_P(b_2')]$ をもつ $\ell^\infty(\mathbb{B}_1')$ のタイトな Gauss 過程である. $\mathbb{B}'$ の線形性と補題 3.24 により, この共分散関数が $\ell^\infty(\mathbb{B}_1')$ 上のタイトな Gauss 確率要素 Z の分布を一意に決定している.

すべての $b \in \mathbb{B}$ と $b' \in \mathbb{B}_1'$ に対して $\phi(b)(b') \equiv b'(b)$ で定義される線形写像 $\phi : \mathbb{B} \to \ell^\infty(\mathbb{B}_1')$ により, $\mathbb{B}$ を $\ell^\infty(\mathbb{B}_1')$ に埋め込むことができる. 条件 (4.13) よりすべての $b \in \mathbb{B}$ に対して

$$\frac{\|b\|}{C} \leq \|\phi(b)\|_{\mathbb{B}_1'} = \sup_{b' \in \mathbb{B}_1'} |b'(b)| \leq \|b\| \tag{4.14}$$

なので, 補題 3.12 より収束 $\sqrt{n}(T_n - \psi(P_n)) \overset{P_n}{\leadsto} Z$ は $\mathbb{B}$ でも起こっている. よって, $\mathbb{B}$ の要素 Z はその共分散関数 $P[\tilde{\psi}_P(b_1')\tilde{\psi}_P(b_2')]$ $(b_1', b_2' \in \mathbb{B}_1')$ によって完全に

特徴づけされる. これはつぎの命題 4.21 で示される. ゆえに, ψ の微分可能性から Z の共分散はすべての $b_1^*, b_2^* \in \mathbb{B}^*$ に対して $P[(b_1^*G)(b_2^*G)] = P[\tilde{\psi}_P(b_1^*)\tilde{\psi}_P(b_2^*)]$ をみたす. よって, T_n は正則で $\sqrt{n}(T_n - \psi(P)) \rightsquigarrow Z = G$ をみたす. ここで G は定理 4.18 で定義された極限 Gauss 過程である. よって T_n は有効であることがわかる. □

命題 4.21 X を Banach 空間 $\mathbb{B}$ のタイトな Borel 可測確率要素とし, 部分集合 $\mathbb{B}' \subset \mathbb{B}^*$ はすべての $b \in \mathbb{B}$ とある定数 $C < \infty$ に対して条件 (4.13) をみたすとする. もし, $\mathbb{B}'_1 \equiv \{b' \in \mathbb{B}' : \|b'\| \leq 1\}$ に対して, $b' \mapsto b'X$ が $\ell^\infty(\mathbb{B}'_1)$ 上の平均 0 の Gauss 過程であるならば, $\mathbb{B}$ 上の X の確率法則は一意に定まる.

証明 補題 4.20 の証明で定義された線形写像 $\psi : \mathbb{B} \to \ell^\infty(\mathbb{B}'_1)$ は, 式 (4.14) より連続であり, それは連続な逆写像 $\phi^{-1} : \mathrm{R}(\phi) = \{\phi(b) : b \in \mathbb{B}\} \to \mathbb{B}$ をもつことがわかる. また, Banach の定理より $\mathrm{R}(\phi)$ は $\ell^\infty(\mathbb{B}'_1)$ の閉線形部分空間であることに注意する.

よって $Y = \phi(X)$ は $\ell^\infty(\mathbb{B}'_1)$ 上でタイトである. いま $b'_1, \ldots, b'_m \in \mathbb{B}'_1$ と $\alpha_1, \ldots, \alpha_m \in \mathbb{R}$ を任意にとる. このとき仮定より, $\sum_{i=1}^m \alpha_i b'_i X$ は分散 $\sum_{i,j=1}^m \alpha_i \alpha_j P[(b'_i X)(b'_j X)]$ をもつ正規分布にしたがう. 実数 $\alpha_1, \ldots, \alpha_m$ の選択は任意なので, $(b'_1 X, \ldots, b'_m X)^T$ は共分散 $P[(b'_i X)(b'_j X)]$ をもつ多変量正規分布にしたがう. 座標射影 $b'_1, \ldots, b'_m$ の選択もまた任意なので, Y のすべての有限次元分布は多変量正規分布であることがわかる. したがって, 命題 3.32 から, すべての $b^* \in \mathbb{B}^*$ に対して, $b^* X = b^* \phi^{-1}(Y)$ が正規分布にしたがうことがわかる. 実際, $\mathrm{P}(X \in \phi^{-1}[\mathrm{R}(\phi)]) = 1$ であり, すべての $b^* \in \mathbb{B}^*$ に対して, $\mathrm{R}(\phi)$ 上の連続線形汎関数 $d^* = b^* \circ \phi^{-1}$ は $\ell^\infty(\mathbb{B}'_1)$ 上への連続線形汎関数 $\tilde{d}^*$ に, $\mathrm{R}(\phi)$ 上で $\tilde{d}^* = d^*$ を保ったまま拡張できる. よって, 求める結論は Banach 空間上の Gauss 過程の定義から得られる. □

補題 4.20 を $\mathbb{B} = \ell^\infty(\mathcal{H})$ に適用すると, 弱収束に関して各点における有効性は一様有効性を意味することがわかる.

定理 4.22 $\psi : \mathcal{P} \to \ell^\infty(\mathcal{H})$ は P において接空間 $\dot{\mathcal{P}}_P$ に関して微分可能であるとし, すべての $h \in \mathcal{H}$ に対して $T_n(h)$ は $\psi(P)(h)$ の推定量として P において漸近有効であるとする. このとき, もし $\sqrt{n}(T_n - \psi(P))$ が P のもとで $\ell^\infty(\mathcal{H})$ におけるタイトな極限に弱収束するならば, T_n は P において漸近的に有効である.
証明 $\mathbb{B}' = \{\Pi_h : h \in \mathcal{H}\}$ をすべての座標射影 $b \mapsto \Pi_h(b) \equiv b(h)$ の集合とする.

明らかに $\|b\|_{\mathcal{H}} = \sup_{h \in \mathcal{H}} |\Pi_h(b)|$ であり，すべての $h \in \mathcal{H}$ に対して $\|\Pi_h\| = 1$ であるので，条件 (4.13) がみたされることがわかる．仮定より $\sqrt{n}(T_n - \psi(P))$ は漸近的にタイトであるので，補題 4.20 のすべての条件がみたされる． □

補題 4.20 のもう一つの有用な応用例として，二つの Banach 空間の積 $\mathbb{B}_1 \times \mathbb{B}_2$ に値をとる母数 $\psi(P) = (\psi_1(P), \psi_2(P))$ の同時推定を考える．一般に周辺の弱収束からは結合の弱収束は得られないが，周辺の有効性から同時の有効性が導かれる．

定理 4.23 各 $i = 1, 2$ に対して，$\psi_i : \mathcal{P} \to \mathbb{B}_i$ は P において接空間 $\dot{\mathcal{P}}_P$ に関して微分可能であり，$\psi_i(P)$ の推定量 T_{in} は P において漸近有効であるとする．このとき (T_{1n}, T_{2n}) は $(\psi_1(P), \psi_2(P))$ の推定に関して漸近有効である．

証明 すべての $b_i^* \in \mathbb{B}_i^*$ $(i = 1, 2)$ に対して $(b_1, b_2) \mapsto b_i^*(b_i)$ で定義される写像の全体からなる集合を $\mathbb{B}'$ とする．Hahn–Banach の定理から $\|b_i\| = \sup\{|b_i^*(b_i)| : \|b_i^*\| = 1, b_i^* \in \mathbb{B}_i^*\}$ が成り立つ．よって直積ノルム $\|(b_1, b_2)\| = \|b_1\| \vee \|b_2\|$ は条件 (4.13) を $C = 1$ でみたす． □

つぎの定理は定理 1.4 (8 ページ) と定理 2.2 (24 ページ) で与えた Euclid パラメータの有効推定量の特徴づけを，$\ell^\infty(\mathcal{H})$ という形のより一般的なパラメータ空間に拡張するものである：

定理 4.24 母数 $\psi : \mathcal{P} \to \ell^\infty(\mathcal{H})$ は P において接空間 $\dot{\mathcal{P}}_P$ に関して微分可能で，有効影響関数 $\tilde{\psi}_P : \mathcal{H} \to L_2^0(P)$ をもつとし，$\mathcal{F} \equiv \{\tilde{\psi}_P(h) : h \in \mathcal{H}\}$ とおく．T_n を ψ の推定量とするとき，つぎの (1)〜(iii) は同値である：

(i) T_n は P において $\dot{\mathcal{P}}_P$ に関して有効であり，つぎの (a) と (b) の少なくとも一方が成り立つ：

   (a) T_n は漸近線形である．

   (b) あるバージョン $\tilde{\psi}_P$ に対して $\mathcal{F}$ は P-Donsker である．

(ii) あるバージョン $\tilde{\psi}_P$ に対して，T_n は影響関数 $\tilde{\psi}_P$ に関して漸近線形であり $\mathcal{F}$ は P-Donsker である．

(iii) T_n は正則で影響関数 $\check{\psi}_P$ に関して漸近線形である．ここで，$\{\check{\psi}_P(h) : h \in \mathcal{H}\}$ は P-Donsker で，すべての $h \in \mathcal{H}$ に対して $\check{\psi}_P(h) \in \dot{\mathcal{P}}_P$ である．

証明 (ii) を仮定する．定理 4.16 から T_n は正則である．有効性は定理 4.18 と有効性の定義から直ちに得られる．よって (i) が導かれる．

つぎに (i) と (a) を仮定する．T_n は影響関数 $\check{\psi}_P$ をもつ漸近線形推定量とす

る．有効性の定義は正則性を含むので，定理 4.16 より $\check{\psi}_P^*(h) = \tilde{\psi}_P(h)$ をみたす．定理 4.18 より，すべての $h \in \mathcal{H}$ に対して $\check{\psi}_P(h) - \tilde{\psi}_P(h) = 0$, a.s. である．$T_n$ の漸近線形性と有効性から $\{\check{\psi}_P : h \in \mathcal{H}\}$ は P-Donsker であるので，$\check{\psi}_P$ は $\tilde{\psi}_P$ のバージョンで，それに対して $\mathcal{F}$ は P-Donsker である．よって (ii) が成り立つ．ここで，$\ell^\infty(\mathcal{H})$ 上のタイトな平均 0 の Gauss 過程は完全に共分散関数 $(h_1, h_2) \mapsto P[G(h_1)G(h_2)]$ で決まるので，定理 4.18 を適用するとき，座標射影の集合 $\mathbb{B}' = \{\Pi_h : h \in \mathcal{H}\} \subset \mathbb{B}^*$ だけを考えればよいことに注意する．

いま (i) と (b) を仮定する．T_n の正則性と $\mathcal{F}$ が P-Donsker であるという事実から $\sqrt{n}(T_n - \psi(P))$ と $\sqrt{n}\mathbb{P}_n\tilde{\psi}_P$ がともに漸近タイトであることが導かれる．よって，すべての有限部分集合 $\mathcal{H}_0 \subset \mathcal{H}$ に対して

$$\sup_{h \in \mathcal{H}_0} \left|\sqrt{n}(T_n(h) - \psi(P)(h)) - \sqrt{n}\mathbb{P}_n\tilde{\psi}_P(h)\right| = o_P(1)$$

が示されれば，求める漸近線形性が得られる．この成立は定理 2.2 よりわかる．

(iii) は (ii) から直ちに得られる．逆は，定理 4.16 と T_n の正則性から得られる． □

つぎの結果は，有効推定量の Hadamard 微分可能な関数による変換もまた漸近有効であることを保証する：

定理 4.25 母数 $\psi : \mathcal{P} \to \mathbb{B}_\phi \subset \mathbb{B}$ は P において接空間 $\dot{\mathcal{P}}_P$ に関して微分可能で，すべての $g \in \dot{\mathcal{P}}_P$ に対して微分 $\dot{\psi}_P(g)$ と有効影響関数 $\tilde{\psi}_P$ をもつとする．ここで $\mathbb{B}_\phi$ は $\mathbb{B}$ のある部分集合である．また，写像 $\phi : \mathbb{B}_\phi \to \mathbb{E}$ は $\psi(P)$ において $\mathbb{B}_0 \equiv \overline{\text{lin}}\,\dot{\psi}_P(\dot{\mathcal{P}}_P)$ に近接して Hadamard 微分可能であるとする．このとき，$\phi \circ \psi : \mathcal{P} \to \mathbb{E}$ もまた P において $\dot{\mathcal{P}}_P$ に関して微分可能である．もし，$\mathbb{B}_\phi$ に値をとる推定量列 T_n が $\psi(P)$ の推定に関して P において有効ならば，$\phi(T_n)$ は $\phi \circ \psi(P)$ の推定に関して P において有効である．

証明 $\dot{\phi}_{\psi(P)} : \mathbb{B} \to \mathbb{E}$ を ϕ の微分とする．任意の $g \in \dot{\mathcal{P}}_P$ と，g をスコアにもつ任意のサブモデル $\{P_t\}$ に対して，ϕ の Hadamard 微分可能性から $t \to 0$ のとき

$$\frac{\phi \circ \psi(P_t) - \phi \circ \psi(P)}{t} \to \dot{\phi}_{\psi(P)}\dot{\psi}_P(g) \tag{4.15}$$

が成り立つ．したがって $\phi \circ \psi : \mathcal{P} \to \mathbb{E}$ は P で $\dot{\mathcal{P}}_P$ に関して微分可能である．

任意に選んだスコア $g \in \dot{\mathcal{P}}_P$ をもつサブモデル $\{P_t\}$ に対して，$P_n \equiv P_{1/\sqrt{n}}$ と定義する．T_n の有効性から $\sqrt{n}(T_n - \psi(P_n)) \overset{P_n}{\leadsto} G$ を得る．ここで G は最

良の平均 0 のタイト Gauss 極限分布にしたがう.いま $\sqrt{n}(\phi(T_n) - \phi \circ \psi(P_n))$ を $\sqrt{n}(\phi(T_n) - \phi \circ \psi(P)) + \sqrt{n}(\phi \circ \psi(P) - \phi \circ \psi(P_n))$ と和に分解し,最初の項にデルタ法(定理 4.3)を適用すると

$$\sqrt{n}(\phi(T_n) - \phi \circ \psi(P_n)) \overset{P_n}{\rightsquigarrow} \dot{\phi}_{\psi(P)}(G + \dot{\psi}_P g) + \dot{\phi}_{\psi(P)}(-\dot{\psi}_P g) = \dot{\phi}_{\psi(P)} G$$

が得られる.定理 4.18 より,すべての $e_1^*, e_2^* \in \mathbb{E}^*$ に対して

$$P[(e_1^* \dot{\phi}_{\psi(P)} G)(e_2^* \dot{\phi}_{\psi(P)} G)] = P[\tilde{\psi}_P(e_1^* \dot{\phi}_{\psi(P)}) \tilde{\psi}_P(e_2^* \dot{\phi}_{\psi(P)})]$$

が成り立つ.$\tilde{\psi}_P$ の定義から,すべての $e^* \in \mathbb{E}^*$ と $g \in \overline{\mathrm{lin}} \mathcal{P}_P$ に対して $P[\tilde{\psi}_P(e^* \dot{\phi}_{\psi(P)}) g] = e^* \dot{\phi}_{\psi(P)} \psi_P(g)$ であるので,式 (4.15) より $\tilde{\psi}_P(e^* \dot{\phi}_{\psi(P)})$ は有効影響関数である.よって求める結論が示された. □

4.4 推定方程式の解の有効性

本節では,2.6 節で与えた有効スコア方程式の解の有効性に関する定理 2.3 (40 ページ)と,2.7.2 項で与えた尤度方程式の解の有効性に関する定理 2.4 (47 ページ)について,その証明を与える.定理 2.4 は一般的な形で述べられているので,より具体的な構造をもつモデルを考え,それに定理を適用した結果をその系として述べる.

4.4.1 有効スコア方程式の解:定理 2.3 の証明

有効スコア関数 $\tilde{\ell}_{\theta,\eta}(x)$ の推定量 $\hat{\ell}_{\theta,n}(x)$ および $\hat{\ell}_{\hat{\theta}_n,n}(x)$ はランダム関数である.ここで "ランダム関数" とは,可測関数 $x \mapsto \hat{f}_n(x;\omega)$ で,固定された x に対してそれは観測量 $X_1(\omega), \ldots, X_n(\omega)$ と同じ確率空間上で定義された実数値写像のことである.多くの場合,すべての固定された x に対して,$\hat{f}_n(x,\omega)$ は観測量の関数 $\hat{f}_n(x; X_1(\omega), \ldots, X_n(\omega))$ である.記号 $\mathbb{P}_n \hat{f}_n$ と $P\hat{f}_n$ は固定された ω に対する関数 $x \mapsto \hat{f}_n(x;\omega)$ の期待値を表す.つぎの結果は補題 4.10 と同様に示すことができる:

補題 4.26 可測関数のクラス $\mathcal{F}$ は P-Donsker であるとする.$\hat{f}_n$ は $\mathcal{F}$ の中に値をとるランダム関数列で,ある $f_0 \in L_2(P)$ に対して $P(\hat{f}_n - f_0)^2 \overset{P}{\to} 0$ をみたすとする.このとき,$\mathbb{G}_n(\hat{f}_n - f_0) \overset{P}{\to} 0$ したがって $\mathbb{G}_n(\hat{f}_n - f_0) \rightsquigarrow 0$ が成り立つ.

ここで定理 2.3 の証明を与える.

4.4 推定方程式の解の有効性

証明 関数族 $\mathcal{F}$ を,$n \to \infty$ のとき 1 に近づく確率で $\hat{\ell}_{\hat{\theta}_n,n}$ と $\tilde{\ell}_{\theta,\eta}$ を含む $P_{\theta,\eta}$-Donsker クラスとする.このとき条件 (2.27) と補題 4.26 から

$$\mathbb{G}_n \hat{\ell}_{\hat{\theta}_n,n} = \mathbb{G}_n \tilde{\ell}_{\theta,\eta} + o_P(1) = \sqrt{n}\mathbb{P}_n \tilde{\ell}_{\theta,\eta} + o_P(1)$$

を得る.これを不偏条件 (2.26) と結びつけると,

$$\sqrt{n}(P_{\hat{\theta}_n,\eta} - P_{\theta,\eta})\hat{\ell}_{\hat{\theta}_n,n} = o_P\big(1 + \sqrt{n}\|\hat{\theta}_n - \theta\|\big) + \mathbb{G}_n \hat{\ell}_{\hat{\theta}_n,n}$$
$$= \sqrt{n}\mathbb{P}_n \tilde{\ell}_{\theta,\eta} + o_P\big(1 + \sqrt{n}\|\hat{\theta}_n - \theta\|\big)$$

が導かれる.もし

$$\sqrt{n}(P_{\hat{\theta}_n,\eta} - P_{\theta,\eta})\hat{\ell}_{\hat{\theta}_n,n} = \big(\tilde{I}_{\theta,\eta} + o_P(1)\big)\sqrt{n}(\hat{\theta}_n - \theta) \tag{4.16}$$

が示されれば,

$$\sqrt{n}(\hat{\theta}_n - \theta) = \sqrt{n}\mathbb{P}_n \tilde{I}_{\theta,\eta}^{-1} \tilde{\ell}_{\theta,\eta} + o_P\big(1 + \sqrt{n}\|\hat{\theta}_n - \theta\|\big)$$

となり,したがって $\sqrt{n}\|\hat{\theta}_n - \theta\| = O_P(1)$ であることがわかる.よって上式の右辺の第 2 項は $o_P(1)$ となり結論が導かれる.

$\tilde{I}_{\theta,\eta} \equiv P_{\theta,\eta}[\tilde{\ell}_{\theta,\eta}\tilde{\ell}_{\theta,\eta}^T] = P_{\theta,\eta}[\tilde{\ell}_{\theta,\eta}\dot{\ell}_{\theta,\eta}^T]$ に注意し,確率測度の差 $dP_{\hat{\theta}_n,\eta} - dP_{\theta,\eta}$ を $(dP_{\hat{\theta}_n,\eta}^{1/2} - dP_{\theta,\eta}^{1/2})(dP_{\hat{\theta}_n,\eta}^{1/2} + dP_{\theta,\eta}^{1/2})$ と平方分解しやや長い計算を行うと

$$\sqrt{n}(P_{\hat{\theta}_n,\eta} - P_{\theta,\eta})\hat{\ell}_{\hat{\theta}_n,n} - \tilde{I}_{\theta,\eta}\sqrt{n}(\hat{\theta}_n - \theta)$$
$$= \sqrt{n}(P_{\hat{\theta}_n,\eta} - P_{\theta,\eta})\hat{\ell}_{\hat{\theta}_n,n} - P_{\theta,\eta}[\tilde{\ell}_{\theta,\eta}\dot{\ell}_{\theta,\eta}^T]\sqrt{n}(\hat{\theta}_n - \theta)$$
$$= \sqrt{n}\int \hat{\ell}_{\hat{\theta}_n,n}(dP_{\hat{\theta}_n,\eta}^{1/2} + dP_{\theta,\eta}^{1/2})$$
$$\quad \times \left[(dP_{\hat{\theta}_n,\eta}^{1/2} - dP_{\theta,\eta}^{1/2}) - \frac{1}{2}(\hat{\theta}_n - \theta)^T \dot{\ell}_{\theta,\eta}\, dP_{\theta,\eta}^{1/2}\right]$$
$$\quad + \int \left[\hat{\ell}_{\hat{\theta}_n,n}(dP_{\hat{\theta}_n,\eta}^{1/2} - dP_{\theta,\eta}^{1/2})\frac{1}{2}\dot{\ell}_{\theta,\eta}^T\, dP_{\theta,\eta}^{1/2}\right]\sqrt{n}(\hat{\theta}_n - \theta)$$
$$\quad + \int (\hat{\ell}_{\hat{\theta}_n,n} - \tilde{\ell}_{\theta,\eta})\dot{\ell}_{\theta,\eta}^T\, dP_{\theta,\eta}\sqrt{n}(\hat{\theta}_n - \theta)$$
$$\equiv A_n + B_n + C_n$$

を導くことができる.A_n に Cauchy–Schwarz の不等式を適用すると

$$\|A_n\|^2 \leq \int \|\hat{\ell}_{\hat{\theta}_n,n}\|^2 (dP_{\hat{\theta}_n,\eta}^{1/2} + dP_{\theta,\eta}^{1/2})^2$$
$$\quad \times \int \left[\sqrt{n}(dP_{\hat{\theta}_n,\eta}^{1/2} - dP_{\theta,\eta}^{1/2}) - \frac{1}{2}\sqrt{n}(\hat{\theta}_n - \theta)^T \dot{\ell}_{\theta,\eta}\, dP_{\theta,\eta}^{1/2}\right]^2$$

が成り立つ．条件 (2.27) から右辺の最初の積分は $O_P(1)$ であり，モデルの 2 次平均微分可能性から第 2 の積分は $o_P(n\|\hat\theta_n - \theta\|^2)$ であることが導かれる．よって $A_n = o_P(\sqrt{n}\|\hat\theta_n - \theta\|)$ である．また C_n のノルムを評価すると

$$\|C_n\| \leq \sqrt{\int \|\hat\ell_{\hat\theta_n,n} - \tilde\ell_{\theta,\eta}\|^2 \, dP_{\theta,\eta}} \sqrt{\int \|\dot\ell_{\theta,\eta}\|^2 \, dP_{\theta,\eta}} \sqrt{n}\|\hat\theta_n - \theta\|$$

であるので，ふたたび条件 (2.27) を使うと，$C_n = o_P(\sqrt{n}\|\hat\theta_n - \theta\|)$ であることもわかる．

最後に B_n を評価するため，後で定める適当な数列 $m_n \to \infty$ に対して B_n の中の積分を $\{\|\dot\ell_{\theta,\eta}\| \leq m_n\}$ と $\{\|\dot\ell_{\theta,\eta}\| > m_n\}$ の二つの範囲に分けて計算すると，その作用素ノルムは

$$\left\|\int \left[\hat\ell_{\hat\theta_n,n}(dP^{1/2}_{\hat\theta_n,\eta} - dP^{1/2}_{\theta,\eta})\frac{1}{2}\dot\ell^T_{\theta,\eta} dP^{1/2}_{\theta,\eta}\right]\right\|$$
$$\leq m_n \int \|\hat\ell_{\hat\theta_n,n}\| \, dP^{1/2}_{\theta,\eta} |dP^{1/2}_{\hat\theta_n,\eta} - dP^{1/2}_{\theta,\eta}|$$
$$+ \sqrt{\int \|\hat\ell_{\hat\theta_n,n}\|^2 (dP_{\hat\theta_n,\eta} + dP_{\theta,\eta}) \int_{\{\|\dot\ell_{\theta,\eta}\|>m_n\}} \|\dot\ell_{\theta,\eta}\|^2 \, dP_{\theta,\eta}}$$
$$\equiv m_n D_n + E_n$$

と評価される．ここで条件 (2.27) と $\dot\ell_{\theta,\eta}$ の 2 乗可積分性から，容易に $E_n = o_P(1)$ であることがわかる．いま

$$D_n^2 \leq \int \|\hat\ell_{\hat\theta_n,n}\|^2 \, dP_{\theta,\eta} \int (dP^{1/2}_{\hat\theta_n,\eta} - dP^{1/2}_{\theta,\eta})^2 \equiv F_n \times G_n$$

とおくと，ふたたび条件 (2.27) から $F_n = O_P(1)$ がわかる．また

$$G_n \leq 2\int \left[(dP^{1/2}_{\hat\theta_n,\eta} - dP^{1/2}_{\theta,\eta}) - \frac{1}{2}(\hat\theta_n - \theta)^T \dot\ell_{\theta,\eta} dP^{1/2}_{\theta,\eta}\right]^2$$
$$+ \frac{1}{2}\|\hat\theta_n - \theta\|^2 \int \|\dot\ell_{\theta,\eta}\|^2 \, dP_{\theta,\eta}$$

であるので，モデルの 2 次平均微分可能性と $\hat\theta_n$ の一致性から $G_n = o_P(1)$ であることがわかる．いま，発散数列 $m_n \to \infty$ を $m_n^2 G_n = o_p(1)$ をみたすように選ぶ．実際，$G_n = o_P(1)$ なので数列 $\epsilon_n \downarrow 0$ が存在して $P_{\theta,\eta}(|G_n| > \epsilon_n) \to 0$ が成り立つ．このとき $m_n = \epsilon_n^{-1/4}$ と定めればよい．このような m_n の選択に対して $m_n D_n = o_P(1)$ が成り立つ．よって $B_n = o_P(\sqrt{n}\|\hat\theta_n - \theta\|)$ であり，目的の式 (4.16) が示された．□

4.4.2　尤度方程式の解：定理 2.4 の証明

セミパラメトリックモデル $\{P_{\theta,\eta} : \theta \in \Theta, \eta \in H\}$ において，η に対するスコア作用素は $h \in \mathcal{H}$ に対して $h \mapsto B_{\theta,\eta}h$ という形式をもつと仮定する．このとき，(θ,η) の同時最尤推定量 $(\hat{\theta}_n, \hat{\eta}_n)$ は通常 Z-推定量方程式 $\Psi_n(\hat{\theta}_n, \hat{\eta}_n) = (\Psi_{n1}, \Psi_{n2})(\hat{\theta}_n, \hat{\eta}_n) = 0$ をみたす．ここで，$\Psi_{n1}(\theta, \eta) = \mathbb{P}_n \dot{\ell}_{\theta,\eta}$ およびすべての $h \in \mathcal{H}$ に対して $\Psi_{n2}(\theta, \eta)(h) = \mathbb{P}_n B_{\theta,\eta}h - P_{\theta,\eta}B_{\theta,\eta}h$ である．真のパラメータ値における Ψ_n の期待値は定理 2.4 の直前で定義したように $\Psi = (\Psi_1, \Psi_2)$ である．また，その定理の直後に述べたように，Banach 空間 $\mathbb{H} = \mathbb{R}^k \times \mathrm{lin}\, H$ にはノルム $\|\cdot\|_{\mathbb{H}} = \|\cdot\| + \|\cdot\|_H$ が，Banach 空間 $\mathbb{L} = \mathbb{R}^k \times \ell^\infty(\mathcal{H})$ にはノルム $\|\cdot\|_{\mathbb{L}} = \|\cdot\| + \|\cdot\|_{\mathcal{H}}$ が導入されている．

ここで定理 2.4 の証明を与える：

証明　定理の最初の条件と $(\hat{\theta}_n, \hat{\eta}_n)$ の一致性から，

$$\left\| \sqrt{n}(\Psi_n - \Psi)(\hat{\theta}_n, \hat{\eta}_n) - \sqrt{n}(\Psi_n - \Psi)(\theta_0, \eta_0) \right\|_{\mathbb{L}} = o_P^*(1)$$

が成り立つ．スコア関数のクラスに関する Donsker の仮定より，$\mathbb{L}$ におけるタイトな平均 0 の Gauss 過程 $\mathcal{Z}$ に対して $\sqrt{n}\Psi_n(\theta_0, \eta_0) \rightsquigarrow \mathcal{Z}$ が成り立つので，定理 4.8 の条件がすべてみたされることがわかる．よって

$$\left\| \sqrt{n}\dot{\Psi}_0(\hat{\theta}_n - \theta_0, \hat{\eta}_n - \eta_0) + \sqrt{n}(\Psi_n - \Psi)(\theta_0, \eta_0) \right\|_{\mathbb{L}} = o_P^*(1)$$

が成り立ち，$\sqrt{n}(\hat{\theta}_n - \theta_0, \hat{\eta}_n - \eta_0) \rightsquigarrow -\dot{\Psi}_0^{-1}\mathcal{Z}$ が得られる．

つぎに $(\hat{\theta}_n, \hat{\eta}_n)$ の有効性を示す．一つの観測値にもとづく尤度を $\mathrm{lik}(\theta, \eta)(x)$ とする．2.7.2 項（46 ページ）で仮定したように，各 (θ, η) と x に対して，摂動方向 $h \in \mathcal{H}$ をもつ道 $t \mapsto \eta_t(\theta, \eta), \eta_0(\theta, \eta) = \eta$ が存在して

$$(B_{\theta,\eta}h)(x) - P_{\theta,\eta}B_{\theta,\eta}h = \left. \frac{\partial \log \mathrm{lik}(\theta, \eta_t(\theta, \eta))(x)}{\partial t} \right|_{t=0}$$

が成り立ち，写像 $h \mapsto (B_{\theta,\eta}h)(x) - P_{\theta,\eta}B_{\theta,\eta}h$ は $\mathcal{H}$ 上で一様に有界である．摂動方向 $c \equiv (a, h) \in \mathcal{C} \equiv \mathbb{R}^k \times \mathcal{H}$ をもつ 1 次元サブモデル $t \mapsto \psi_{t|c} \equiv (\theta + ta, \eta_t(\theta, \eta))$ を考え，その微分を

$$\left. \frac{\partial}{\partial t} \psi_{t|c} \right|_{t=0} = \dot{\psi}(c)$$

とする．ここで，$\dot{\psi} : \mathcal{C} \to \mathbb{R}^k \times \mathrm{lin}\, H$ は結合パラメータ $\psi \equiv (\theta, \eta)$ に関係する線形作用素である．

記号を簡単にするため，スコア作用素 $U_\psi : \mathcal{C} \to L_2(P_\psi)$ を $c = (a, h) \in \mathcal{C}$ に対して $U_\psi(c) \equiv a^T \dot{\ell}_\psi + B_\psi h - P_\psi B_\psi h$ と定義する．いま $c_1 = (a_1, h_1)$ と $c_2 = (a_2, h_2)$ に対して，(s, t) を変数とする 2 次元サブモデル $\psi_{s|c_1, t|c_2} = (\theta_0 + sa_1 + ta_2, \eta_{s,t}(\theta_0, \eta_0))$，$\psi_0 = (\theta_0, \eta_0)$ を考える．ここで，s はモデルを c_1 方向に，t は c_2 方向に摂動する変数である．このとき，

$$\frac{\partial \log \mathrm{lik}(\psi_{s|c_1, t|c_2})(x)}{\partial s}\bigg|_{(s,t)=0} = U_{\psi_0}(c_1)$$

$$\frac{\partial \log \mathrm{lik}(\psi_{s|c_1, t|c_2})(x)}{\partial t}\bigg|_{(s,t)=0} = U_{\psi_0}(c_2)$$

$$\frac{\partial^2 \log \mathrm{lik}(\psi_{s|c_1, t|c_2})(x)}{\partial s \partial t}\bigg|_{(s,t)=0} = \frac{\partial}{\partial t} U_{\psi_{t|c_2}}(c_1)\bigg|_{t=0}$$

が得られる．正則なモデルにおいては対数尤度の 2 次微分の期待値は情報量行列の符号を反対にしたものと等しいので，$P_{\psi_0}\big[U_{\psi_0}(c_1) U_{\psi_0}(c_2)\big] = -\partial P_{\psi_0}\big[U_{\psi_{t|c_2}}(c_1)\big]/\partial t\big|_{t=0}$ が成り立つ．一方，$c = (a, h) \in \mathcal{C}$ に対して，$\Psi(\psi)(c)$ を同様に $\Psi(\psi)(c) \equiv a^T \Psi_1(\psi) + \Psi_2(\psi)(h)$ と定義すると，$P_{\psi_0}\big[U_{\psi_{t|c_2}}(c_1)\big] = \Psi(\psi_{t|c_2})(c_1)$ であり，Fréchet 微分 $\dot{\Psi}_0$ の定義より $\Psi(\psi_{t|c_2})(c_1) - \Psi(\psi_0)(c_1) = \dot{\Psi}_0(\psi_{t|c_2} - \psi_0)(c_1) + o(t)$ であるので，

$$\dot{\Psi}_0\big(\dot{\psi}_0(c_2)\big)(c_1) = -P\big[U_{\psi_0}(c_1) U_{\psi_0}(c_2)\big] \tag{4.17}$$

が導かれる．

また，$\sqrt{n}(\Psi_n - \Psi)(\psi_0)(\cdot) = \sqrt{n}\,\mathbb{P}_n U_{\psi_0}(\cdot)$ なので，証明の最初の結論より，推定量 $\hat{\psi}_n \equiv (\hat{\theta}_n, \hat{\eta}_n)$ に対する影響関数は $\check{\psi}_{P_{\psi_0}} \equiv -\dot{\Psi}_0^{-1}(U_{\psi_0}(\cdot))$ であることがわかる．タイト性と正規性は連続な線形写像 $\dot{\Psi}_0^{-1}$ によっても保たれる．また，式 (4.17) より，すべての $c \in \mathcal{C}$ と $h^* \in \mathbb{H}^*$ に対して

$$\begin{aligned}
\langle \check{\psi}_{P_{\psi_0}}(h^*), U_{\psi_0}(c) \rangle_{P_{\psi_0}} &= P_{\psi_0}\big[-\dot{\Psi}_0^{-1}(U_{\psi_0}(\cdot))(h^*)\, U_{\psi_0}(c)\big] \\
&= -h^* \dot{\Psi}_0^{-1} P_{\psi_0}\big[U_{\psi_0}(\cdot) U_{\psi_0}(c)\big] \\
&= -h^* \dot{\Psi}_0^{-1}\big[-\dot{\Psi}_0(\dot{\psi}_0(c))(\cdot)\big] \\
&= h^* \dot{\psi}_0(c)
\end{aligned}$$

が成り立つ．よって，任意の $h^* \in \mathbb{H}^*$ に対して，$\check{\psi}_{P_{\psi_0}}(h^*)$ の接空間 $\dot{\mathcal{P}}_{P_{\psi_0}}$ の上への射影は有効影響関数 $\tilde{\psi}_{P_{\psi_0}}$ の座標射影 $\tilde{\psi}_{P_{\psi_0}}(h^*)$ のバージョンである．したがって以下の注意から，$\hat{\psi}_n$ は ψ の正則推定量であることがわかる．さらに，$\check{\psi}_{P_{\psi_0}}$ と $\tilde{\psi}_{P_{\psi_0}}$ の共分散構造は等しいことが示される．すなわち，$\sqrt{n}(\hat{\psi}_n - \psi_0)$ は有効

影響関数 $\tilde{\psi}_{P_{\psi_0}}$ の共分散と同じ共分散をもつ Gauss 過程に弱収束する. よって, 定理 4.18 により $\hat{\psi}_n$ の有効性が得られる. □

注意：Banach 空間 $\mathbb{B}$ に値をとる母数 ψ は, P において接空間 $\dot{\mathcal{P}}_P$ に関して微分可能であり, 有効影響関数 $\tilde{\psi}_P$ をもつとする. また, その推定量 T_n は影響関数 $\check{\psi}_P$ をもつ漸近線形推定量で, タイトな平均 0 の Gauss 過程に弱収束するとする. このとき, もし任意の $b^* \in \mathbb{B}^*$ に対して, $\check{\psi}_P(b^*)$ の $\dot{\mathcal{P}}_P$ 上への射影が $\tilde{\psi}_P(b^*)$ のバージョンであるならば, T_n は正則推定量である. これは, Bickel, Klaassen, Ritov and Wellner[1] の 5.2 節, 定理 3 の十分条件を微修正したものである.

4.4.3　Cadlag パラメータを含むモデルへの適用

多くのセミパラメトリックモデルではもう少し具体的な構造が仮定できる. 無限次元パラメータ η は cadlag 関数 $t \mapsto A(t)$ であるとする. ここでパラメータ空間 H は $D[0, \tau]$ ($\tau < \infty$) の有界変動関数からなるある部分集合である. よって結合パラメータは $\psi = (\theta, A)$ である. パラメータ空間 $\Theta \times H$ には一様ノルム $\|\cdot\| + \|\cdot\|_\infty$ が導入されているとする.

パラメータ A の摂動方向の集合 $\mathcal{H}$ は, $D[0, \tau]$ の有界変動関数の全体とし, $\mathcal{C} = \mathbb{R}^k \times \mathcal{H}$ にはノルム $\|c\|_\mathcal{C} \equiv \|a\| + \|h\|_v$ を入れる. ここで $c = (a, h)$ で, $\|h\|_v$ は $[0, \tau]$ 上の全変動ノルム $\|h\|_v \equiv |h(0)| + \int_{(0,\tau]} |dh(s)|$ である. さらに $\mathcal{C}_p = \{c \in \mathcal{C} : \|c\|_\mathcal{C} \leq p\}$ と定義する. ただし, $p = \infty$ のときは, 定義の不等式は狭義であるとする. 結合パラメータ $\psi = (\theta, A) \in \Omega \equiv \Theta \times H$ は, もし $c = (a, h) \in \mathcal{C}_p$ に対して

$$\psi(c) \equiv a^T \theta + \int_{[0,\tau]} h(s) \, dA(s)$$

と定義すると, $\ell^\infty(\mathcal{C}_p)$ の要素とみることができる. 集合 $\mathcal{C}_1$ は ψ のすべての成分を抜き出すことができるほど十分に豊富な要素をもっている. たとえば, $c_{2,*} = ((0, 1, 0, \ldots, 0)^T, 0)$ は θ の第 2 成分を抜き出し (すなわち $\theta_2 = \psi(c_{2,*})$), 一方 $c_{*,u} = (0, 1_{[0,u]}(\cdot))$ は $A(u)$ を抜き出す (すなわち $A(u) = \psi(c_{*,u})$). よって Ω はノルム $\|\psi\|_{(p)} \equiv \sup_{c \in \mathcal{C}_p} |\psi(c)|$ をもつノルム空間 $\ell^\infty(\mathcal{C}_p)$ の部分集合となる. さらに Ω 上の一様ノルム $\|\psi\|_\infty = \|\theta\| + \|A\|_\infty$ は, すべての $1 \leq p < \infty$ に対して $\|\psi\|_\infty \leq 2\|\psi\|_{(p)} \leq 2p\|\psi\|_\infty$ をみたす. よって $\|\cdot\|_\infty$ と $\|\cdot\|_{(p)}$ は同等なノルムである.

方向 $h \in \mathcal{H}$ に対して, A を 1 次元サブモデル $t \mapsto A(\cdot) + t \int_0^{(\cdot)} h(s)\,dA(s)$ によって摂動する. このとき, パラメータの微分 $\dot\psi : \mathcal{C} \to \mathbb{R}^k \times \mathrm{lin}\, H$ は $\dot\psi(c) = \bigl(a, \int_0^{(\cdot)} h(s)\,dA(s)\bigr)$ となる. 一つの観測の対数尤度関数 $\log \mathrm{lik}(\psi)(x)$ を $l(\psi)$ と表すと, スコア作用素 $U[\psi] : \mathcal{C} \to L_2(P_\psi)$ は $c = (a, h)$ に対して

$$U[\psi](c) = \frac{\partial}{\partial t} l\Bigl(\theta + ta,\, A(\cdot) + t \int_0^{(\cdot)} h(s)\,dA(s)\Bigr)\Big|_{t=0}$$
$$= \frac{\partial}{\partial t} l\bigl(\theta + ta,\, A(\cdot)\bigr)\Big|_{t=0} + \frac{\partial}{\partial t} l\Bigl(\theta,\, A(\cdot) + t \int_0^{(\cdot)} h(s)\,dA(s)\Bigr)\Big|_{t=0}$$
$$\equiv U_1[\psi](a) + U_2[\psi](h)$$

で与えられる. ここで, $B_\psi h = U_2[\psi](h)$, $\Psi_n(\psi)(c) = \mathbb{P}_n U[\psi](c)$, $\Psi(\psi)(c) = P_{\psi_0} U[\psi](c)$ である. なお, ここではモデルの識別可能性と最大性から, すべての $h \in \mathcal{H}$ に対して $P_\psi U_2[\psi](h) = 0$ である. よって $U_2[\psi](h)$ には項 $P_\psi U_2[\psi](h)$ を必要としない. 写像 $\psi \mapsto U[\psi](\cdot)$ は, 実際には $\mathrm{lin}\,\Omega$ を定義域にもち $\ell^\infty(\mathcal{C}_1)$ の部分集合を値域にもつことに注意する.

いま, 対数尤度の 2 次微分の性質を考える. 表現を簡単にするため, $c = (a, h) \equiv (c_1, c_2)$ と表し, $A(\cdot) + t \int_0^{(\cdot)} h(s)\,dA(s) \equiv A + th$ と表す. $\bar{c} = (\bar{a}, \bar{h})$ と $c = (c_1, c_2)$ に対して, $U_j[\psi](c_j)\ (j = 1, 2)$ はつぎの微分構造をもつと仮定する:

$$\frac{\partial}{\partial s} U_j[\theta + s\bar{a}, A + s\bar{h}](c_j)\Big|_{s=0}$$
$$= \frac{\partial}{\partial s} U_j[\theta + s\bar{a}, A](c_j)\Big|_{s=0} + \frac{\partial}{\partial s} U_j[\theta, A + s\bar{h}](c_j)\Big|_{s=0}$$
$$\equiv -\bar{a}^T \hat{\sigma}_{1j}[\psi](c_j) - \int_0^\tau \hat{\sigma}_{2j}[\psi](c_j)(u)\,d\bar{h}(u).$$

ここで $\hat{\sigma}_{1j}[\psi](c_j)$ はランダムな k 次元ベクトル, $u \mapsto \hat{\sigma}_{2j}[\psi](c_j)(u)$ は $\mathcal{H}$ に属するランダムな関数である. $i, j = 1, 2$ に対して, $\sigma_{ij}[\psi] = P_{\psi_0} \hat{\sigma}_{ij}[\psi]$, $\sigma_{ij} = \sigma_{ij}[\psi_0]$ とおく.

$\hat\psi_n = (\hat\theta_n, \hat A_n)$ を対数尤度を最大にする ψ の値とする. このとき, すべての $c \in \mathcal{C}$ に対して $\Psi_n(\hat\psi_n)(c) = 0$ をみたす. さらに, $\mathrm{lin}\,\Omega \subset \mathcal{C}$ なので, $\bar{c} = (\bar{a}, \bar{h}) \in \mathcal{C}$ に対して $\Psi[\psi + s\bar{c}](c)$ を $s = 0$ において Gâteaux 微分すると

$$\frac{\partial}{\partial s} \Psi[\psi + s\bar{c}](c)\Big|_{s=0} = -\bar{a}^T \bigl(\sigma_{11}[\psi](c_1) + \sigma_{12}[\psi](c_2)\bigr)$$
$$- \int_0^\tau \bigl(\sigma_{21}[\psi](c_1)(u) + \sigma_{22}[\psi](c_2)(u)\bigr)\,d\bar{h}(u)$$

が得られる. ここで

$$\sigma[\psi](c) \equiv \begin{pmatrix} \sigma_{11}[\psi] & \sigma_{12}[\psi] \\ \sigma_{21}[\psi] & \sigma_{22}[\psi] \end{pmatrix} \begin{pmatrix} c_1 \\ c_2 \end{pmatrix}$$

と定義し，任意の $c, \bar{c} \in \mathcal{C}$ に対して $\bar{c}(c) \equiv \bar{c_1}^T c_1 + \int_0^\tau c_2(u)\, d\bar{c}_2(u)$ とおくと，$\Psi(\psi)$ の ψ_0 における微分 $\bar{c} \in \operatorname{lin} \Omega \mapsto \dot{\Psi}_0(\bar{c})(\cdot) \in \ell^\infty(\mathcal{C}_1)$ は $\dot{\Psi}_0(\bar{c})(\cdot) = -\bar{c}\bigl(\sigma[\psi_0](\cdot)\bigr)$ で与えられる．もし写像 $\sigma[\psi_0] : \mathcal{C} \to \mathcal{C}$ が連続的に可逆で全射ならば，$\dot{\Psi}_0 : \operatorname{lin} \Omega \to \ell^\infty(\mathcal{C}_1)$ も連続な逆写像をもち，逆写像は $\dot{\Psi}_0^{-1}(\bar{c})(\cdot) = -\bar{c}\bigl(\sigma^{-1}[\psi_0](\cdot)\bigr)$ となる．

ここでの設定において定理 2.4 を適用するために，ある $p > 0$ に対してつぎの条件を必要とする：

(i) ある $\epsilon > 0$ に対して，$\{U[\psi](c) : \|\psi - \psi_0\|_{(p)} \leq \epsilon, c \in \mathcal{C}_p\}$ は P_{ψ_0}-Donsker である；

(ii) $\|\psi - \psi_0\|_{(p)} \to 0$ のとき，$\sup_{c \in \mathcal{C}_p} P_{\psi_0} |U[\psi](c) - U[\psi_0](c)|^2 \to 0$；

(iii) $\|\psi - \psi_0\|_{(p)} \to 0$ のとき，$\sup_{c \in \mathcal{C}_p} \|\sigma[\psi](c) - \sigma[\psi_0](c)\|_\mathcal{C} \to 0$.

条件 (iii) は Ψ が $\ell^\infty(\mathcal{C}_p)$ において Fréchet 微分可能であることを保証する．実際，

$$\lim_{t \to 0} \sup_{\bar{c}: \|\bar{c}\|_{(p)} \leq 1} \sup_{c \in \mathcal{C}_p} \left| \frac{\Psi(\psi_0 + t\bar{c}) - \Psi(\psi_0)(c)}{t} + \bar{c}\bigl(\sigma[\psi_0](c)\bigr) \right|$$

$$= \lim_{t \to 0} \sup_{\bar{c}: \|\bar{c}\|_{(p)} \leq 1} \sup_{c \in \mathcal{C}_p} \left| \int_0^1 \bar{c}\bigl(\sigma[\psi_0 + tu\bar{c}](c)\bigr) du - \bar{c}\bigl(\sigma[\psi_0](c)\bigr) \right|$$

$$= \lim_{t \to 0} \sup_{\bar{c}: \|\bar{c}\|_{(p)} \leq 1} \sup_{c \in \mathcal{C}_p} \left| \int_0^1 \bar{c}\bigl(\sigma[\psi_0 + tu\bar{c}](c) - \sigma[\psi_0](c)\bigr) du \right|$$

$$\leq \lim_{t \to 0} \sup_{\bar{c}: \|\bar{c}\|_{(p)} \leq 1} \sup_{c \in \mathcal{C}_p} 2p^{-1} \|\bar{c}\|_{(p)} \|\sigma[\psi_0 + tu\bar{c}](c) - \sigma[\psi_0](c)\|_\mathcal{C}$$

$$= 0$$

が成り立つ．また，一つの $p > 0$ に対して条件 (i)〜(iii) が成り立てば，すべての $0 < p < \infty$ に対してもそれらが成り立つことが示される．

系 4.27 ある $p > 0$ に対して条件 (i)〜(iii) が成り立つとし，写像 $\sigma[\psi_0] : \mathcal{C} \to \mathcal{C}$ は連続的に可逆で全射であるとする．$\hat{\psi}_n$ は ψ_0 の一様一致推定量で $\sup_{c \in \mathcal{C}_1} |\Psi_n(\hat{\psi}_n)(c)| = o_P^*(n^{-1/2})$ をみたすとする．このとき，$\hat{\psi}_n$ は漸近有効で，$\ell^\infty(\mathcal{C}_1)$ において

$$\sqrt{n}(\hat{\psi}_n - \psi_0)(\cdot) \rightsquigarrow \mathcal{Z}\bigl(\sigma^{-1}[\psi_0](\cdot)\bigr)$$

が成り立つ．ここで $\mathcal{Z}$ は $\sqrt{n}\,\mathbb{P}_n U[\psi_0](\cdot)$ のタイトな極限 Gauss 分布である．

実際，系の仮定より定理 2.4 のすべての条件がみたされることがわかり，したがって，定理の結論より $\hat{\psi}_n$ は漸近有効で，$\ell^\infty(\mathcal{C}_1)$ において

$$\sqrt{n}(\hat{\psi}_n - \psi_0)(\cdot) \rightsquigarrow -\dot{\Psi}_0^{-1}\mathcal{Z}(\cdot) = \mathcal{Z}(\sigma^{-1}[\psi_0](\cdot))$$

となる．

5. 有 効 推 定

　第 2 章において，セミパラメトリック線形回帰モデルと Cox 回帰モデルの接空間の構造を調べた．本章では実際に，それらのモデルの Euclid パラメータと無限次元パラメータの双方に対する漸近有効推定量を構成する．その際，前章までに述べられた経験過程や推測理論がどのように適用されたかを理解することが重要である．ここでは，詳しくそれを説明する．

5.1　セミパラメトリック線形回帰モデルにおける有効推定

　2.3 節（25 ページ）で述べたセミパラメトリック線形回帰モデル

$$Y = \theta^T Z + e, \qquad \theta \in \Theta \subset \mathbb{R}^k$$

をふたたび考える．ここで Θ は既知のコンパクトな凸集合である．共変量 $Z = (Z_1, \ldots, Z_k)^T$ は $\mathbb{R}^k$ のあるコンパクト集合 B の値を確率 1 でとり，$\mathrm{E}Z = \mu$ で $\mathrm{E}[ZZ^T]$ は正値であるとする．さらに，残差 e は平均 0 と未知の分散 $\sigma_0^2 < \infty$ をもち，e と Z は独立であるとする．このモデルからの観測量は組 $X = (Y, Z)$ である．残差 e は密度関数 η_0 をもつとする．ここで η_0 は $\mathbb{R}$ 全体に台をもち，3 回連続微分可能で，導関数 $\dot{\eta}_0, \ddot{\eta}_0, \dddot{\eta}_0$ はすべて $\mathbb{R}$ 上で一様に有界であるとする．加えてつぎの条件を仮定する：定数 $0 \leq a_1, a_2 < \infty$ と $1 \leq b_1, b_2 < \infty$ が存在して，すべての $x \in \mathbb{R}$ に対して

$$\frac{\left|(\dot{\eta}_0/\eta_0)(x)\right|}{1 + |x|^{a_1}} \leq b_1, \qquad \frac{\left|(\ddot{\eta}_0/\eta_0)(x)\right|}{1 + |x|^{a_2}} \leq b_2 \tag{5.1}$$

が成り立ち，$\int_{\mathbb{R}} |x|^{(8a_1) \vee (4a_2) + 6} \eta_0(x) \, dx < \infty$ が成り立つ．たとえば，標準正規密度 $\eta_0(x) = (2\pi)^{-1/2} e^{-x^2/2}$ は $a_1 = 1, a_2 = 2, b_1 = b_2 = 1$ でこれらの条件をみたす．ゆえに，有界性のような条件よりは現実的な要求である．

　なお，この節では簡単のため，o_P^* と O_P^* をそれぞれ o_P と O_P で表すが，混乱することはないであろう．

5.1.1 推　定　法

有効推定を得るための基本的な手法は，式 (2.6) で与えられた有効スコア関数

$$\tilde{\ell}_{\theta,\eta_0}(X) = -\frac{\dot{\eta}_0}{\eta_0}(Y - \theta^T Z)(Z - \mu) + (Y - \theta^T Z)\frac{\mu}{\sigma_0^2}$$

を，定理 2.3 の諸条件をみたすような関数 $\hat{\ell}_{\theta,n}(X)$ で推定することである．残差 e は直接観測はできないが，(Y, Z) と (e, Z) は確率的な解析においては同等であることに注意する．観測量 (Y, Z) の真の分布 P_{θ_0, η_0} を P_0 で表す．ここで，θ_0 は Θ の内点とする．最後に，$\tilde{I}_0 \equiv P_0[\tilde{\ell}_{\theta_0,\eta_0}\tilde{\ell}_{\theta_0,\eta_0}^T]$ は正値であり，写像 $\theta \mapsto P_0\tilde{\ell}_{\theta,\eta_0}$ は連続で，唯一の零点 $\theta = \theta_0$ をもつと仮定する．これは，モデルが定理 4.7 の識別条件：$\|P_0\tilde{\ell}_{\theta_n,\eta_0}\| \to 0$ ならば $\|\theta_n - \theta_0\| \to 0$ をみたすことを意味する．たとえば，関数 $x \mapsto (\dot{\eta}_0/\eta_0)(x)$ が強い意味で単調減少ならば，モデルは識別可能であることが示される．

2.3.1 項で示したように，回帰係数 θ の最小 2 乗推定量 $\hat{\theta}_n = \left(\sum_{i=1}^n Z_i Z_i^T\right)^{-1} \sum_{i=1}^n Y_i Z_i$ は，$\psi(X) = (\mathrm{E}[ZZ^T])^{-1} eZ$ を影響関数にもつ漸近線形推定量である．よって $\sqrt{n}(\hat{\theta}_n - \theta_0) \rightsquigarrow N\left(0, \sigma_0^2 (\mathrm{E}[ZZ^T])^{-1}\right)$ をみたす．このとき，残差 $e = Y - \theta_0^T Z$ の分布関数 $F_0(t) = \mathrm{E}_{P_0} 1\{Y - \theta_0^T Z \leq t\}$ の自然な推定量は $\hat{\mathbb{F}}_n(t) = \mathrm{E}_{\mathbb{P}_n} 1\{Y - \hat{\theta}_n^T Z \leq t\}$ で与えられる．記号の簡略のため，以下では $\mathrm{E}_{P_0} 1\{Y - \theta_0^T Z \leq t\}$ を $P_0 1\{Y - \theta_0^T Z \leq t\}$ と表し，$\mathrm{E}_{\mathbb{P}_n} 1\{Y - \hat{\theta}_n^T Z \leq t\}$ を $\mathbb{P}_n 1\{Y - \hat{\theta}_n^T Z \leq t\}$ と表す．いま，

$$\begin{aligned}\sqrt{n}(\hat{\mathbb{F}}_n(t) - F_0(t)) &= \sqrt{n}(\mathbb{P}_n - P_0)1\{Y - \hat{\theta}_n^T Z \leq t\} \\ &\quad + \sqrt{n}P_0\big[1\{Y - \hat{\theta}_n^T Z \leq t\} - 1\{Y - \theta_0^T Z \leq t\}\big] \\ &= U_n(t) + V_n(t)\end{aligned}$$

とおく．関数族 $\mathcal{F} \equiv \{1\{Y - \theta^T Z \leq t\} : \theta \in \mathbb{R}^k, t \in \mathbb{R}\}$ は P_0-Donsker クラスである．実際，$\mathcal{F}$ の定義関数は $\mathbb{R}^{k+1}$ の半空間に対応する定義関数全体の部分集合である．例 3.15（124 ページ）の (1) から，$\mathcal{F}$ は指数 $V(\mathcal{F}) = k+3$ の VC-クラスである．補題 3.46 で $\mathcal{F}, \mathcal{F}_\delta, \mathcal{F}_\infty^2$ はすべて P_0-可測であることが示されている．したがって，定理 3.65 と Donsker 型の定理（定理 3.55）から $\mathcal{F}$ が P_0-Donsker であることがわかる．さらに $\theta \to \theta_0$ のとき，Lebesgue 積分に関する L_p-収束定理と有界収束定理より

$$\sup_{t \in \mathbb{R}} P_0\big[1\{Y - \theta^T Z \leq t\} - 1\{Y - \theta_0^T Z \leq t\}\big]^2$$

5.1 セミパラメトリック線形回帰モデルにおける有効推定

$$\leq \mathrm{E}\Big[\int_{\mathbb{R}}\big|\eta_0\big(e+(\theta-\theta_0)^T Z\big)-\eta_0(e)\big|\,de\Big]$$
$$\to 0$$

が成り立つ．したがって，$U_n(t) = \sqrt{n}(\mathbb{P}_n - P_0)1\{Y - \theta_0^T Z \leq t\} + \epsilon_n(t)$ とおくと，補題 4.10 より $\sup_{t\in\mathbb{R}}|\epsilon_n(t)| = o_P(1)$ となる．同様に，$\delta \to 0$ のとき $\sup_{t\in\mathbb{R}}|F_0(t+\delta) - F_0(t)| \leq \int_{\mathbb{R}}|\eta_0(e+\delta)-\eta_0(e)|\,de \to 0$ であるので，Cauchy-Schwarz の不等式を適用して導かれる

$$\big|\eta_0(t+\delta) - \eta_0(t)\big| \leq \big|F_0(t+\delta) - F_0(t)\big|^{1/2}\Big(P\Big[\frac{\dot\eta_0}{\eta_0}\Big]\Big)^{1/2}$$

を考慮すると，η_0 は一様連続である．したがって，$V_n(t)$ を

$$\begin{aligned}
V_n(t) &= \sqrt{n}\mathrm{E}\Big[\int_t^{t+(\hat\theta_n-\theta_0)^T Z}\eta_0(e)\,de\Big]\\
&= \sqrt{n}\mathrm{E}\Big[\Big\{\int_0^1 \eta_0\big(t+s(\hat\theta_n-\theta_0)^T Z\big)\,ds\Big\}(\hat\theta_n-\theta_0)^T Z\Big]\\
&= \sqrt{n}(\hat\theta_n-\theta_0)^T \mu\,\eta_0(t)\\
&\quad + \mathrm{E}\Big[\Big\{\int_0^1\big[\eta_0\big(t+s(\hat\theta_n-\theta_0)^T Z\big)-\eta_0(t)\big]\,ds\Big\}\sqrt{n}(\hat\theta_n-\theta_0)^T Z\Big]\\
&\equiv \sqrt{n}(\hat\theta_n-\theta_0)^T \mu\,\eta_0(t) + \tilde\epsilon_n(t)
\end{aligned}$$

と表すと，Z の有界性より $\sup_{t\in\mathbb{R}}|\tilde\epsilon_n(t)| = o_P(1)O_P(1) = o_P(1)$ であることがわかる．以上より，$\hat{\mathbb{F}}_n$ は

$$\hat\psi(t)(X) = 1\{e\leq t\} - F_0(t) + e\big[(\mathrm{E}[ZZ^T])^{-1}Z\big]^T\mu\,\eta_0(t) \tag{5.2}$$

を影響関数にもつ漸近線形推定量である．$\{\hat\psi(t) : t\in\mathbb{R}\}$ は三つの自明な Donsker クラスの和なので Donsker クラスである．よって，$\sqrt{n}(\hat{\mathbb{F}}_n - F_0)$ は $\ell^\infty(\mathbb{R})$ においてあるタイトな平均 0 の Gauss 過程に弱収束する．

つぎに $\hat{\mathbb{F}}_n$ を利用して η_0 と $\dot\eta_0, \ddot\eta_0$ を推定する．与えられた正の数列 $\{h_n\}$（帯域幅）に対して，η_0 のカーネル密度推定量を

$$\hat\eta_n(t) \equiv \int_{\mathbb{R}}\frac{1}{h_n}\phi\Big(\frac{t-u}{h_n}\Big)d\hat{\mathbb{F}}_n(u)$$

と定義する．ここで ϕ は標準正規密度である．明らかに $\int_{\mathbb{R}}\hat\eta_n(t)\,dt = 1$ である．$t \mapsto \hat\eta_n(t)$ の 1 次と 2 次の導関数を用いると，$\dot\eta_0$ に対する推定量

$$\hat\eta_n^{(1)} \equiv -\int_{\mathbb{R}}\frac{1}{h_n^2}\Big(\frac{t-u}{h_n}\Big)\phi\Big(\frac{t-u}{h_n}\Big)d\hat{\mathbb{F}}_n(u)$$

と，$\ddot{\eta}_0$ に対する推定量

$$\hat{\eta}_n^{(2)} \equiv \int_{\mathbb{R}} \frac{1}{h_n^3}\Big[\Big(\frac{t-u}{h_n}\Big)^2 - 1\Big]\phi\Big(\frac{t-u}{h_n}\Big) d\hat{\mathbb{F}}_n(u)$$

が得られる．

いま $D_n = \hat{\mathbb{F}}_n - F_0$ とおくと，$\|D_n\|_\infty = O_P(n^{-1/2})$ である．部分積分により

$$\int_{\mathbb{R}} \frac{1}{h_n}\phi\Big(\frac{t-u}{h_n}\Big) dD_n(u) = -\int_{\mathbb{R}} D_n(u)\frac{1}{h_n^2}\Big(\frac{t-u}{h_n}\Big)\phi\Big(\frac{t-u}{h_n}\Big) du$$

となるので，t に関して一様に

$$\begin{aligned}S_n(t) &\equiv \Big|\int_{\mathbb{R}} \frac{1}{h_n}\phi\Big(\frac{t-u}{h_n}\Big) dD_n(u)\Big| \\ &\leq O_P(n^{-1/2})\frac{1}{h_n}\int_{\mathbb{R}}\Big|\frac{t-u}{h_n}\Big|\phi\Big(\frac{t-u}{h_n}\Big)\frac{du}{h_n} \\ &= O_P(n^{-1/2}h_n^{-1})\end{aligned}$$

が成り立つ．さらに，仮定より $\ddot{\eta}_0(t)$ は一様に有界なので，t に関して一様に

$$\begin{aligned}T_n(t) &\equiv \Big|\int_{\mathbb{R}} \frac{1}{h_n}\phi\Big(\frac{t-u}{h_n}\Big)[\eta_0(u) - \eta_0(t)] du\Big| \\ &= \Big|\int_{\mathbb{R}} \frac{1}{h_n}\phi\Big(\frac{t-u}{h_n}\Big)\Big[\dot{\eta}_0(t)(u-t) + \frac{\ddot{\eta}_0(t^*)}{2}(u-t)^2\Big] du\Big| \\ &= O(h_n^2)\end{aligned}$$

となる．ここで t^* は $[t,u]$ 内の点である．この二つの評価より

$$\|\hat{\eta}_n - \eta_0\|_\infty \leq \sup_{t\in\mathbb{R}} S_n(t) + \sup_{t\in\mathbb{R}} T_n(t) = O_P(n^{-1/2}h_n^{-1} + h_n^2)$$

が得られる．まったく同様な手順で $\hat{\eta}_n^{(1)}$ と $\hat{\eta}_n^{(2)}$ を計算すると，それぞれの一様誤差が

$$\|\hat{\eta}_n^{(1)} - \dot{\eta}_0\|_\infty = O_P(n^{-1/2}h_n^{-2} + h_n^2),$$
$$\|\hat{\eta}_n^{(2)} - \ddot{\eta}_0\|_\infty = O_P(n^{-1/2}h_n^{-3} + h_n)$$

と評価することができる．したがって，以後帯域幅 h_n を $h_n = o(1)$ かつ $h_n^{-1} = o(n^{1/6})$ をみたすように選び，上の三つの一様誤差がすべて $o_P(1)$ であるようにする．

第 3 のステップとして，$t \mapsto (\dot{\eta}_0/\eta_0)(t)$ を推定する．いま正の数列 $\{r_n\}$ を $r_n = o(1)$ と $r_n^{-1} = O((n^{1/2}h_n^3)\wedge h_n^{-1})$ をみたすように定め，$A_n \equiv \{t : \hat{\eta}_n(t) \geq$

$r_n\}$ とおく.このとき,$(\dot\eta_0/\eta_0)(t)$ の推定量を
$$\hat{k}_n(t) \equiv \frac{\hat\eta_n^{(1)}(t)}{\hat\eta_n(t)} 1_{A_n}(t)$$
で定義する.この推定量の性質を調べるため,
$$\sup_{t\in A_n}\left|\frac{\eta_0(t)}{\hat\eta_n(t)}-1\right| = O_P\bigl(r_n^{-1}\|\hat\eta_n-\eta_0\|_\infty\bigr) = O_P\bigl(r_n^{-1}[n^{-1/2}h_n^{-1}+h_n^2]\bigr) = o_P(1)$$
に注意する.このとき,すべての $t\in A_n$ に対して一様に
$$\begin{aligned}
\frac{\hat\eta_n^{(1)}(t)}{\hat\eta_n(t)} &= \frac{\hat\eta_n^{(1)}(t)-\dot\eta_0(t)}{\hat\eta_n(t)} + \left(\frac{\eta_0(t)}{\hat\eta_n(t)}-1\right)\frac{\dot\eta_0(t)}{\eta_0(t)} + \frac{\dot\eta_0(t)}{\eta_0(t)} \\
&= O_P\bigl(r_n^{-1}\|\hat\eta_n^{(1)}-\dot\eta_0\|_\infty\bigr) + \frac{\dot\eta_0(t)}{\eta_0(t)}\bigl[O_P\bigl(r_n^{-1}\|\hat\eta_n-\eta_0\|_\infty\bigr)+1\bigr] \\
&= o_P(1) + \frac{\dot\eta_0(t)}{\eta_0(t)}\bigl(o_P(1)+1\bigr)
\end{aligned}$$
が成り立つ.A_n の外では $\hat{k}_n(t)=0$ なので,仮定 (5.1) よりすべての $t\in\mathbb{R}$ に対して一様に
$$\frac{|\hat{k}_n(t)|}{1+|t|^{a_1}} \leq b_1\bigl(o_P(1)+1\bigr)+o_P(1) \tag{5.3}$$
が成り立つ.また,η_0 の台は $\mathbb{R}$ 全体なので,$\|\hat\eta_n-\eta_0\|_\infty = o_P(1)$ と $r_n = o(1)$ に注意すると,すべてのコンパクト集合 $K\subset\mathbb{R}$ に対して,$K\subset A_n$ である確率が $n\to\infty$ のとき 1 に近づくことがわかる.よって,すべてのコンパクト集合 $K\subset\mathbb{R}$ に対して $\|\hat{k}_n-\dot\eta_0/\eta_0\|_K \xrightarrow{\mathrm{P}} 0$ となる.

つぎに $t\mapsto \hat{k}_n(t)$ の微分を計算すると,すべての $t\in A_n$ に対して一様に
$$\begin{aligned}
\hat{k}_n^{(1)}(t) &= \frac{\hat\eta_n^{(2)}(t)}{\hat\eta_n(t)} - \left(\frac{\hat\eta_n^{(1)}(t)}{\hat\eta_n(t)}\right)^2 \\
&= \frac{\ddot\eta_0(t)}{\eta_0(t)} + O_P\bigl(r_n^{-1}\|\hat\eta_n^{(2)}-\ddot\eta_0\|_\infty\bigr) \\
&\quad + \frac{\ddot\eta_0(t)}{\eta_0(t)}O_P\bigl(r_n^{-1}\|\hat\eta_n-\eta_0\|_\infty\bigr) - \left(\frac{\dot\eta_0(t)}{\eta_0(t)}\right)^2\bigl(1+o_P(1)\bigr)+o_P(1) \\
&= \frac{\ddot\eta_0(t)}{\eta_0(t)} + O_P\bigl(r_n^{-1}[n^{-1/2}h_n^{-3}+h_n]\bigr) \\
&\quad + \frac{\ddot\eta_0(t)}{\eta_0(t)}O_P\bigl(r_n^{-1}[n^{-1/2}h_n^{-1}+h_n^2]\bigr) \\
&\quad - \left(\frac{\dot\eta_0(t)}{\eta_0(t)}\right)^2\bigl(1+o_P(1)\bigr)+o_P(1)
\end{aligned}$$

$$= \frac{\ddot{\eta}_0(t)}{\eta_0(t)}\bigl(1+o_P(1)\bigr) + O_P(1) - \left(\frac{\dot{\eta}_0(t)}{\eta_0(t)}\right)^2\bigl(1+o_P(1)\bigr) + o_P(1)$$

が成り立つ．すべての $t \notin A_n$ に対して $\hat{k}_n^{(1)} = 0$ なので，仮定 (5.1) より $t \in \mathbb{R}$ に関して一様に

$$\frac{|\hat{k}_n^{(1)}(t)|}{\bigl(1+|t|^{a_1}\bigr)^2 \vee \bigl(1+|t|^{a_2}\bigr)} \leq b_1^2\bigl(1+o_P(1)\bigr) + b_2\bigl(1+o_P(1)\bigr) + O_P(1)$$

となる．したがって，すべての $t \in \mathbb{R}$ に対して $\bigl(1+|t|^{a_1}\bigr)^2 \vee \bigl(1+|t|^{a_2}\bigr) \leq 4\bigl(1+|t|^{(2a_1)\vee a_2}\bigr)$ なので，確率的に有界な変数列 $M_n = O_P(1)$ が存在して，すべての $t \in \mathbb{R}$ と十分大きなすべての n に対して

$$\frac{|\hat{k}_n^{(1)}(t)|}{1+|t|^{(2a_1)\vee a_2}} \leq M_n \tag{5.4}$$

が成り立つことがわかる．

最後に，有効スコア関数 $\tilde{\ell}_{\theta,\eta_0}(X)$ の推定量を

$$\hat{\ell}_{\theta,n}(X) \equiv -\hat{k}_n(Y - \theta^T Z)(Z - \hat{\mu}_n) + (Y - \theta^T Z)\frac{\hat{\mu}_n}{\hat{\sigma}_n^2}$$

で定義する．ここで $\hat{\mu}_n \equiv n^{-1}\sum_{i=1}^n Z_i$, $\hat{\sigma}_n^2 \equiv n^{-1}\sum_{i=1}^n (Y_i - \hat{\theta}_n^T Z_i)^2$ である．このとき θ の推定方法は，$\theta \mapsto \mathbb{P}_n \hat{\ell}_{\theta,n}$ の零点，あるいは，$\theta \mapsto \|\mathbb{P}_n \hat{\ell}_{\theta,n}\|$ を最小にする $\theta \in \Theta$ を求めることである．そのような点を $\check{\theta}_n$ とする．最初に $\check{\theta}_n$ が一致性をもつことを示す必要がある．その後，定理 2.3 を使って有効性が示される．

5.1.2 $\check{\theta}_n$ の一致性

最後の 5.1.6 項で示す系 5.2 を用いると，仮定 (5.1) より $\{(\dot{\eta}_0/\eta_0)(Y - \theta^T Z) : \theta \in \Theta\}$ は P_0-Donsker クラスであることが導かれる．また，例 3.12（120 ページ）の議論から $\{(Y - \theta^T Z)(\mu/\sigma_0^2) : \theta \in \Theta\}$ も P_0-Donsker クラスである．さらに，$\sup_{\theta \in \Theta}|\mathbb{E}_{P_0}[(\dot{\eta}_0/\eta_0)(Y - \theta^T Z)]| < \infty$ であり，$Z - \mu$ は一様に有界なので，系 3.63 より $\{\tilde{\ell}_{\theta,\eta_0}(X) : \theta \in \Theta\}$ は P_0-Donsker クラスであることがわかる．同様に系 5.2 を用いると，前項で導いた式 (5.3) と (5.4) より，$n \to \infty$ のとき $\{\hat{k}_n(Y - \theta^T Z) : \theta \in \Theta\}$ がある P_0-Donsker クラスに含まれる確率が 1 に収束することが示される．$\hat{\mu}_n \xrightarrow{\text{a.e.}} \mu$ および $\hat{\sigma}_n^2 \xrightarrow{P} \sigma_0^2 > 0$ なので，$\{(Y - \theta^T Z)(\hat{\mu}_n/\hat{\sigma}_n^2) : \theta \in \Theta\}$ は 1 に近づく確率で P_0-Donsker クラス $\{(Y - \theta^T Z)(\mu/\sigma^2) : \theta \in \Theta, \mu \in B, \sigma^2 \geq \sigma_0^2/2\}$ に含まれる．したがって，$n \to \infty$ のとき $\{\hat{\ell}_{\theta,n}(X) : \theta \in \Theta\}$ も 1 に近づく確率で，ある P_0-Donsker クラ

スに含まれる．よって，

$$\sup_{\theta \in \Theta} \|(\mathbb{P}_n - P_0)(\hat{\ell}_{\theta,n} - \tilde{\ell}_{\theta,\eta_0})\| = O_P(n^{-1/2})$$

が成り立つ．いま，$k_0 \equiv \dot{\eta}_0/\eta_0$ とおくと，前項で与えた $\hat{k}_n$ と k_0 の性質と，θ，Z の有界性から

$$P_0 \|\hat{\ell}_{\theta,n} - \tilde{\ell}_{\theta,\eta_0}\|$$
$$\leq \mathrm{E}_{P_0}\big[1\{Y - \theta^T Z \notin A_n\}|k_0(Y - \theta^T Z)|\|Z - \hat{\mu}_n\|\big]$$
$$\quad + \mathrm{E}_{P_0}\big[1\{Y - \theta^T Z \in A_n\}|(\hat{k}_n - k_0)(Y - \theta^T Z)|\|Z - \hat{\mu}_n\|\big]$$
$$\quad + \mathrm{E}_{P_0}\big[|k_0(Y - \theta^T Z)|\|\hat{\mu}_n - \mu\|\big] + \mathrm{E}_{P_0}\Big[|Y - \theta^T Z|\Big\|\frac{\hat{\mu}_n}{\hat{\sigma}_n^2} - \frac{\mu}{\sigma_0^2}\Big\|\Big]$$
$$= \mathrm{E}_{P_0}\big[1\{Y - \theta^T Z \notin A_n\}|k_0(Y - \theta^T Z)|\|Z - \hat{\mu}_n\|\big] + o_P(1)$$

が得られる．誤差項は θ に関して一様である．また前項でみたように，十分に遅い増大列 $t_n \uparrow \infty$ が存在して $\mathrm{P}([-t_n, t_n] \subset A_n) \to 1$ が成り立つ．したがって，右辺第 1 項は

$$\mathrm{E}_{P_0}\big[b_1\big(1 + |Y - \theta^T Z|^{a_1}\big)1\{Y - \theta^T Z \notin [-t_n, t_n]\}\big] + o_P(1)$$

の定数倍で上から抑えられる．ここで $|Y - \theta^T Z|^{a_1} = |e - (\theta - \theta_0)^T Z|^{a_1} \lesssim (|e| \vee 1)^{a_1}$ に注意すると，上の期待値は $\int_{|e|>t_n} |e|^{a_1}\eta_0(e)\,de = o(1)$ の定数倍を超えないことがわかる．したがって，$\theta \in \Theta$ に関して一様に

$$P_0 \|\hat{\ell}_{\theta,n} - \tilde{\ell}_{\theta,\eta_0}\| = o_P(1) \tag{5.5}$$

が成り立つ．ゆえに

$$\sup_{\theta \in \Theta} \|\mathbb{P}_n \hat{\ell}_{\theta,n} - P_0 \tilde{\ell}_{\theta,\eta_0}\| = o_P(1)$$

が示された．また，$\check{\theta}_n$ が $\|\mathbb{P}_n \hat{\ell}_{\check{\theta}_n,n}\| = o_P(1)$ をみたすことは，つぎの 5.1.3 項で示される．ところで写像 $\theta \mapsto P_0 \tilde{\ell}_{\theta,\eta_0}$ は定理 4.7 の識別条件をみたすので，したがって，同定理の (1) より $\check{\theta}_n \xrightarrow{\mathrm{P}} \theta_0$ が得られる．

5.1.3　$\check{\theta}_n$ の有効性

式 (5.5) を導いた議論をくり返し適用し同様な計算を行うと，$P_0 \|\hat{\ell}_{\check{\theta}_n,n} - \tilde{\ell}_{\check{\theta}_n,\eta_0}\|^2 = o_P(1)$ を示すことができる．また，$\dot{k}_0 \equiv \ddot{\eta}_0/\eta_0 - (\dot{\eta}_0/\eta_0)^2$ とおくと，

$$\tilde{\ell}_{\check{\theta}_n,\eta_0} - \tilde{\ell}_{\theta_0,\eta_0} = \Big[\int_0^1 \dot{k}_0\big(e - s(\check{\theta}_n - \theta_0)^T Z\big)\, ds\Big](\check{\theta}_n - \theta_0)^T Z(Z - \mu)$$
$$- (\check{\theta}_n - \theta_0)^T Z \frac{\mu}{\sigma_0^2}$$

と表すことができる.仮定 (5.1) より, $|\dot{k}_0(e - s(\check{\theta}_n - \theta_0)^T Z)|^2 \lesssim (|e| \vee 1)^{2a_2} + (|e| \vee 1)^{4a_1}$ なので, $P_0\|\tilde{\ell}_{\check{\theta}_n,\eta_0} - \tilde{\ell}_{\theta_0,\eta_0}\|^2 \lesssim \|\check{\theta}_n - \theta_0\|^2 = o_P(1)$ であることがわかる.したがって,条件 (2.27) の一つ

$$P_0\|\hat{\ell}_{\check{\theta}_n,n} - \tilde{\ell}_{\theta_0,\eta_0}\|^2 = o_P(1)$$

が成り立つ.

分布 $P_{\check{\theta}_n,\eta_0}$ を考える.この分布のもとで $\hat{e} \equiv Y - \check{\theta}_n^T Z$ の平均は 0 で, $\hat{e}$ と Z は独立である.ゆえに

$$P_{\check{\theta}_n,\eta_0} \hat{\ell}_{\check{\theta}_n,n} = \mathrm{E}_{P_{\check{\theta}_n,\eta_0}}\big[-\hat{k}_n(Y - \check{\theta}_n^T Z)\big](\mu - \hat{\mu}_n)$$

となる.しかしながら, $\hat{\mu}_n - \mu = O_P(n^{-1/2})$ で

$$\mathrm{E}_{P_{\check{\theta}_n,\eta_0}}\big[\hat{k}_n(Y - \check{\theta}_n^T Z)\big] = \mathrm{E}_{P_{\check{\theta}_n,\eta_0}}\big[\mathbf{1}\{Y - \check{\theta}_n^T Z \in A_n\}(\hat{k}_n - k_0)(Y - \check{\theta}_n^T Z)\big]$$
$$- \mathrm{E}_{P_{\check{\theta}_n,\eta_0}}\big[\mathbf{1}\{Y - \check{\theta}_n^T Z \notin A_n\}k_0(Y - \check{\theta}_n^T Z)\big]$$

である.前項の議論をくり返すと,右辺の二つの項はともに $o_P(1)$ であることが示される.よって,条件 (2.26): $P_{\check{\theta}_n,\eta_0}\hat{\ell}_{\check{\theta}_n,n} = o_P(n^{-1/2} + \|\check{\theta}_n - \theta_0\|)$ の成立がわかる.また,不等式 (5.3) より $\mathrm{E}_{P_{\check{\theta}_n,\eta_0}}[\hat{k}_n(Y - \check{\theta}_n^T Z)^2] = O_P(1)$ なので,容易に $P_{\check{\theta}_n,\eta_0}\|\hat{\ell}_{\check{\theta}_n,n}\|^2 = O_P(1)$ が得られる.したがって,条件 (2.27) の後半も成り立つ.しかしながら,まだ $\mathbb{P}_n \hat{\ell}_{\check{\theta}_n,n} = o_P(n^{-1/2})$ が成立する保証は得られていない.もしこれが示されれば,定理 2.3 より最終的に $\check{\theta}_n$ が漸近有効推定量であるという結論が得られる.

この最後のステップを実現するため, $\tilde{\theta}_n$ をつぎのように定める: $\theta_0 + \mathbb{P}_n[\tilde{I}_0^{-1}\tilde{\ell}_{\theta_0,\eta_0}] \in \Theta$ ならば $\tilde{\theta}_n \equiv \theta_0 + \mathbb{P}_n[\tilde{I}_0^{-1}\tilde{\ell}_{\theta_0,\eta_0}]$, そうでなければ $\tilde{\theta}_n \equiv \theta_0$. 明らかに $\tilde{\theta}_n \xrightarrow{\mathrm{P}} \theta_0$ である.クラス $\{\tilde{\ell}_{\theta,\eta_0}(X) : \theta \in \Theta\}$ は P_0-Donsker で, $\theta \to \theta_0$ のとき $P_0\|\tilde{\ell}_{\theta,\eta_0} - \tilde{\ell}_{\theta_0,\eta_0}\|^2 \to 0$ であるから,補題 4.10 より $(\mathbb{P}_n - P_0)(\tilde{\ell}_{\tilde{\theta}_n,\eta_0} - \tilde{\ell}_{\theta_0,\eta_0}) = o_P(n^{-1/2})$ である.これより

$$\mathbb{P}_n \tilde{\ell}_{\tilde{\theta}_n,\eta_0} = (\mathbb{P}_n - P_0)(\tilde{\ell}_{\tilde{\theta}_n,\eta_0} - \tilde{\ell}_{\theta_0,\eta_0}) + \mathbb{P}_n \tilde{\ell}_{\theta_0,\eta_0} + P_0(\tilde{\ell}_{\tilde{\theta}_n,\eta_0} - \tilde{\ell}_{\theta_0,\eta_0})$$
$$= o_P(n^{-1/2}) + \Big\{\tilde{I}_0 - P_0\Big[-\frac{\partial \tilde{\ell}_{\theta,\eta_0}}{\partial \theta}\big|_{\theta=\theta_0}\Big] + o_P(1)\Big\}(\tilde{\theta}_n - \theta_0)$$

$$= o_P(n^{-1/2})$$

が成り立つことに注意する.いま,

$$\begin{aligned}
\mathbb{P}_n(\hat{\ell}_{\tilde{\theta}_n,n} - \tilde{\ell}_{\tilde{\theta}_n,\eta_0}) &= (\mathbb{P}_n - P_0)(\hat{\ell}_{\tilde{\theta}_n,n} - \tilde{\ell}_{\tilde{\theta}_n,\eta_0}) + P_{\tilde{\theta}_n,\eta_0}(\hat{\ell}_{\tilde{\theta}_n,n} - \tilde{\ell}_{\tilde{\theta}_n,\eta_0}) \\
&\quad - (P_{\tilde{\theta}_n,\eta_0} - P_0)(\hat{\ell}_{\tilde{\theta}_n,n} - \tilde{\ell}_{\tilde{\theta}_n,\eta_0}) \\
&\equiv I_n + J_n - K_n
\end{aligned}$$

とおく.ランダム関数 $\hat{\ell}_{\tilde{\theta}_n,n}$ と $\tilde{\ell}_{\tilde{\theta}_n,\eta_0}$ は 1 に近づく確率である P_0-Donsker クラスに値をとり,$P_0 \|\hat{\ell}_{\tilde{\theta}_n,n} - \tilde{\ell}_{\tilde{\theta}_n,\eta_0}\|^2 = o_P(1)$ であるので,補題 4.26 より $I_n = o_P(n^{-1/2})$ となる.また,上で条件 (2.26) を示すために使った議論をそのままくり返すと,$J_n = P_{\tilde{\theta}_n,\eta_0}\hat{\ell}_{\tilde{\theta}_n,n} = o_P(n^{-1/2})$ が得られる.最後に

$$\begin{aligned}
K_n &= \int (\hat{\ell}_{\tilde{\theta}_n,n} - \tilde{\ell}_{\tilde{\theta}_n,\eta_0})(dP_{\tilde{\theta}_n,\eta_0}^{1/2} + dP_0^{1/2}) \\
&\quad \times \left[(dP_{\tilde{\theta}_n,\eta_0}^{1/2} - dP_0^{1/2}) - \frac{1}{2}(\tilde{\theta}_n - \theta_0)^T \dot{\ell}_{\theta_0,\eta_0} dP_0^{1/2} \right] \\
&\quad + \int (\hat{\ell}_{\tilde{\theta}_n,n} - \tilde{\ell}_{\tilde{\theta}_n,\eta_0})(dP_{\tilde{\theta}_n,\eta_0}^{1/2} + dP_0^{1/2}) \frac{1}{2}(\tilde{\theta}_n - \theta_0)^T \dot{\ell}_{\theta_0,\eta_0} dP_0^{1/2}
\end{aligned}$$

と表し,定理 2.3 の証明で行った議論を適用すると $K_n = o_P(n^{-1/2})$ が導かれる.よって,$\mathbb{P}_n \hat{\ell}_{\tilde{\theta}_n,n} = \mathbb{P}_n \tilde{\ell}_{\tilde{\theta}_n,\eta_0} + \mathbb{P}_n(\hat{\ell}_{\tilde{\theta}_n,n} - \tilde{\ell}_{\tilde{\theta}_n,\eta_0}) = o_P(n^{-1/2})$ が成り立つ.したがって,$\check{\theta}_n$ の定義より $\|\mathbb{P}_n \hat{\ell}_{\check{\theta}_n,n}\| \leq \|\mathbb{P}_n \hat{\ell}_{\tilde{\theta}_n,n}\| = o_P(n^{-1/2})$ となり,定理 2.3 のすべての条件の成立が確認された.

5.1.4 $\check{\theta}_n$ の分散推定

つぎの問題は,有効情報量 $\tilde{I}_0 = P_0[\tilde{\ell}_{\theta_0,\eta_0} \tilde{\ell}_{\theta_0,\eta_0}^T]$ の一致推定量を求めることである.そのような推定量を $\hat{I}_n$ とする.もしこのような推定量が得られれば,$n(\check{\theta}_n - \theta_0)^T \hat{I}_n (\check{\theta}_n - \theta_0)$ は自由度 k のカイ 2 乗分布に弱収束するので θ_0 の推測が容易になる.実際,$\hat{I}_n \equiv \mathbb{P}_n[\hat{\ell}_{\check{\theta}_n,n} \hat{\ell}_{\check{\theta}_n,n}^T]$ はこの性質をもつ推定量の一つであることを示す.

行列 $A = (a_{ij})$ のノルムを $\|A\| = (\sum_{i,j} |a_{ij}|^2)^{1/2}$ とすると,

$$\begin{aligned}
&\|P_0[\hat{\ell}_{\check{\theta}_n,n} \hat{\ell}_{\check{\theta}_n,n}^T] - P_0[\tilde{\ell}_{\theta_0,\eta_0} \tilde{\ell}_{\theta_0,\eta_0}^T]\| \\
&\leq (P_0 \|\hat{\ell}_{\check{\theta}_n,n} - \tilde{\ell}_{\theta_0,\eta_0}\|^2)^{1/2} (P_0 \|\hat{\ell}_{\check{\theta}_n,n}\|^2)^{1/2} \\
&\quad + (P_0 \|\tilde{\ell}_{\theta_0,\eta_0}\|^2)^{1/2} (P_0 \|\hat{\ell}_{\check{\theta}_n,n} - \tilde{\ell}_{\theta_0,\eta_0}\|^2)^{1/2}
\end{aligned}$$

が成り立つ.以前の議論より右辺は 0 に確率収束するので,

$$P_0[\hat{\ell}_{\check{\theta}_n,n}\hat{\ell}_{\check{\theta}_n,n}^T] = P_0[\tilde{\ell}_{\theta_0,\eta_0}\tilde{\ell}_{\theta_0,\eta_0}^T] + o_P(1)$$

となる.5.1.2 項で述べたように,$n \to \infty$ のとき $\{\hat{\ell}_{\theta,n}(X) : \theta \in \Theta\}$ は 1 に近づく確率で,ある P_0-Donsker クラスに含まれる.したがって,ある P_0-Glivenko–Cantelli クラスにも含まれる.さらに不等式 (5.3) より,$n \to \infty$ のとき 1 に近づく確率で $\sup_{\theta \in \Theta} \|\hat{\ell}_{\theta,n}(X)\| \lesssim (|e| \vee 1)^{a_1} + |e| + 1$ であるので,系 3.60 (1) より $\{\hat{\ell}_{\theta,n}(X)\hat{\ell}_{\theta,n}^T(X) : \theta \in \Theta\}$ は 1 に近づく確率で,ある P_0-Glivenko–Cantelli クラスに含まれる.したがって,

$$(\mathbb{P}_n - P_0)[\hat{\ell}_{\check{\theta}_n,n}\hat{\ell}_{\check{\theta}_n,n}^T] = o_P(1)$$

が成り立つ.上の二つの式より,$\hat{I}_n \xrightarrow{P} \tilde{I}_0$ が得られる.

5.1.5 残差分布の推測

漸近有効推定量 $\check{\theta}_n$ を使い,真の残差分布 $F_0(t)$ を

$$\check{\mathbb{F}}_n(t) \equiv \mathbb{P}_n 1\{Y - \check{\theta}_n^T Z \leq t\}$$

で推定する.定理 2.2 より,$\check{\theta}_n$ は $\check{\theta}_n = \theta_0 + \mathbb{P}_n[\tilde{I}_0^{-1}\tilde{\ell}_{\theta_0,\eta_0}] + o_P(n^{-1/2})$ と漸近展開されるので,$\hat{\mathbb{F}}_n$ の影響関数 (5.2) を導いた議論とまったく同じようにして,$\check{\mathbb{F}}_n(t)$ の影響関数は

$$\check{\psi}(t)(X) = 1\{e \leq t\} - F_0(t) + \left[\tilde{I}_0^{-1}\tilde{\ell}_{\theta_0,\eta_0}(X)\right]^T \mu_{\eta_0}(t)$$

であることがわかる.さらに,$\{\check{\psi}(t) : t \in \mathbb{R}\}$ が P_0-Donsker クラスであることも容易にわかる.

いま,残差 e は密度関数 η をもつとし,その分布関数を F とする.2.3 節で示したように,η に対する接空間は $\dot{\mathcal{P}}_{P_0}^{(\eta)} \equiv \{g \in L_2^0(F_0) : E_{F_0}[eg(e)] = 0\}$ である.η の摂動方向の全体を $\mathbb{H}_{\eta_0} = \dot{\mathcal{P}}_{P_0}^{(\eta)}$ とすると,η に対するスコア作用素 $B_{\theta_0,\eta_0} : \mathbb{H}_{\eta_0} \to L_2(P_0)$ は恒等写像である.任意の固定された $t \in \mathbb{R}$ に対して,$\chi(\eta) = F(t)$ とする.スコア g を接線とする道 $s \mapsto \eta_s = (1 + sg(e))\eta_0(e)$ に沿って $\chi(\eta_s)$ を微分すると

$$\dot{\chi}(g) = \frac{\partial \chi(\eta_s)}{\partial s}\bigg|_{s=0} = \int_{-\infty}^{t} g(e)\eta_0(e)\,de$$

であるので,$\tilde{\chi}_{\eta_0}(e) \equiv 1_{(-\infty,t]}(e) - F_0(t)$ は $\dot{\chi}(g) = \langle \tilde{\chi}_{\eta_0}, g \rangle_{\eta_0}$ をみたす.

5.1 セミパラメトリック線形回帰モデルにおける有効推定   183

もし，上で求めた $\check{\mathbb{F}}_n(t)$ の影響関数 $\check{\psi}(t)(X)$ が方程式 (2.13), (2.14) の解であるならば，それは $\psi(P_{\theta,\eta}) = F(t)$ に対する有効影響関数である．実際，$\dot{\ell}_{\theta_0,\eta_0}(X) = -(\dot{\eta}_0/\eta_0)(e)Z$ は $P_0[\dot{\ell}_{\theta_0,\eta_0}\tilde{\ell}^T_{\theta_0,\eta_0}] = \tilde{I}_0$ をみたすことに注意すると，容易に $P_0[\check{\psi}(t)\dot{\ell}_{\theta_0,\eta_0}] = 0$ が成り立つことがわかる．また，任意の $g \in \dot{\mathcal{P}}^{(\eta)}_{P_0}$ に対して $B_{\theta_0,\eta_0}g = g$ であり，$\mathrm{E}_{P_0}[\tilde{\ell}^T_{\theta_0,\eta_0}(X)g(Y-\theta_0^T Z)] = 0$ であることから，すべての $g \in \dot{\mathcal{P}}^{(\eta)}_{P_0}$ に対して $\langle \tilde{\ell}_{\theta_0,\eta_0}, B_{\theta_0,\eta_0}g \rangle_{P_0} = \langle \tilde{\chi}_{\eta_0}, g \rangle_{\eta_0}$ となることがわかる．これは $B^*_{\theta_0,\eta_0}\tilde{\ell}_{\theta_0,\eta_0} = \tilde{\chi}_{\eta_0}$ を意味している．

以上より，$\sqrt{n}(\check{\mathbb{F}}_n - F_0)$ は $\ell^\infty(\mathbb{R})$ においてあるタイトな平均 0 の Gauss 過程に弱収束し，かつ，各 $t \in \mathbb{R}$ に対して $\check{\mathbb{F}}_n(t)$ は $F_0(t)$ の漸近有効推定量である．したがって定理 4.22 から，$\check{\mathbb{F}}_n(t)$ は $t \in \mathbb{R}$ に関して一様に $F_0(t)$ の漸近有効推定量であることがわかる．すでに $\check{\theta}_n$ は θ_0 の漸近有効推定量であることが示されているので，定理 4.23 より $(\check{\theta}_n, \check{\mathbb{F}}_n)$ は (θ_0, F_0) の同時漸近有効推定量である．

5.1.6 残差の関数クラスの Donsker 性

5.1.2 項の議論で必要であったクラス $\{\hat{k}_n(Y - \theta^T Z) : \theta \in \Theta\}$ の確率的な Donsker の性質は，つぎの一般的な結果の系を適用して導かれる．

定理 5.1 $\mathcal{F}$ をつぎの条件をみたす微分可能な関数 $f : \mathbb{R} \to \mathbb{R}$ のクラスとする：ある $0 \le \alpha, \beta < \infty$ と $1 \le M < \infty$ に対して

$$\sup_{f \in \mathcal{F}} \sup_{x \in \mathbb{R}} \frac{|f(x)|}{1 + |x|^\alpha} \le M \quad \text{かつ} \quad \sup_{f \in \mathcal{F}} \sup_{x \in \mathbb{R}} \frac{|\dot{f}(x)|}{1 + |x|^\beta} \le M.$$

このとき，α, β, M のみに関係する定数 K が存在して，すべての $\delta > 0$ とすべての確率測度 Q に対して

$$\log N_{[\,]}(\delta, \mathcal{F}, L_2(Q)) \le \frac{K[1 + Q|X|^{4(\alpha \vee \beta)+6}]^{1/4}}{\delta}$$

が成り立つ．

証明 $\gamma = \alpha \vee \beta + 3/2$ とおく．このとき，すべての $x \in \mathbb{R}$ に対して

$$\frac{|f(x)|}{1+|x|^\gamma} \le \frac{|f(x)|}{1+|x|^\alpha} \times 2\frac{1+|x|^\alpha}{1+|x|^{\alpha+3/2}} \le M \times 6(1 \vee |x|)^{-3/2}$$

が成り立つ．同様に，すべての $x \in \mathbb{R}$ に対して

$$\frac{|\dot{f}(x)|}{1+|x|^\gamma} \le 6M(1 \vee |x|)^{-3/2}$$

も示すことができる.

つぎで定義される関数のクラス $\mathcal{G}$ を考える：
$$\mathcal{G} \equiv \left\{ x \mapsto \frac{f(x)}{1+|x|^\gamma} : f \in \mathcal{F} \right\}.$$

上の結果から，すべての $g \in \mathcal{G}$ と $x \in \mathbb{R}$ に対して，$|g(x)| \leq 6M(1 \vee |x|)^{-3/2}$
および
$$|\dot{g}(x)| \leq \frac{|\dot{f}(x)|}{1+|x|^\gamma} + \frac{|f(x)|\gamma(1 \vee |x|)^{\gamma-1}}{(1+|x|^\gamma)^2} \leq 6M(\gamma+1)(1 \vee |x|)^{-3/2}$$
が成り立つ．よって $k_* = 6M(\gamma+1)$ とおくと，$|g(x)| \vee |\dot{g}(x)| \leq k_*(1 \vee |x|)^{-3/2}$
が得られる.

いま，すべての整数 $j \geq 0$ に対して，有界凸集合を $I_{j,+} \equiv [j, j+1]$ と
$I_{j,-} \equiv [-j-1, -j]$ で定義する．明らかにこれらの和集合は $\mathbb{R}$ である．ノル
ム $\|\cdot\|_{\mathrm{BL}}$ をオーダー 1 の有界 Lipschitz ノルムとする．このとき，すべての
$g \in \mathcal{G}$ と $j \geq 0$ に対して
$$\|g_{|I_{j,+}}\|_{\mathrm{BL}} \equiv \left(\sup_{x \in I_{j,+}} |g(x)|\right) \vee \left(\sup_{x,y \in I_{j,+}} \frac{|g(x)-g(y)|}{|x-y|}\right) \leq k_*(1 \vee j)^{-3/2}$$
が成り立つ．ここで，$g_{|A}$ は g の $A \subset \mathbb{R}$ への制限である．同様に $\|g_{|I_{j,-}}\|_{\mathrm{BL}} \leq k_*(1 \vee j)^{-3/2}$ も成り立つ．3.3.9 項 b. (126 ページ) で導入されたノルム $\|\cdot\|_1$ は $\|\cdot\|_{\mathrm{BL}}$ と同等で，$\|\cdot\|_1 \leq 2\|\cdot\|_{\mathrm{BL}}$ をみたす．したがって，すべての $j \geq 0$ に対して $M_j = 2k_*(1 \vee j)^{-3/2}$ とおくと，$\mathcal{G}_{|I_{j,+}} \subset \mathcal{C}^1_{M_j}(I_{j,+})$ と $\mathcal{G}_{|I_{j,-}} \subset \mathcal{C}^1_{M_j}(I_{j,-})$ が成り立つ．ここで，$\mathcal{C}^1_M(A)$ は $\|f\|_1 \leq M$ をみたす連続関数 $f: A \to \mathbb{R}$ の全体である．また，すべての $j \geq 0$ に対して，$I^1_{j,+} = \{x : \|x - I_{j,+}\| < 1\} = (j-1, j+2)$ と $I^1_{j,-} = (-j-2, -j+1)$ であり，それらの Lebesgue 測度は 3 である．

ここで，$\alpha = 1, d = 1, V = 1$ および $r = 4$ ととり，すべての集合の確率測度は 1 以下であることに注意して系 3.70 を適用すると，普遍定数 K が存在して，すべての $\delta > 0$ とすべての確率測度 Q に対して
$$\log N_{[]}(\delta, \mathcal{G}, L_4(Q)) \leq \frac{K}{\delta} \left(2(6k_*)^{4/5} \sum_{j=0}^\infty (1 \vee j)^{-6/5}\right)^{5/4}$$
が成り立つ．級数 $\sum_{j=1}^\infty j^{-6/5}$ は収束するので，k_* のみに関係する定数 K_* が存在して，すべての $\delta > 0$ とすべての確率測度 Q に対して
$$\log N_{[]}(\delta, \mathcal{G}, L_4(Q)) \leq \frac{K_*}{\delta}$$

が得られることがわかる.

つぎに, 任意の $f_1, f_2 \in \mathcal{F}$ に対して $g_j(x) \equiv (1+|x|^\gamma)^{-1} f_j(x), j=1,2$ とおくと,

$$Q[f_1 - f_2]^2 = \mathrm{E}_Q\left[(1+|X|^\gamma)^2 (g_1(X) - g_2(X))^2\right]$$
$$\leq \left(\mathrm{E}_Q[1+|X|^\gamma]^4\right)^{1/2} \left(Q[g_1 - g_2]^4\right)^{1/2}$$

である. もし $\mathrm{E}_Q|X|^{4\gamma} = \mathrm{E}_Q|X|^{4(\alpha\vee\beta)+6} \equiv M_* < \infty$ ならば, $\mathrm{E}_Q[1+|X|^\gamma]^4 \leq 8(1+M_*)$ である. いま, $\{[g_{1i}, g_{2i}] : i = 1, \ldots, m\}$ を $\mathcal{G}$ の最小 δ-$L_4(Q)$ ブラケット被覆とする. このとき, $\{[(1+|x|^\gamma)g_{1i}, (1+|x|^\gamma)g_{2i}] : i = 1, \ldots, m\}$ は $\mathcal{F}$ の $[8(1+M_*)]^{1/4} \delta$-$L_2(Q)$ ブラケット被覆となる. したがって, すべての $\delta > 0$ とすべての確率測度 Q に対して

$$\log N_{[\,]}\left([8(1+M_*)]^{1/4} \delta, \mathcal{F}, L_2(Q)\right) \leq \frac{K_*}{\delta}$$

が成り立つ. 定数 K_* は α, β, M のみに関係しているので, 求める結果が証明された. □

系 5.2 定理 5.1 で与えられたクラス $\mathcal{F}$ と有界集合 $\Theta \subset \mathbb{R}^k$ に対して

$$\mathcal{H} \equiv \{f(Y - \theta^T Z) : \theta \in \Theta, f \in \mathcal{F}\}$$

と定義する. (Y, Z) の分布 P は, ある $\theta_0 \in \Theta$ と, ある有界集合に確率 1 で含まれる Z に対して, $\mathrm{E}_P|Y - \theta_0^T Z|^{4(\alpha\vee\beta)+6} < \infty$ をみたすとする. このとき $\mathcal{H}$ は P-Donsker クラスである.

証明 クラス $\mathcal{H}_0 \equiv \{-(\theta - \theta_0)^T Z : \theta \in \Theta\}$ は, すべての $\delta > 0$ と P のみに関係するある定数 $k_{**} < \infty$ に対して

$$N_{[\,]}(\delta, \mathcal{H}_0, L_2(P)) \leq k_{**} \delta^{-k}$$

をみたす. 実際, $h_\theta(Z) = -(\theta - \theta_0)^T Z$ とおくと, $|h_{\theta_1}(Z) - h_{\theta_2}(Z)| \leq \|\theta_1 - \theta_2\| \|Z\|$ で, $\Theta \subset \mathbb{R}^k$ は有界集合なので, 例 3.12 (120 ページ) の議論より直ちにこれが得られる.

系の条件をみたす分布 P を固定し, $\epsilon \equiv Y - \theta_0^T Z$ とおく. 任意の $h \in \mathcal{H}_0$ に対して, $Y_h \equiv \epsilon + h(Z)$ と定義し, Q_h を Y_h の分布とする. このとき $\sup_{h \in \mathcal{H}_0} \mathrm{E}_{Q_h}|Y_h|^{4(\alpha\vee\beta)+6} \equiv M_{**} < \infty$ であり, $\mathcal{H} = \{f(Y_h) : h \in \mathcal{H}_0, f \in \mathcal{F}\}$ であることに注意する. いま $\delta > 0$ を固定し, $\{[h_{1i}, h_{2i}] : i = 1, \ldots, m\}$ を $\mathcal{H}_0$ の最小 $\delta/3$-$L_2(P)$ ブラケット被覆とする. これらのブラケットの構成要素

h_{ji}, $j = 1, 2$, $i = 1, \ldots, m$ からなる集合を H_δ とする. $\mathcal{H}_0$ は一様有界なので, H_δ も一様有界と仮定できる. $h \in H_\delta$ を任意にとり固定する. このとき定理 5.1 から, K をその定理に現れた定数とすると, δ にも Q_h にも無関係な定数 $K_0 \equiv 3K(1 + M_{**})^{1/4} < \infty$ に対して

$$\log N_{[\,]}\bigl(\delta/3, \mathcal{F}, L_2(Q_h)\bigr) \leq \frac{K_0}{\delta}$$

が得られる. したがって, $\mathcal{F}$ の最小 $\delta/3$-$L_2(Q_h)$ ブラケット被覆 $\{[f_{1i,h}, f_{2i,h}] : i = 1, \ldots, n_h\}$ が存在する. さらに, Q_h の定義から

$$\bigl\{\mathrm{E}_P\bigl[f_{2i,h}\bigl(\epsilon + h(Z)\bigr) - f_{1i,h}\bigl(\epsilon + h(Z)\bigr)\bigr]^2\bigr\}^{1/2} \leq \frac{\delta}{3}$$

が成り立つ. この手順をすべての $h \in H_\delta$ に対してくり返す.

いま, $f(Y - \theta^T Z) = f(\epsilon + h(Z))$ を $\mathcal{H}$ の任意の要素とし, $[h_{1j}, h_{2j}]$ を h を含む $\mathcal{H}_0$ の $\delta/3$-$L_2(P)$ ブラケットとする. さらに, $[f_{1i,h_{1j}}, f_{2i,h_{1j}}]$ を f を覆う $\delta/3$-$L_2(Q_{h_{1j}})$ ブラケットとする. すなわち, $h_{1j}(Z) \leq h(Z) \leq h_{2j}(Z)$ および

$$f_{1i,h_{1j}}\bigl(\epsilon + h_{1j}(Z)\bigr) \leq f\bigl(\epsilon + h_{1j}(Z)\bigr) \leq f_{2i,h_{1j}}\bigl(\epsilon + h_{1j}(Z)\bigr)$$

である. このとき, 適当な $h_{1j}(Z) \leq \tilde{h}(Z) \leq h_{2j}(Z)$ が存在して

$$\bigl|f\bigl(\epsilon + h(Z)\bigr) - f\bigl(\epsilon + h_{1j}(Z)\bigr)\bigr| \leq \bigl|\dot{f}\bigl(\epsilon + \tilde{h}(Z)\bigr)\bigr|\bigl(h_{2j}(Z) - h_{1j}(Z)\bigr)$$

が成り立つ. H_δ は一様有界なので, $\dot{f}$ に対する仮定より, 適当な定数 M_1 が存在して $|\dot{f}(\epsilon + \tilde{h}(Z))| \leq M_1(|\epsilon|^\beta + 1)$ であることがわかる. ここで $g_j(\epsilon, Z) \equiv M_1(|\epsilon|^\beta + 1)(h_{2j}(Z) - h_{1j}(Z))$ とおき, $\tilde{f}_{1,ij}(\epsilon, Z) \equiv f_{1i,h_{1j}}(\epsilon + h_{1j}(Z)) - g_j(\epsilon, Z)$ および $\tilde{f}_{2,ij}(\epsilon, Z) \equiv f_{2i,h_{1j}}(\epsilon + h_{1j}(Z)) + g_j(\epsilon, Z)$ と定義すると, 上に表示された二つの式から

$$\tilde{f}_{1,ij}(\epsilon, Z) \leq f\bigl(\epsilon + h(Z)\bigr) \leq \tilde{f}_{2,ij}(\epsilon, Z)$$

が得られる. ふたたび H_δ の一様有界性に注意すると, Cauchy–Schwarz の不等式から

$$\bigl\{\mathrm{E}_P[g_j(\epsilon, Z)]^2\bigr\}^{1/2} \lesssim \bigl\{\mathrm{E}_P\bigl(|\epsilon|^\beta + 1\bigr)^4\bigr\}^{1/2}\bigl\{\mathrm{E}_P[h_{2j}(Z) - h_{1j}(Z)]^2\bigr\}^{1/2}$$

であるので, δ に無関係な定数 $C_0 < \infty$ が存在して

$$\bigl\{\mathrm{E}_P\bigl[\tilde{f}_{2,ij}(\epsilon, Z) - \tilde{f}_{1,ij}(\epsilon, Z)\bigr]^2\bigr\}^{1/2}$$
$$\leq \bigl\{\mathrm{E}_P\bigl[f_{2i,h_{1j}}\bigl(\epsilon + h_{1j}(Z)\bigr) - f_{1i,h_{1j}}\bigl(\epsilon + h_{1j}(Z)\bigr)\bigr]^2\bigr\}^{1/2}$$

$$+ 2\{\mathrm{E}_P[g_j(\epsilon, Z)]^2\}^{1/2}$$
$$\leq C_0 \delta$$

が成り立つ．したがって，$\{[\tilde{f}_{1,ij}, \tilde{f}_{2,ij}] : i = 1, \ldots n_{h_j}, j = 1, \ldots, m\}$ は $\mathcal{H}$ の $C_0\delta$-$L_2(P)$ ブラケット被覆である．このブラケット数の対数は $\log\left(\sum_{j=1}^m n_{h_j}\right) \leq K_0/\delta + \log 3^k k_{**} - k\log\delta$ をみたすので，

$$\int_0^1 \sqrt{\log N_{[\,]}(\epsilon, \mathcal{H}, L_2(P))}\, d\epsilon = C_0 \int_0^{1/C_0} \sqrt{\log N_{[\,]}(C_0\delta, \mathcal{H}, L_2(P))}\, d\delta < \infty$$

が成り立つ．よって定理 3.56 より $\mathcal{H}$ は P-Donsker クラスである． □

以上の結果を 5.1.2 項で考えたクラス $\mathcal{F}_n = \{\hat{k}_n(Y - \theta^T Z) : \theta \in \Theta\}$ に適用する．式 (5.3) と (5.4) から，任意の $\epsilon > 0$ に対して定数 $M < \infty$ が存在し，十分大きなすべての n に対して $1 - \epsilon$ 以上の確率で

$$\frac{|\hat{k}_n(Y - \theta^T Z)|}{1 + |Y - \theta^T Z|^{a_1}} \leq M, \qquad \frac{|\hat{k}_n^{(1)}(Y - \theta^T Z)|}{1 + |Y - \theta^T Z|^{(2a_1) \vee a_2}} \leq M$$

が成り立つ．さらに，η_0 のモーメントに関する仮定から

$$\mathrm{E}_{P_0}|Y - \theta_0^T Z|^{4(a_1 \vee [(2a_1) \vee a_2]) + 6} = \int_{\mathbb{R}} |x|^{(8a_1) \vee (4a_2) + 6} \eta_0(x)\, dx < \infty$$

である．よって系 5.2 から，十分大きなすべての n に対して，確率 $1 - \epsilon$ 以上で $\mathcal{F}_n$ は P_0-Donsker クラスに含まれる．まったく同様に，$\mathcal{F} = \{(\dot{\eta}_0/\eta_0)(Y - \theta^T Z) : \theta \in \Theta\}$ も P_0-Donsker クラスである．

5.2 Cox 回帰モデルにおける有効推定

2.5 節（35 ページ）で取り扱った Cox 回帰モデルを分析するため，一般的な計数過程回帰モデル (counting process regression model) を考える．いま $N(t)$ を有限区間 $[0, \tau]$ 上の計数過程とする．この過程は，ランダムな時刻 $V \in (0, \tau]$ に対して，$t \in [0, V]$ である限り自由に大きさ 1 のジャンプができる．また，アットリスク過程を $Y(t) \equiv 1\{V \geq t\}$ で定義する．このとき，ある $\theta_0 \in \Theta \subset \mathbb{R}^k$ と共変量 $Z \in B \subset \mathbb{R}^k$ およびある関数 $t \mapsto \Lambda_0(t)$ に対して

$$\mathrm{E}_P[N(t)|Z] = \int_0^t \mathrm{E}_P[Y(s)|Z] e^{\theta_0^T Z}\, d\Lambda_0(s), \qquad t \in [0, \tau]$$

を仮定する．ここで Θ は有界な開凸集合，B は有界集合，$\Lambda_0(t)$ は $\Lambda_0(0) = 0$

と $0 < \Lambda_0(\tau) < \infty$ をみたす連続非減少関数である．また，$\mathrm{E}_P Y(0) = 1$, $\inf_Z \mathrm{E}_P\bigl[Y(\tau)|Z\bigr] > 0$ および $\mathrm{E}_P N(\tau)^2 < \infty$ であり，$\mathrm{var}_P(Z)$ は正値であるとする．このモデルは $\mathrm{E}_P[dN(t)|Z] = \mathrm{E}_P\bigl[Y(t)|Z\bigr] e^{\theta_0^T Z} d\Lambda_0(t)$ と表すこともできる．観測は独立な $(N_i, Y_i, Z_i), i = 1, \ldots, n$ である．最初に，この一般モデルにおいて θ と Λ の推定を考える．つぎに Cox モデルへの適用を調べる．以下においても，$\mathrm{E}_P f(X)$ を $Pf(X)$ と表し，$\mathrm{E}_{\mathbb{P}_n} f(X) = n^{-1} \sum_{i=1}^n f(X_i)$ を $\mathbb{P}_n f(X)$ と表すことがある．

5.2.1 計数過程回帰モデル

θ を推定するため，推定方程式

$$U_{\theta,n}(t) \equiv \mathbb{P}_n\left[\int_0^t \{Z - \hat{D}_{\theta,n}(s)\} dN(s)\right]$$

を使う．ここで

$$\hat{D}_{\theta,n}(s) \equiv \frac{\mathbb{P}_n\bigl[ZY(s) e^{\theta^T Z}\bigr]}{\mathbb{P}_n\bigl[Y(s) e^{\theta^T Z}\bigr]}$$

である．推定量 $\hat{\theta}_n$ は $U_{\theta,n}(\tau) = 0$ の解 θ で与えられる．この推定方程式の動機づけは，例 2.4（40 ページ）で与えた生存時間データに対する Cox の部分尤度である．Λ の推定は例 2.5（42 ページ）で与えた Breslow 推定量

$$\hat{\Lambda}_n(t) \equiv \int_0^t \frac{\mathbb{P}_n\, dN(s)}{\mathbb{P}_n\bigl[Y(s) e^{\hat{\theta}_n^T Z}\bigr]}$$

で行う．以下ではこれらの推定量の一致性や弱収束性を議論する．

最初に，ある関数族の Donsker 性，したがって Glivenko–Cantelli 性を調べる．補題 3.66 から，確率過程 $N = \{N(t) : t \in [0, \tau]\}$ と $Y = \{Y(t) : t \in [0, \tau]\}$ はともに P-Donsker クラスである．明らかに $\{\theta \in \Theta\}$ と $\{Z\}$ も P-Donsker クラスである．これらはともに有界なので，系 3.63 の (3) より $\{\theta^T Z : \theta \in \Theta\}$ は P-Donsker クラスとなる．さらに，コンパクト集合上で指数関数は Lipschitz 連続なので，定理 3.62 より $\{e^{\theta^T Z} : \theta \in \Theta\}$ は P-Donsker クラスとなる．よって，ふたたび系 3.63 の (3) より，$\{Y(t) e^{\theta^T Z} : t \in [0, \tau], \theta \in \Theta\}$, $\{ZY(t) e^{\theta^T Z} : t \in [0, \tau], \theta \in \Theta\}$, $\{ZZ^T Y(t) e^{\theta^T Z} : t \in [0, \tau], \theta \in \Theta\}$ はすべて P-Donsker クラスである．

いま，$U_{\theta,n}(\tau)$ の θ に関する微分を $-V_n(\theta)$ とおくと，

$$V_n(\theta) = \int_0^\tau \left[\frac{\mathbb{P}_n\bigl[ZZ^T Y(s) e^{\theta^T Z}\bigr]}{\mathbb{P}_n\bigl[Y(s) e^{\theta^T Z}\bigr]} - \left\{\frac{\mathbb{P}_n\bigl[ZY(s) e^{\theta^T Z}\bigr]}{\mathbb{P}_n\bigl[Y(s) e^{\theta^T Z}\bigr]}\right\}^{\otimes 2}\right] \mathbb{P}_n\, dN(s)$$

5.2 Cox 回帰モデルにおける有効推定

である．この式に含まれるすべてのクラスは P-Glivenko–Cantelli であり，分母に現れた式の極限は一様にある正の値より大きいので，$\sup_{\theta \in \Theta}|V_n(\theta) - V(\theta)| \overset{as^*}{\to} 0$ が成り立つことが示される．ここで

$$V(\theta) = \int_0^\tau \left[\frac{P[ZZ^T Y(s) e^{\theta^T Z}]}{P[Y(s) e^{\theta^T Z}]} - \left\{ \frac{P[ZY(s) e^{\theta^T Z}]}{P[Y(s) e^{\theta^T Z}]} \right\}^{\otimes 2} \right] P\, dN(s)$$

である．いま，$D_\theta(t) \equiv P[ZY(t) e^{\theta^T Z}]/P[Y(t) e^{\theta^T Z}]$ と定義すると，モデルに対する仮定から，θ に無関係なある定数 $c > 0$ が存在して

$$V(\theta) = \int_0^\tau \left[\frac{P[\{Z - D_\theta(s)\}\{Z - D_\theta(s)\}^T Y(s) e^{\theta^T Z}]}{P[Y(s) e^{\theta^T Z}]} \right] P\, dN(s)$$
$$\geq c \operatorname{Var}_P(Z)$$

が成り立つことがわかる．ここで，この不等式は $V(\theta) - c \operatorname{Var}_P(Z)$ が半正値であるという意味である．同様に $\sup_{\theta \in \Theta}|U_{\theta,n}(\tau) - U_\theta(\tau)| \overset{as^*}{\to} 0$ が成り立つ．ここで，$U_\theta(t) \equiv P[\int_0^t \{Z - D_\theta(s)\}\, dN(s)]$ である．モデルの定義より $U_{\theta_0}(\tau) = 0$ であるので，$U_{\theta,n}(\tau)$ は漸近的に一意な零点 $\hat{\theta}_n$ をもち，$\hat{\theta}_n$ は真の θ_0 に対する概収束の意味の一致推定量である．

いま，$M_\theta(t) \equiv N(t) - \int_0^t Y(s) e^{\theta^T Z}\, d\Lambda_0(s)$ とおくと，$U_{\theta,n}(t) = \mathbb{P}_n[\int_0^t \{Z - \hat{D}_{\theta,n}(s)\}\, dM_\theta(s)]$ および $U_\theta(t) = P[\int_0^t \{Z - D_\theta(s)\}\, dM_\theta(s)]$ と表すことができる．さらに $S_{\theta,n}(t) \equiv \sqrt{n}\mathbb{P}_n[\int_0^t \{\hat{D}_{\theta,n}(s) - D_\theta(s)\}\, dM_\theta(s)]$ とおくと

$$\sqrt{n}\{U_{\hat{\theta}_n,n}(\tau) - U_{\hat{\theta}_n}(\tau)\} - \sqrt{n}\{U_{\theta_0,n}(\tau) - U_{\theta_0}(\tau)\}$$
$$= -S_{\hat{\theta}_n,n}(\tau) + S_{\theta_0,n}(\tau)$$
$$+ \mathbb{G}_n \left[\int_0^\tau \{Z - D_{\hat{\theta}_n}(s)\}\, dM_{\hat{\theta}_n}(s) - \int_0^\tau \{Z - D_{\theta_0}(s)\}\, dM_{\theta_0}(s) \right]$$

となる．例 3.12（120 ページ）の結果から $\{\int_0^\tau \{Z - D_\theta(s)\}\, dM_\theta(s) : \theta \in \Theta\}$ は P-Donsker クラスであるので，系 3.34 を適用すると，右辺の第 3 項は 0 に外確率収束することが導かれる．$S_{\hat{\theta}_n,n}(\tau)$ の収束を調べるため，それを $dM_{\hat{\theta}_n}(t) = dM_{\theta_0}(t) - Y(t)(e^{\hat{\theta}_n^T Z} - e^{\theta_0^T Z})\, d\Lambda_0(t)$ を使って書き換えると，

$$S_{\hat{\theta}_n,n}(\tau) = \int_0^\tau \{\hat{D}_{\hat{\theta}_n,n}(s) - D_{\hat{\theta}_n}(s)\} \sqrt{n}\mathbb{P}_n\, dM_{\theta_0}(s)$$
$$- \sqrt{n}\mathbb{P}_n \left[\int_0^\tau \{\hat{D}_{\hat{\theta}_n,n}(s) - D_{\hat{\theta}_n}(s)\} Y(s)(e^{\hat{\theta}_n^T Z} - e^{\theta_0^T Z})\, d\Lambda_0(s) \right]$$
$$\equiv I_n - J_n$$

となる. $I_n = o_P^*(1)$ であることは, つぎの補題 5.3 (Kosorok[3] の補題 4.2) を利用して, $A_n(t) = \hat{D}_{\hat{\theta}_n,n}(t) - D_{\hat{\theta}_n}(t)$ および $B_n(t) = \sqrt{n}\mathbb{P}_n M_{\theta_0}(t)$ とおいて示すことができる. また, 中心極限定理より

$$|J_n| \lesssim \|\hat{D}_{\hat{\theta}_n,n} - D_{\hat{\theta}_n}\|_\infty \sqrt{n}\mathbb{P}_n\left[\int_0^\tau Y(s)\,d\Lambda_0(s)\right] = o_P^*(1)O_P(1) = o_P^*(1)$$

が成り立つ. よって, $S_{\hat{\theta}_n,n}(\tau) \xrightarrow{P^*} 0$ である. 同様に $S_{\theta_0,n}(\tau) \xrightarrow{P^*} 0$ も成り立つ. したがって, $\sqrt{n}\{U_{\hat{\theta}_n,n}(\tau) - U_{\hat{\theta}_n}(\tau)\} - \sqrt{n}\{U_{\theta_0,n}(\tau) - U_{\theta_0}(\tau)\} \xrightarrow{P^*} 0$ が得られる. また, 弱収束 $\sqrt{n}\{U_{\theta_0,n}(\tau) - U_{\theta_0}(\tau)\} = \mathbb{G}_n\left[\int_0^\tau \{Z - D_{\theta_0}(s)\}\,dM_{\theta_0}(s)\right] - S_{\theta_0,n}(\tau) \rightsquigarrow N\left(0, P\left[\int_0^\tau \{Z - D_{\theta_0}(s)\}\,dM_{\theta_0}(s)\right]^{\otimes 2}\right)$ が成り立つ.

補題 5.3 $A_n \in \ell^\infty([a,b])$ は cadlag あるいは caglad 関数で, 一様に有界な全変動をもち, $\sup_{t \in (a,b]}|A_n(t)| \xrightarrow{P^*} 0$ をみたすとする. $B_n \in D[a,b]$ は $D[a,b]$ に見本過程をもつタイトな平均 0 の確率過程に弱収束するとする. このとき $\int_a^b A_n(t)\,dB_n(t) \xrightarrow{P^*} 0$ が成り立つ.

よって Z-推定量の基本定理 (定理 4.8) のすべての条件がみたされる. したがって $\sqrt{n}(\hat{\theta}_n - \theta_0) \rightsquigarrow N(0, \Sigma_0)$ が成り立つ. ここで

$$\Sigma_0 = V^{-1}(\theta_0)P\left[\int_0^\tau \{Z - D_{\theta_0}(s)\}\,dM_{\theta_0}(s)\right]^{\otimes 2} V^{-1}(\theta_0)$$

である. また

$$\sqrt{n}(\hat{\theta}_n - \theta_0) = \sqrt{n}\mathbb{P}_n\left[V^{-1}(\theta_0)\int_0^\tau \{Z - D_{\theta_0}(s)\}\,dM_{\theta_0}(s)\right] + o_P^*(1) \quad (5.6)$$

と展開される.

真の Λ_0 に対して

$$\begin{aligned}&\hat{\Lambda}_n(t) - \Lambda_0(t)\\&= \int_0^t 1\{\mathbb{P}_n Y(s) > 0\}\left\{\frac{(\mathbb{P}_n - P)\,dN(s)}{\mathbb{P}_n[Y(s)e^{\hat{\theta}_n^T Z}]}\right\}\\&\quad - \int_0^t 1\{\mathbb{P}_n Y(s) = 0\}\left\{\frac{P\,dN(s)}{P[Y(s)e^{\hat{\theta}_n^T Z}]}\right\}\\&\quad - \int_0^t 1\{\mathbb{P}_n Y(s) > 0\}\frac{(\mathbb{P}_n - P)[Y(s)e^{\hat{\theta}_n^T Z}]}{P[Y(s)e^{\hat{\theta}_n^T Z}]}\left\{\frac{P\,dN(s)}{\mathbb{P}_n[Y(s)e^{\hat{\theta}_n^T Z}]}\right\}\\&\quad - \int_0^t \frac{P[Y(s)(e^{\hat{\theta}_n^T Z} - e^{\theta_0^T Z})]}{P[Y(s)e^{\hat{\theta}_n^T Z}]}\,d\Lambda_0(s)\end{aligned}$$

$$\equiv H_n(t) - I_n(t) - J_n(t) - K_n(t)$$

とおく．これら $\hat{\theta}_n$ の関数の滑らかさと $\hat{\theta}_n$ の概収束，および N, Y と $\{Y(t)e^{\theta^T Z} : t \in [0,\tau], \theta \in \Theta\}$ の Donsker 性から，H_n, I_n, J_n, K_n はすべて一様に 0 に概収束することがわかる．よって $\|\hat{\Lambda}_n - \Lambda_0\|_\infty \overset{\text{as}^*}{\to} 0$ が成り立つ．また，t について一様に $P\{\mathbb{P}_n Y(t) = 0\} \leq \left[P\{V < \tau\}\right]^n = o_P(n^{-1/2})$ なので，$I_n(t) = o_P^*(n^{-1/2})$ が成り立つ．さらに，t について一様に

$$H_n(t) = (\mathbb{P}_n - P)\left[\int_0^t \frac{dN(s)}{P\left[Y(s)e^{\theta_0^T Z}\right]}\right] + o_P^*(n^{-1/2})$$

$$J_n(t) = (\mathbb{P}_n - P)\left[\int_0^t \frac{Y(s)e^{\theta_0^T Z}}{P\left[Y(s)e^{\theta_0^T Z}\right]}\, d\Lambda_0(s)\right] + o_P^*(n^{-1/2})$$

$$K_n(t) = (\hat{\theta}_n - \theta_0)^T \int_0^t \frac{P\left[ZY(s)e^{\theta_0^T Z}\right]}{P\left[Y(s)e^{\theta_0^T Z}\right]}\, d\Lambda_0(s) + o_P^*(n^{-1/2})$$

も成り立つことが示される．これらすべてをあわせると，展開

$$\sqrt{n}\{\hat{\Lambda}_n(t) - \Lambda_0(t)\} = \sqrt{n}(\mathbb{P}_n - P)\left[\int_0^t \frac{dM_{\theta_0}(s)}{P\left[Y(s)e^{\theta_0^T Z}\right]}\right]$$
$$- \sqrt{n}(\hat{\theta}_n - \theta_0)^T \int_0^t D_{\theta_0}(s)\, d\Lambda_0(s) + o_P^*(1)$$

が得られる．剰余項は t に関して一様である．ここで $\sqrt{n}(\hat{\theta}_n - \theta_0)$ の漸近展開 (5.6) を右辺に代入すると，各 $t \in [0,\tau]$ に対して $\hat{\Lambda}_n(t)$ は

$$\tilde{\psi}(t) \equiv \int_0^t \frac{dM_{\theta_0}(s)}{P\left[Y(s)e^{\theta_0^T Z}\right]}$$
$$- \left\{\int_0^\tau \{Z - D_{\theta_0}(s)\}^T\, dM_{\theta_0}(s)\right\} V^{-1}(\theta_0) \int_0^t D_{\theta_0}(s)\, d\Lambda_0(s) \quad (5.7)$$

を影響関数にもつ $\Lambda_0(t)$ の漸近線形推定量となることがわかる．さらに補題 3.66 を用いると，$\{\tilde{\psi}(t) : t \in [0,\tau]\}$ は P-Donsker クラスであることがわかる．よって，$\sqrt{n}(\hat{\Lambda}_n - \Lambda_0)$ は $D[0,\tau]$ においてタイトな平均 0 の Gauss 過程 G に弱収束し，共分散は $\mathrm{Cov}_P\left[G(s), G(t)\right] = P\left[\tilde{\psi}(s)\tilde{\psi}(t)\right]$ である．

5.2.2　Cox 回帰モデル

右側打ち切り生存時間データに対する Cox 回帰モデルでは，観測量は $X = (V, \Delta, Z)$ の三つ組みである．ここで，$V = T \wedge C$, $\Delta = 1\{T \leq C\}$, $Z \in \mathbb{R}^k$ で

ある．T は生存時間で $Z = z$ のもとで累積ハザード関数 $e^{\theta^T z}\Lambda(t)$ をもち，C は T の打ち切り時間で $Z = z$ のもとでは T と独立である．さらに，打ち切り時間は θ と Λ に関して情報をもたないと仮定する．このモデルは本節の冒頭で述べた計測過程回帰モデルの特別な場合で，計測過程は $N(t) = \Delta 1\{V \leq t\}$ であり，アットリスク過程は $Y(t) = 1\{V \geq t\}$ である．前項の推定方程式 $U_{\theta,n}(\tau) = 0$ は例 2.4（40 ページ）で与えた部分尤度方程式 $\mathbb{P}_n \hat{\ell}_{\theta,n} = 0$ と同じものである．したがって，部分尤度方程式の解 $\hat{\theta}_n$ および Breslow 推定量 $\hat{\Lambda}_n$ の一致性と漸近正規性は前項で示されたとおりである．

a. 最大部分尤度法

Cox 回帰モデルにおいては，2.5 節で述べたように，$M_{\theta_0}(t) = N(t) - \int_0^t Y(s) e^{\theta_0^T Z} d\Lambda_0(s)$ と $U_{\theta_0,n}(t)$ はマルチンゲールになる．そして，式 (2.22) と (2.24) で示したように，$\int_0^\tau \{Z - D_{\theta_0}(s)\} dM_{\theta_0}(s)$ は θ_0 に対する有効スコア関数であり，$V(\theta_0)$ は θ_0 に対する有効情報量である．よって，式 (5.6) より $\hat{\theta}_n$ は有効影響関数 $V^{-1}(\theta_0) \int_0^\tau \{Z - D_{\theta_0}(s)\} dM_{\theta_0}(s)$ をもつ漸近線形推定量である．したがって漸近有効である．

各点 $t \in [0, \tau]$ における $\Lambda_0(t)$ の推定に関し，式 (5.7) で与えた Breslow 推定量 $\hat{\Lambda}_n(t)$ の影響関数 $\tilde{\psi}(t)$ は，Cox 回帰モデルでは式 (2.25) で与えた有効影響関数と一致する．ゆえに，$\hat{\Lambda}_n$ は各点 t において漸近有効で，$D[0, \tau]$ において漸近的にタイトである．したがって，定理 4.22 から，$\hat{\Lambda}_n$ は $D[0, \tau]$ において一様に漸近有効である．さらに，$\hat{\theta}_n$ の結果とあわせると，定理 4.23 より $(\hat{\theta}_n, \hat{\Lambda}_n)$ は (θ_0, Λ_0) の同時推定に関し一様に漸近有効である．

有効スコア方程式の解である $\hat{\theta}_n$ の漸近有効性は，定理 2.3 の条件を確認することで示すこともできる．条件 (2.26) と条件 (2.27) の後半以外は，前項の議論から成り立つことがわかる．分布 $P_{\hat{\theta}_n, \Lambda_0}$ のもとでは，$M_{\hat{\theta}_n}(t)$ は平均 0 のマルチンゲールで $d\langle M_{\hat{\theta}_n}, M_{\hat{\theta}_n}\rangle(t) = Y(t) e^{\hat{\theta}_n^T Z} d\Lambda_0(t)$ であることに注意する．このとき，$P_{\hat{\theta}_n, \Lambda_0} \hat{\ell}_{\hat{\theta}_n, n} = P_{\hat{\theta}_n, \Lambda_0}[ZM_{\hat{\theta}_n}(\tau)] - \int_0^\tau \hat{D}_{\hat{\theta}_n, n}(s) dP_{\hat{\theta}_n, \Lambda_0} M_{\hat{\theta}_n}(s) = 0$ なので，条件 (2.26) がみたされる．また，

$$P_{\hat{\theta}_n, \Lambda_0}[\hat{\ell}_{\hat{\theta}_n, n}^T \hat{\ell}_{\hat{\theta}_n, n}]$$
$$= P_{\hat{\theta}_n, \Lambda_0}\left[\int_0^\tau \{Z - \hat{D}_{\hat{\theta}_n, n}(s)\}^T \{Z - \hat{D}_{\hat{\theta}_n, n}(s)\} Y(s) e^{\hat{\theta}_n^T Z} d\Lambda_0(s)\right]$$

と $\sup_{s \in [0, \tau]} \|\hat{D}_{\hat{\theta}_n, n}(s) - D_{\theta_0}(s)\| \stackrel{as^*}{\to} 0$ より，$P_{\hat{\theta}_n, \Lambda_0}[\hat{\ell}_{\hat{\theta}_n, n}^T \hat{\ell}_{\hat{\theta}_n, n}] = O_P^*(1)$ が成り立つ．

b. 最大尤度法

例 2.5 (42 ページ) で示したように, $(\hat{\theta}_n, \hat{\Lambda}_n)$ は最尤推定量でもある. この視点から, 4.4.3 項で示した結果を適用し, それらの有効性を議論することもできる. ここでは結合パラメータは $\psi = (\theta, \Lambda)$ である. 式 (2.20) より, パラメータの摂動 $c = (a, h) \in \mathcal{C} = \mathbb{R}^k \times \mathcal{H}$ に対して, θ と Λ に関するスコア関数はそれぞれ $U_1[\psi](a) = \int_0^\tau a^T Z \, dM_\psi(s)$ と $U_2[\psi](h) = \int_0^\tau h(s) \, dM_\psi(s)$ で与えられる. ここで, $M_\psi(t) = N(t) - \int_0^t Y(s) e^{\theta^T Z} d\Lambda(s)$ である. また, 系 4.27 における写像 $\sigma[\psi] : \mathcal{C} \to \mathcal{C}$ の要素は

$$\sigma_{11}[\psi](a) = \int_0^\tau P_{\psi_0}\big[ZZ^T Y(s) e^{\theta^T Z}\big] d\Lambda(s) \, a$$

$$\sigma_{12}[\psi](h) = \int_0^\tau P_{\psi_0}\big[ZY(s) e^{\theta^T Z}\big] h(s) \, d\Lambda(s)$$

$$\sigma_{21}[\psi](a) = P_{\psi_0}\big[Z^T Y(\cdot) e^{\theta^T Z}\big] a$$

$$\sigma_{22}[\psi](h) = P_{\psi_0}\big[Y(\cdot) e^{\theta^T Z}\big] h(\cdot)$$

であることも容易にわかる. ここで $\psi_0 = (\theta_0, \Lambda_0)$ は真のパラメータである. 系 4.27 を適用して最尤推定量 $\hat{\psi}_n = (\hat{\theta}_n, \hat{\Lambda}_n)$ の有効性を示すためには, その系で要求されている諸条件を確認する必要がある. それらの中でやや難しいのは条件 (i) と写像 $\sigma[\psi_0]$ に関する条件である. 他の条件はこれまでの議論をくり返し使って示すことができる.

結合パラメータ ψ に関するスコア関数 $U[\psi](c)$ は, $c = (a, h)$ に対して

$$U[\psi](c) = \int_0^\tau \{a^T Z + h(s)\} dN(s) - \int_0^\tau \{a^T Z + h(s)\} Y(s) e^{\theta^T Z} d\Lambda(s)$$

と表すことができる. 前項で示したように $\{Y(t) e^{\theta^T Z} : t \in [0, \tau], \theta \in \Theta\}$ は有界な P_{ψ_0}-Donsker クラスである. 容易に $\{a^T Z + h(t) : t \in [0, \tau], c = (a, h) \in \mathcal{C}_p\}$ も有界な P_{ψ_0}-Donsker クラスであることがわかる. 有界な Donsker クラスの積もまた Donsker クラスなので,

$$\mathcal{F} \equiv \Big\{ f_{t, \psi, c}(X) \equiv \{a^T Z + h(t)\} Y(t) e^{\theta^T Z} :$$
$$t \in [0, \tau], \psi \in \Psi_\epsilon, c = (a, h) \in \mathcal{C}_p \Big\}$$

は P_{ψ_0}-Donsker クラスとなる. ここで $\Psi_\epsilon \equiv \{\psi \in \Theta \times H : \|\psi - \psi_0\|_{(p)} \leq \epsilon\}$ である. つぎに, $\tilde{\Lambda}$ が $H_\epsilon \equiv \{\Lambda \in H : \|\Lambda - \Lambda_0\|_\infty \leq \epsilon\}$ 上を動くとき, 写像 $\phi : \ell^\infty([0, \tau] \times \Psi_\epsilon \times \mathcal{C}_p) \to \ell^\infty(\Psi_\epsilon \times \mathcal{C}_p \times H_\epsilon)$ を $g(t, \psi, c) \in \ell^\infty([0, \tau] \times \Psi_\epsilon \times \mathcal{C}_p)$

に対して

$$\phi(g(\cdot,\psi,c)) \equiv \int_0^\tau g(s,\psi,c)\,d\tilde{\Lambda}(s)$$

で定義する．明らかに写像 ϕ は線形である．また，任意の $g_1, g_2 \in \ell^\infty([0,\tau] \times \Psi_\epsilon \times \mathcal{C}_p)$ に対して

$$\|\phi(g_1) - \phi(g_2)\|_{\Psi_\epsilon \times \mathcal{C}_p \times H_\epsilon} \leq (\Lambda_0(\tau) + \epsilon)\|g_1 - g_2\|_{[0,\tau] \times \Psi_\epsilon \times \mathcal{C}_p}$$

が成り立つので，ϕ は連続でもある．したがって，以下で示す補題 5.4 から $\phi(\mathcal{F})$ は P_{ψ_0}-Donsker クラスとなる．よって，その部分集合

$$\left\{\int_0^\tau \{a^T Z + h(s)\} Y(s) e^{\theta^T Z}\,d\Lambda(s) : \psi \in \Psi_\epsilon, c = (a,h) \in \mathcal{C}_p\right\}$$

も P_{ψ_0}-Donsker クラスである．一方，任意の $c = (a,h) \in \mathcal{C}_p$ に対して

$$\int_0^\tau \{a^T Z + h(s)\}\,dN(s) = a^T Z N(\tau) + h(T)\Delta$$

であり，h は一様有界な単調増加関数の差であるので，定理 3.71 より

$$\left\{\int_0^\tau \{a^T Z + h(s)\}\,dN(s) : c = (a,h) \in \mathcal{C}_p\right\}$$

も P_{ψ_0}-Donsker クラスであることがわかる．よって条件 (i) の成立が示された．

補題 5.4 任意の添え字集合 S と T に対して，関数 $f: \mathcal{X} \to \ell^\infty(S)$ の座標写像からなるクラス $\mathcal{F} \equiv \{f_s = \Pi_s f : s \in S\}$ は Donsker であるとし，写像 $\phi: \ell^\infty(S) \to \ell^\infty(T)$ は連続で線形であるとする．このとき，$\phi(\mathcal{F})$ は Donsker クラスである．

証明 写像 ϕ の線形性と連続性から，$\ell^\infty(T)$ において

$$\mathbb{G}_n \phi(\mathcal{F}) = \phi(\mathbb{G}_n \mathcal{F}) \rightsquigarrow \phi(\mathbb{G}\mathcal{F}) = \mathbb{G}\phi(\mathcal{F})$$

を得る．弱収束は連続写像定理から導かれる．□

つぎに写像 $\sigma[\psi_0]$ に関する条件を確認する．分解 $\sigma[\psi_0] = \kappa_1[\psi_0] + \kappa_2[\psi_0]$ を $\kappa_1[\psi_0](c) \equiv (a, \rho_0(\cdot)h(\cdot))$, $\kappa_2[\psi_0] \equiv \sigma[\psi_0] - \kappa_1[\psi_0]$ で定める．ここで，$\rho_0(t) \equiv P_{\psi_0}[Y(t)e^{\theta_0^T Z}]$ である．このとき

$$\kappa_2[\psi_0](c) = (\sigma_{11}[\psi_0](a) - a + \sigma_{12}[\psi_0](h), \sigma_{21}[\psi_0](a))$$

であるので，$\sigma_{12}[\psi_0]: \mathcal{H} \to \mathbb{R}^k$ がコンパクト作用素であれば $\kappa_2[\psi_0]$ もコンパクト

5.2 Cox 回帰モデルにおける有効推定

作用素である. 作用素 $\sigma_{12}[\psi_0]$ がコンパクトであることをみるため, $\{h_n\}$ を $\mathcal{H}$ の単位球内の任意の点列とすると, Helly の選出定理より適当な部分列 $\{h_{n'}\}$ がある $h \in \mathcal{H}$ にその連続点で収束する. したがって $\|\sigma_{12}[\psi_0](h_{n'}) - \sigma_{12}[\psi_0](h)\| \to 0$ が成り立ち, $\sigma_{12}[\psi_0]$ がコンパクト作用素であることがわかる. また, $\rho_0 \in \mathcal{H}$ で $\rho_0(t) \geq \rho_0(\tau) > 0$ なので, $1/\rho_0 \in \mathcal{H}$ である. よって, 任意の $c = (a, h) \in \mathcal{C}$ に対して $\bar{c} = (a, h/\rho_0) \in \mathcal{C}$ は $\kappa_1[\psi_0](\bar{c}) = c$ をみたす. さらに, $\|h\|_v \leq 2\|1/\rho_0\|_v\|\rho_0 h\|_v = 2\|\rho_0 h\|_v/\rho_0(\tau)$ なので $\|\rho_0 h\|_v \geq 2^{-1}\rho_0(\tau)\|h\|_v$ が成り立つ. よって, $\kappa_1[\psi_0]$ は全射で連続的な逆をもつ作用素である. したがって, もし $\sigma[\psi_0]$ が 1 対 1 であることが示されれば, 補題 2.6 から $\sigma[\psi_0]$ は全射で連続的に可逆であることがわかる.

いま, $c = (a, h) \in \mathcal{C}$ は $\sigma[\psi_0](c) = 0$ をみたすとする. このとき, $\bar{c} = (a, \int_0^t h(s) d\Lambda_0(s))$ に対して $\bar{c}(\sigma[\psi_0](c)) = 0$ となる. これを具体的に表すと

$$\begin{aligned}
0 &= a^T\{\sigma_{11}[\psi_0](a) + \sigma_{12}[\psi_0](h)\} \\
&\quad + \int_0^\tau \{\sigma_{21}[\psi_0](a) + \sigma_{22}[\psi_0](h)\}h(s) d\Lambda_0(s) \\
&= \int_0^\tau P_{\psi_0}\left[\{a^T Z + h(s)\}^2 Y(s) e^{\theta_0^T Z}\right] d\Lambda_0(s) \\
&= \int_0^\tau P_{\psi_0}\left[\{a^T Z + h(s)\}^2 dN(s)\right] \\
&= P_{\psi_0}\left[\{a^T Z + h(T)\}^2 \Delta\right]
\end{aligned}$$

であるので, P_{ψ_0}-確率 1 で $\{a^T Z + h(T)\}^2 \Delta = 0$ が成り立たなければならない. これより h は定数値関数であり, したがって $a^T Z$ も定数である. 仮定より $\mathrm{var}_{P_{\psi_0}}(Z)$ は正値なので $a = 0$ となり, これより $h = 0$ を得る. よって $\sigma[\psi_0]$ は 1 対 1 である.

参 考 文 献

　本書を書くにあたって参考にした書物をあげる．これらのうち，Bickel, Klaassen, Ritov and Wellner[1]，Kosorok[3]，van der Vaart[6] および van der Vaart and Wellner[7] は，本書の参考書として，あるいは本書につづいて，読むことをすすめる書物である．とくに Kosorok[3] は，読み易いとはいえないが，理論と応用のバランスおよびブートストラップ理論への展開という観点から，読むべき書物のひとつである．ちなみに，第5章においてセミパラメトリックモデルの分析例を解説するにあたっては，主に Kosorok[3] の議論と結果を参考にした．

1) Bickel, P. J., Klaassen, C. A. J., Ritov, Y. and Wellner, J. A. (1993). *Efficient and Adaptive Estimation for Semiparametric Models*. Springer-Verlag, New York.
2) Fleming, T. R. and Harrington, D. P. (1991). *Counting Processes and Survival Analysis*. John Wiley & Sons, New York.
3) Kosorok, M. R. (2008). *Introduction to Empirical Processes and Semiparametric Inference*. Springer Science+Business Media LLC, New York.
4) 西山陽一 (2011). マルチンゲール理論による統計解析. 近代科学社.
5) Pollard, D. (1984). *Convergence of Stochastic Processes*. Springer-Verlag, New York.
6) van der Vaart, A. W. (1998). *Asymptotic Statistics*. Cambridge University Press, New York.
7) van der Vaart, A. W. and Wellner, J. A. (1996). *Weak Convergence and Empirical Processes: With Applications to Statistics*. Springer-Verlag, New York.

索　引

欧　文

Bernstein の不等式　92
Borel 確率測度　56
Borel 可測写像　56
Borel σ-加法族　56
Breslow 推定量　43

cadlag 関数　56
caglad 関数　56
Cox 回帰モデル　19, 35, 40, 42, 45, 52, 187, 191
Cramér-von Mises 統計量　66

Donsker 型定理　112
Donsker クラス　86
　P-――　86
Donsker の定理　87
Duhamel の方程式　139

F-Brown 橋　65
Fisher 情報量行列　3
Fréchet 微分可能　2, 47, 130
Fubini の定理　60

Gâteaux 微分可能　131
Gauss 過程　83, 84
　劣――　98
Glivenko-Cantelli 型定理　108

Glivenko-Cantelli クラス　86
　P-――　86
　弱――　86
Glivenko-Cantelli の定理　108

Hadamard 微分可能　130
　近接して――　131
Hellinger 距離　2
Hoeffding の不等式　98

Kaplan-Meier 推定量　141, 145
Kolmogorov-Smirnov 統計量　66

Le Cam の第 1 補題　149
Le Cam の第 3 補題　151
Lipschitz 関数　61
Lipschitz クラス　120

Mann-Whitney 統計量　134
Markov の不等式　59

Nelson-Aalen 推定量　136

Orlicz ノルム　88

P-Brown 橋　86
P-Donsker クラス　86

Peano 級数　138
P-Glivenko-Cantelli クラス　86
Prohorov の定理　69
P-可測クラス　102

Rademacher 過程　98
Riesz の性質　106
r 次平均 ρ-一様連続　82

Slutsky の定理　72
Sobolev クラス　120
Stein の縮小推定量　6

Vapnik-Červonenkis (VC) クラス　124
VC-クラス　124, 125
VC-サブグラフクラス　125
VC-指数　124

Wilcoxon 統計量　134

Z-推定量　142
　――の一致性　142
　――の弱収束性　143

ア　行

アットリスク過程　36

一様エントロピー　111
一様エントロピー積分　112

索引

一様にタイト 68
一様ノルム 56
一様被覆数 111
一般最大不等式 94
ϵ-ブラケット 106
ϵ-分離的 93
ϵ-網 106

影響関数 7, 156
　有効―― 8, 15, 22, 156
エントロピー 106
　一様―― 111
　計量―― 93
　ブラケット―― 106
　ブラケットなし―― 106
エントロピー数 93, 105

カ 行

外概収束 73
外確率 58
外確率収束 72, 73
外積分 58
拡張された連続写像定理 73
各点可測クラス 102
確率過程 74
　単調―― 125
確率要素 56
可測クラス 102
　P-―― 102
　各点―― 102
可分 61, 94
環 70
関数デルタ法 132
完全 60
完全分解 124
共役スコア作用素 33
局外母数 2
極小可測優関数 58
局所正則 5

局所漸近正規 156
極大可測劣関数 58
近似的に最も不利なサブモデル 44
近接して Hadamard 微分可能 131
緊密 61

経験過程 65, 85
経験測度 1, 85
経験分布関数 42, 65
経験尤度 42
計数過程 36
計数過程回帰モデル 187, 188
計量エントロピー 93

後進 Volterra 積分方程式 138
固定端 Brown 運動 65
コンパクト作用素 50

サ 行

最大不等式 88, 90
　一般―― 94
最大部分尤度法 192
最大尤度法 193
サブグラフ 125

識別可能 1
弱 Glivenko-Cantelli クラス 86
弱収束 5, 56, 61
準距離 55
情報作用素 33
情報量限界 8

スコア関数 3
　有効―― 9, 25
スコア作用素 32
　共役―― 33

正則 2, 5, 23, 155

――なパラメトリックモデル 2
正則点 2
積積分 135, 138
接空間 11, 21
接集合 11, 21
接触 148
　互いに―― 148
接触する対立仮説 152
セミパラメトリック線形回帰モデル 18, 25, 173
セミパラメトリックモデル 18
漸近正規 155
漸近線形 7, 156
漸近的可測 68
漸近的対数正規性 150
漸近的タイト 68
漸近的 ρ-同程度一様確率連続 77
漸近有効 6, 24, 159
前進 Volterra 積分方程式 138

相対コンパクト性 69

タ 行

対称化不等式 100
対称凸包 122
代数 70
対数尤度 2
タイト 61
　一様に―― 68
　漸近的―― 68
　プレ―― 69
互いに接触 148
たたみ込み定理 6, 23, 157, 159
単調確率過程 125
単調関数族 128

抽出 124

索　引　　　　　　　　　　　　　　　　　　*199*

定義関数クラス　119
適応推定量　10
適合度検定統計量　67
デルタ法　129, 132
　　関数——　132

統計的実験　154

ナ 行

内確率　58
内積分　58
滑らかな関数族 $C_M^\alpha(\mathcal{X})$　126

2次平均微分可能性　3

ノンパラメトリックモデル　18, 21

ハ 行

バージョン　74
パッキング数　93
パラメータ化　1
パラメトリックモデル　1
　　正則な——　2

被覆数　93, 106
　　一様——　111
微分可能　15, 22
　　Fréchet——　2, 47, 130
　　Gâteaux——　131
　　Hadamard——　130

道ごとに——　15, 22
表現　74
標準 Brown 橋　65

フィルトレーション　37
ψ-ノルム　88
部分尤度　41
ブラケット　106
　　ϵ-——　106
ブラケットエントロピー　106
ブラケット数　106
ブラケット積分　115
ブラケットなしエントロピー　106
プレタイト　69
プロビットモデル　120
プロファイル尤度　42
分布　56
分離　61

ベクトル束　61
ベースライン(基準)ハザード関数　19
包絡関数　104
ポルトマント定理　62

マ 行

マルチンゲール　37

道ごとに微分可能　15, 22
見本過程　74

無作為標本　155

最も不利なサブモデル　20
　　近似的に——　44

ヤ 行

有効　6, 24, 159
有効影響関数　8, 15, 22, 156
有効情報量　8
有効情報量行列　25
有効スコア関数　9, 25
有効スコア方程式　40
尤度　2
　　経験——　42
　　対数——　2
　　部分——　41
　　プロファイル——　42
尤度方程式　45

ラ 行

累積ハザード関数　19

劣 Gauss 過程　98
連鎖　93
連鎖律　131
連続写像定理　66
　　拡張された——　73

ロジットモデル　120

著者略歴

久保木久孝（くぼきひさたか）

1950 年　福島県に生まれる
1976 年　東京工業大学大学院理工学研究科修士課程修了
現　在　前 電気通信大学大学院情報理工学研究科教授
　　　　理学博士

鈴木　武（すずきたける）

1944 年　愛媛県に生まれる
1969 年　大阪市立大学大学院理学研究科修士課程修了
現　在　前 早稲田大学理工学術院基幹理工学部教授
　　　　理学博士

統計ライブラリー
セミパラメトリック推測と経験過程　　定価はカバーに表示

2015 年 6 月 5 日　初版第 1 刷

著　者　久保木　久　孝
　　　　鈴　木　　　武
発行者　朝　倉　邦　造
発行所　株式会社　朝倉書店
　　　　東京都新宿区新小川町 6-29
　　　　郵便番号　162-8707
　　　　電　話　03(3260)0141
　　　　ＦＡＸ　03(3260)0180
　　　　http://www.asakura.co.jp

〈検印省略〉

© 2015〈無断複写・転載を禁ず〉　　中央印刷・渡辺製本

ISBN 978-4-254-12836-9　C 3341　　Printed in Japan

JCOPY ＜(社)出版者著作権管理機構 委託出版物＞

本書の無断複写は著作権法上での例外を除き禁じられています。複写される場合は、そのつど事前に、(社) 出版者著作権管理機構 (電話 03-3513-6969、FAX 03-3513-6979、e-mail: info@jcopy.or.jp) の許諾を得てください。

前中大 杉山髙一・前広大 藤越康祝・
前筑波大 杉浦成昭・東大 国友直人編

統計データ科学事典

12165-0 C3541　　　　B 5 判 788頁 本体27000円

統計学の全領域を33章約300項目に整理, 見開き形式で解説する総合的事典。〔内容〕確率分布／推測／検定／回帰分析／多変量解析／時系列解析／実験計画法／漸近展開／モデル選択／多重比較／離散データ解析／極値統計／欠測値／数量化／探索的データ解析／計算機統計学／経時データ解析／高次元データ解析／空間データ解析／ファイナンス統計／経済統計／経済時系列／医学統計／テストの統計／生存時間分析／DNAデータ解析／標本調査法／中学・高校の確率・統計／他

D.K.デイ・C.R.ラオ編
帝京大 繁桝算男・東大 岸野洋久・東大 大森裕浩監訳

ベイズ統計分析ハンドブック

12181-0 C3041　　　　A 5 判 1076頁 本体28000円

発展著しいベイズ統計分析の近年の成果を集約したハンドブック。基礎理論, 方法論, 実証応用および関連する計算手法について, 一流執筆陣による全35章で立体的に解説。〔内容〕ベイズ統計の基礎（因果関係の推論, モデル選択, モデル診断ほか）／ノンパラメトリック手法／ベイズ統計における計算／時空間モデル／頑健分析・感度解析／バイオインフォマティクス・生物統計／カテゴリカルデータ解析／生存時間解析, ソフトウェア信頼性／小地域推定／ベイズ的思考法の教育

前慶大 蓑谷千凰彦著

正規分布ハンドブック

12188-9 C3041　　　　A 5 判 704頁 本体18000円

最も重要な確率分布である正規分布について, その特性や関連する数理などあらゆる知見をまとめた研究者・実務者必携のレファレンス。〔内容〕正規分布の特性／正規分布に関連する積分／中心極限定理とエッジワース展開／確率分布の正規近似／正規分布の歴史／2変量正規分布／対数正規分布およびその他の変換／特殊な正規分布／正規母集団からの標本分布／正規母集団からの標本順序統計量／多変量正規分布／パラメータの点推定／信頼区間と許容区間／仮説検定／正規性の検定

前慶大 蓑谷千凰彦著

統計分布ハンドブック（増補版）

12178-0 C3041　　　　A 5 判 864頁 本体23000円

様々な確率分布の特性・数学的意味・展開等を豊富なグラフとともに詳説した名著を大幅に増補。各分布の最新知見を補うほか, 新たにゴンペルツ分布・多変量t分布・デーガム分布システムの3章を追加。〔内容〕数学の基礎／統計学の基礎／極限定理と展開／確率分布（安定分布, 一様分布, F分布, カイ2乗分布, ガンマ分布, 極値分布, 誤差分布, ジョンソン分布システム, 正規分布, t分布, バー分布システム, パレート分布, ピアソン分布システム, ワイブル分布他）

早大 豊田秀樹監訳

数理統計学ハンドブック

12163-6 C3541　　　　A 5 判 784頁 本体23000円

数理統計学の幅広い領域を詳細に解説した「定本」。基礎からブートストラップ法など最新の手法まで〔内容〕確率と分布／多変量分布（相関係数他）／特別な分布（ポアソン分布／t分布他）／不偏性, 一致性, 極限分布（確率収束他）／基本的な統計的推測法（標本抽出／χ^2検定／モンテカルロ法他）／最尤法（EMアルゴリズム他）／十分性／仮説の最適な検定／正規モデルに関する推測／ノンパラメトリック統計／ベイズ統計／線形モデル／付録：数学／RとS-PLUS／分布表／問題解

◆ シリーズ〈統計科学のプラクティス〉◆
Rとベイズをキーワードとした統計科学の実践シリーズ

慶大 小暮厚之著
シリーズ〈統計科学のプラクティス〉1
Rによる 統計データ分析入門
12811-6 C3341　　A5判 180頁 本体2900円

データ科学に必要な確率と統計の基本的な考え方をRを用いながら学ぶ教科書。〔内容〕データ／2変数のデータ／確率／確率変数と確率分布／確率分布モデル／ランダムサンプリング／仮説検定／回帰分析／重回帰分析／ロジット回帰モデル

東北大 照井伸彦著
シリーズ〈統計科学のプラクティス〉2
Rによる ベイズ統計分析
12812-3 C3341　　A5判 180頁 本体2900円

事前情報を構造化しながら積極的にモデルへ組み入れる階層ベイズモデルまでを平易に解説〔内容〕確率とベイズの定理／尤度関数，事前分布，事後分布／統計モデルとベイズ推測／確率モデルのベイズ推測／事後分布の評価／線形回帰モデル／他

東北大 照井伸彦・阪大 ウィラワン ドニ・ダハナ・日大 伴 正隆著
シリーズ〈統計科学のプラクティス〉3
マーケティングの統計分析
12813-0 C3341　　A5判 200頁 本体3200円

実際に使われる統計モデルを包括的に紹介し，かつRによる分析例を掲げた教科書。〔内容〕マネジメントと意思決定モデル／市場機会と市場の分析／競争ポジショニング戦略／基本マーケティング戦略／消費者行動モデル／製品の採用と普及／他

日大 田中周二著
シリーズ〈統計科学のプラクティス〉4
Rによる アクチュアリーの統計分析
12814-7 C3341　　A5判 208頁 本体3200円

実務のなかにある課題に対し，統計学と数理を学びつつRを使って実践的に解決できるよう解説。〔内容〕生命保険数理／年金数理／損害保険数理／確率的シナリオ生成モデル／発生率の統計学／リスク細分型保険／第三分野保険／変額年金／等

慶大 古谷知之著
シリーズ〈統計科学のプラクティス〉5
Rによる 空間データの統計分析
12815-4 C3341　　A5判 184頁 本体2900円

空間データの基本的考え方・可視化手法を紹介したのち，空間統計学の手法を解説し，空間経済計量学の手法まで言及。〔内容〕空間データの構造と操作／地域間の比較／分類と可視化／空間的自己相関／空間集積性／空間点過程／空間補間／他

学習院大 福地純一郎・横国大 伊藤有希著
シリーズ〈統計科学のプラクティス〉6
Rによる 計量経済分析
12816-1 C3341　　A5判 200頁 本体2900円

各手法が適用できるために必要な仮定はすべて正確に記述，手法の多くにはRのコードを明記する，学部学生向けの教科書。〔内容〕回帰分析／重回帰分析／不均一分析／定常時系列分析／ARCHとGARCH／非定常時系列／多変量時系列／パネル

統数研 吉本 敦・札幌医大 加茂憲一・広大 柳原宏和著
シリーズ〈統計科学のプラクティス〉7
Rによる 環境データの統計分析
―森林分野での応用―
12817-8 C3341　　A5判 216頁 本体3500円

地球温暖化問題の森林資源をベースに，収集したデータを用いた統計分析，統計モデルの構築，応用までを詳説〔内容〕成長現象と成長モデル／一般化非線形混合効果モデル／ベイズ統計を用いた成長モデル推定／リスク評価のための統計分析／他

統数研 椿 広計・電通大 岩崎正和著
シリーズ〈統計科学のプラクティス〉8
Rによる 健康科学データの統計分析
12818-5 C3340　　A5判 224頁 本体3400円

臨床試験に必要な統計手法を実践的に解説〔内容〕健康科学の研究様式／統計科学的研究／臨床試験・観察研究のデザインとデータの特徴／統計的推論の特徴／一般化線形モデル／持続時間・生存時間データの分析／経時データの解析法／他

医学統計学研究センター 丹後俊郎・Taeko Becque著
医学統計学シリーズ 8
統計解析の英語表現
―学会発表，論文作成へ向けて―
12758-4 C3341　　A5判 200頁 本体3400円

発表・投稿に必要な統計解析に関連した英語表現の事例を，専門学術雑誌に掲載された代表的な論文から選び，その表現を真似ることから説き起こす。適切な評価を得られるためには，の視点で簡潔に適宜引用しながら解説を施したものである。

早大 豊田秀樹編著
統計ライブラリー
マルコフ連鎖モンテカルロ法
12697-6 C3341　　　A 5 判 280頁 本体4200円

ベイズ統計の発展で重要性が高まるMCMC法を応用例を多数示しつつ徹底解説。Rソース付〔内容〕MCMC法入門／母数推定／収束判定・モデルの妥当性／SEMによるベイズ推定／MCMC法の応用／BRugs／ベイズ推定の古典的枠組み

慶大 古谷知之著
統計ライブラリー
ベイズ統計データ分析
—R & WinBUGS—
12698-3 C3341　　　A 5 判 208頁 本体3800円

統計プログラミング演習を交えながら実際のデータ分析の適用を詳述した教科書〔内容〕ベイズアプローチの基本／ベイズ推論／マルコフ連鎖モンテカルロ法／離散選択モデル／マルチレベルモデル／時系列モデル／R・WinBUGSの基礎

オーストラリア国立大 沖本竜義著
統計ライブラリー
経済・ファイナンスデータの 計量時系列分析
12792-8 C3341　　　A 5 判 212頁 本体3600円

基礎的な考え方を丁寧に説明すると共に、時系列モデルを実際のデータに応用する際に必要な知識を紹介。〔内容〕基礎概念／ARMA過程／予測／VARモデル／単位根過程／見せかけの回帰と共和分／GARCHモデル／状態変化を伴うモデル

慶大 安道知寛著
統計ライブラリー
ベイズ統計モデリング
12793-5 C3341　　　A 5 判 200頁 本体3300円

ベイズ的アプローチによる統計的モデリングの手法と様々なモデル評価基準を紹介。〔内容〕ベイズ分析入門／ベイズ推定（漸近の方法；数値計算）／ベイズ情報量規準／数値計算に基づくベイズ情報量規準の構築／ベイズ予測情報量規準／他

成蹊大 岩崎 学著
統計ライブラリー
カウントデータの統計解析
12794-2 C3341　　　A 5 判 224頁 本体3700円

医薬関係をはじめ多くの実際問題で日常的に観測されるカウントデータの統計解析法の基本事項の解説からExcelによる計算例までを明示。〔内容〕確率統計の基礎／二項分布／二項分布の比較／ベータ二項分布／ポアソン分布／負の二項分布

前慶大 蓑谷千凰彦著

一般化線形モデルと生存分析
12195-7 C3041　　　A 5 判 432頁 本体6800円

一般化線形モデルの基礎から詳述し、生存分析へと展開する。〔内容〕基礎／線形回帰モデル／回帰診断／一般化線形モデル／二値変数のモデル／計数データのモデル／連続確率変数のGLM／生存分析／比例危険度モデル／加速故障時間モデル

G.ペトリス・S.ペトローネ・P.カンパニョーリ著
京産大 和合 肇監訳　NTTドコモ 萩原淳一郎訳
統計ライブラリー
Rによる ベイジアン動的線型モデル
12796-6 C3341　　　A 5 判 272頁 本体4400円

ベイズの方法と統計ソフトRを利用して、動的線型モデル（状態空間モデル）による統計的時系列分析を実践的に解説する。〔内容〕ベイズ推論の基礎／動的線型モデル／モデル特定化／パラメータが未知のモデル／逐次モンテカルロ法／他

前東大 古川俊之監修
医学統計学研究センター 丹後俊郎著
統計ライブラリー
医学への統計学 第3版
12832-1 C3341　　　A 5 判 304頁 本体5000円

医学系全般の、より広範な領域で統計学的なアプローチの重要性を説く定評ある教科書。〔内容〕医学データの整理／平均値に関する推測／相関係数と回帰直線に関する推測／比率と分割表に関する推論／実験計画法／標本の大きさの決め方／他

丹後俊郎・山岡和枝・高木晴良著
統計ライブラリー
新版 ロジスティック回帰分析
—SASを利用した統計解析の実際—
12799-7 C3341　　　A 5 判 296頁 本体4800円

SASのVar9.3を用い新しい知見を加えた改訂版。マルチレベル分析に対応し、経時データ分析にも用いられている現状も盛り込み、よりモダンな話題を付加した構成。〔内容〕基礎理論／SASを利用した解析例／関連した方法／統計的推測

環境研 瀬谷 創・筑波大 堤 盛人著
統計ライブラリー
空　間　統　計　学
—自然科学から人文・社会科学まで—
12831-4 C3341　　　A 5 判 192頁 本体3500円

空間データを取り扱い適用範囲の広い統計学の一分野を初学者向けに解説〔内容〕空間データの定義と特徴／空間重み行列と空間的影響の検定／地球統計学／空間計量経済学／付録（一般化線形モデル／加法モデル／ベイズ統計学の基礎）／他

上記価格（税別）は 2015 年 5 月現在